高等学校计算机公共课程"十三五"规划教材

计算机组装与维护
（第二版）

雷金东　主　编

徐　辉　张　旭　刘　胜　副主编

中国铁道出版社

CHINA RAILWAY PUBLISHING HOUSE

内 容 简 介

　　本书包括上、下两篇。上篇为基础理论知识，介绍了目前计算机主要部件和常用外围设备的基本工作原理、分类、结构、性能指标、选购与安装方法、系统的安装与维护、常见故障的处理等知识。下篇为实验指导，设置了计算机硬件的安装、Windows 7 操作系统的安装与备份、杀毒软件的安装与使用、分区软件的使用、数据恢复软件的使用、核心部件的测试、上网设备的设置等一系列常规操作的实验，并给出了详细的实验操作步骤。

　　本书理论与实践相结合，上篇每章先以通俗易懂的语言介绍主要部件的基本原理，然后再讲解相应的安装与维护知识，下篇专门设置了相应的实验加以巩固，上下篇相辅相承，加强学生动手能力的培养。本书介绍的硬件都是目前市面上的主流产品，具有很强的实用性。

　　本书内容完整新颖、条理清晰，适合作为普通高等学校"计算机组装与维护"课程的教材或计算机爱好者的自学用书。

图书在版编目（CIP）数据

大计算机组装与维护/雷金东主编. —2 版.
—北京：中国铁道出版社，2015.12
高等学校计算机公共课程"十三五"规划教材
ISBN 978-7-113-21127-1

Ⅰ. ①计… Ⅱ. ①雷… Ⅲ. ①电子计算机－组装－高
等学校－教材 ②计算机维护－高等学校－教材 Ⅳ.①TP30

中国版本图书馆 CIP 数据核字(2015)第 277850 号

书　　名：计算机组装与维护（第二版）	
作　　者：雷金东　主编	

策　　划：刘丽丽	读者热线：010-63550836
责任编辑：周　欣　冯彩茹	
封面设计：刘　颖	
封面制作：白　雪	
封面校对：汤淑梅	
责任印制：李　佳	

出版发行：中国铁道出版社（100054，北京市西城区右安门西街 8 号）
网　　址：http://www.51eds.com
印　　刷：北京市昌平百善印刷厂
版　　次：2011 年 8 月第 1 版　2015 年 12 月第 2 版　2015 年 12 月第 1 次印刷
开　　本：787 mm×1 092 mm　1/16　印张：16　字数：384 千
书　　号：ISBN 978-7-113-21127-1
定　　价：37.80 元

前言（第二版）

FOREWORD

本书第一版自 2011 年 8 月出版以来，被多个院校选为教材，受到很多师生的欢迎。教材也多次重印。但是，随着计算机技术的迅速发展，对第一版教材中部分内容的更新也被提上了日程。

第二版保留了第一版的框架与风格，全书的章节基本保持不变，但对一些内容进行了删减，并补充了一些新的内容。第 2 章增加了 Intel 公司第三、第四代酷睿系列 CPU 以及 AMD 公司 APU 等内容，CPU 的安装则以最新的 LGA 1150 接口 CPU 进行讲解；第 3 章增加了 DisplayPort 接口的内容；第 4 章增加了 DDR4 内存的内容；第 5 章增加了流处理器单元的内容；第 6 章增加了 TN 面板、IPS 面板和 VA 面板等内容；第 10 章增加了网络电视机顶盒的内容；第 12 章增加了夜光键盘的内容；第 13 章增加了多功能一体打印机的内容；实验 2 增加了用 U 盘安装 Windows 7 操作系统的内容；实验 4 替换为最新版的 360 杀毒和 360 安全卫士软件；实验 7 增加了使用整机测试软件 EVEREST Ultimate Edition 的内容。除了上面这些大的变化，其余章节的内容也有一些修改和补充。

修改后，本书力求概念清楚、通俗易懂，并注意增加一些较新的计算机知识。

本书由雷金东任主编，徐辉、张旭、刘胜任副主编。雷金东编写第 2～7 章，以及实验 1、实验 3、实验 5、实验 6、实验 7 和实验 9；徐辉编写第 1 章；刘胜编写第 8、9、11 章和实验 2；张旭编写第 10、12、13 章和实验 4、实验 8。全书雷金东负责教材大纲的规划，徐辉定稿。

本书在修订过程中得到了中国铁道出版社编辑的大力支持与指导，在此表示衷心的感谢！

由于时间仓促，加之编者水平有限，书中难免存在疏漏和不足之处，恳请读者批评指正。

编　者
2015 年 7 月

前言（第一版）

FOREWORD

随着计算机技术的不断发展和广泛应用，计算机已成为人们日常生活和工作中不可缺少的工具，掌握和使用计算机已成为人们必须具备的基本技能。因此，国内许多应用型高校纷纷开设了"计算机组装与维护"课程。

"计算机组装与维护"课程是一门理论与实践相结合的课程，强调动手能力的培养。但目前市面上的《计算机组装与维护》教材在编写的过程中都有其不足的地方：一些教材偏向于理论知识的介绍，实践的内容在相应的章节中只是简单提及，实验内容偏少，不利于学生巩固知识；还有些教材则偏重于实践的介绍，相关的理论知识讲解得较少，甚至没有提及，这些教材都不适合目前高校的实际教学需要，针对这种情况，我们特编写了本教材。

本书由长期工作在教学第一线的教师编写，在编写过程中结合了多年的教学和科研工作经验，材料的收集也是经过多年的教学积累。本书注重对学生动手能力的培养，既突出对理论知识的掌握，又强调对实践能力的培养。全书分上、下两篇，上篇为理论知识，共 13 章，这部分内容主要介绍目前主流计算机各种常用部件的分类、工作原理、主要性能指标、选购和安装的注意事项等，涵盖 CPU、主板、内存、显卡、显示器、机箱、电源、声卡、网卡、调制解调器、打印机、扫描仪等设备。下篇为实验指导，重点讲解计算机组装与维护所涉及的实验知识，包括计算机硬件的安装、操作系统的安装与备份、杀毒软件的安装与使用、分区软件的使用、数据恢复软件的使用、常用测试软件的使用、上网设备的设置等，这些实验的编排由浅入深，循序渐进，具有较强的实用性和可操作性，着重培养学生的动手能力。

本书结构清晰、内容新颖，介绍的内容大多为当今最新的计算机技术，如介绍了 Intel i5、Intel i7、Phenom II X4 等最新型的 CPU；介绍了 USB 3.0 接口、HDMI 接口、DisplayPort 接口等。本书图文并茂、通俗易懂，以便学生更好地掌握相关的知识点，巩固所学的知识。

本书为适应新形势下高校"计算机组装与维护"课程教学的需求而编写，可作为非计算机专业"计算机组装与维护"的公共选修课教材，也可以作为高等学校计算机相关专业"计算机组装与维护"课程的教材。

本书由雷金东任主编，乔蕊、徐辉、张旭、刘胜任副主编。雷金东负责教材大纲的规划，并编写第 2 章、第 3 章、第 6 章、第 7 章，以及第 15 章的实验 1、实验 3、实验 5、实验 6 和实验 7，乔蕊编写了第 4 章、第 5 章，徐辉编写第 1 章，刘胜编写第 8 章、

第 9 章、第 11 章和第 15 章的实验 2，张旭编写第 10 章、第 12 章、第 13 章和第 15 章的实验 4、实验 8。全书由徐辉、雷金东主审，由徐辉定稿。

本书在编写过程中得到了中国铁道出版社领导和各位编辑的大力支持与指导，在此表示衷心的感谢！

由于计算机技术的发展日新月异，新产品、新技术层出不穷，加上编者水平有限，在编写过程中难免存在一些疏漏和不足之处，恳请广大读者批评指正，编者不胜感激。

编　者
2011 年 5 月

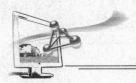

目 录

CONTENTS

上篇　基础理论知识

下篇 实 验 指 导

上篇

基础理论知识

第 **1** 章
微型计算机系统概述

　　21 世纪是信息化时代，计算机在各个领域得到广泛应用和普及，并改变人们的工作、学习和生活方式。计算机成为人们学习和工作不可缺少的工具之一。越来越多的人拥有了自己的计算机，同时希望自己动手配置一台令人满意的计算机，可以自行维护计算机并排除简单的故障。本章将介绍计算机的基础知识，让读者在学习组装计算机知识之前，对计算机有个初步的认识。

1.1　微型计算机的发展与分类

　　目前，人们使用较多的是微型计算机，微型计算机最早是哪个年代生产的，有哪些典型的、划时代的产品呢？本节将对这些问题做简单的回答。

1.1.1　微型计算机的发展

　　自从 1946 年第一台具有真正意义的计算机 ENIAC 在美国宾夕法尼亚大学问世以来，计算机经历了 60 多年的发展历程。在此期间，随着计算机逻辑元件的不断更新，计算机已经历了电子管、晶体管、集成电路以及大规模、超大规模集成电路四个发展时期。

　　微型计算机是第四代计算机向微型化方向发展的一个重要分支，它是以微处理器为核心，配上由大规模集成电路制作的存储器、输入/输出接口电路以及系统总线所组成的计算机，简称微型计算机。微处理器集成了运算器、控制器等器件，起到一般计算机的中央处理器（CPU）的作用。微处理器习惯上称为 CPU。

　　自 1971 年美国 Intel 公司研制成功以 Intel 4004 微处理器为核心的 4 位数计算机以来，微型计算机技术获得了飞速发展，至今已历经 6 次大演变，其主要标志是所使用的微处理器的字长和功能的变革。

　　1. 第一代 4 位和低档 8 位微型计算机（1971—1972 年）

　　第一代微型计算机的典型产品是 Intel 公司研制的 Intel 4004 微处理器以及由它组成的 MCS-4 型微型计算机，它的字长为 4 位。随后又推出 8 位微处理器 Intel 8008 及由它组成的 MCS-8 型微型计算机，它的字长为 8 位。

　　2. 第二代中高档 8 位微型计算机（1973—1977 年）

　　第二代微型计算机中，初期产品有 Intel 公司的 MCS-80 型微型计算机，它采用 Intel 8080 微处理器。后期出现了美国 ZILOG 公司的 Z80 微处理器和 Intel 公司的 8085 微处理器。Intel 8085

集成了 9 000 个晶体管，时钟频率为 5 MHz；集成度提高 1～4 倍，运算速度提高 10～15 倍。

3．第三代 16 位微型计算机（1978—1985 年）

第三代微型计算机的典型产品是采用 Intel 8086 的 IBM PC（Personal Computer）和采用 8088 CPU 的 IBM PC/XT。Intel 公司于 1981 年推出的 8086 CPU 是 16 位微处理器，集成了 2.9 万个晶体管，主频为 5～10 MHz，内存寻址空间为 1 MB；8088 CPU 是 8086 的简体版本，主频为 4.77 MHz，外部总线为 8 位。此外 16 位 CPU 还有 Z8000、MC68000 等。1982 年，Intel 推出 80286 CPU，1984 年 IBM 生产的 IBM PC/AT 机采用 80286 CPU。

值得称赞的是，IBM 公司公开了其个人计算机的结构，其他第三方软件公司能够为其提供软件平台，如 PC-DOS，使得 IBM PC 方便用户操作，从此 PC 开始从国外到国内，然后到一般用户，逐渐流行起来。如果当时 IBM 公司没有对外公开 PC 的结构，微型计算机不可能出现当今如此迅速发展的时代，也不可能出现价格非常低廉、性能却非常高的微型计算机。

4．第四代 32 位微型计算机（1985—2000 年）

1985 年以后，Intel 公司首先生产出 32 位的 80386 微处理器，集成了 27.5 万个晶体管，主频为 16～50 MHz。1989 年，又研制出了第二代 32 位的 80486 微处理器，集成了 120 万个晶体管，主频 25～50 MHz。1993 年至 2000 年，Intel 公司相继推出了 Pentium、Pentium Ⅱ、Pentium Ⅲ、Pentium 4 一系列 32 位的 CPU，其晶体管数目增加到 4 200 万个，工作主频提高到 2 GHz。

20 世纪 90 年代是 32 位微处理器迅速发展、走向成熟的时期。32 位微型计算机成为当时的超级小型机，可执行多任务、多用户作业。由微型计算机组成的网络、工作站相继出现，扩大了计算机的应用范围。

5．第五代 64 位微型计算机

2005 年 2 月，Intel 公司推出了 Pentium 4 的 6×× 系列的 64 位处理器，其技术上更加先进，性能更加强大，提供了 64 位的计算技术和跨越性的 2 MB 高速二级缓存，速度更快。

6．多核的第 6 代微型计算机

2005 年，Intel 公司推出首颗双核的 Pentium D CPU，正式揭开微处理器的多核心时代。近几年来，又发布了 4 核、6 核等新的多核 CPU，微处理器已经向多核心方向发展。

微型计算机由于具有结构简单、体积小、价格低廉、可靠性高、通用性强、功耗低、研制周期短等特点，已成为现代计算机领域中一个极为重要的分支，并正以难以想象的速度向前发展。

1.1.2　微型计算机的分类

1．按微型计算机的结构形式划分

微型计算机主要有两种结构形式，即台式微型计算机和便携式计算机（即笔记本式计算机）。

① 台式微型计算机：由主机、显示器、硬盘驱动器、键盘、鼠标等设备组成，它们是相互独立的，通过插头和电缆线连接在一起。按照主机箱放置的方式又分为立式和卧式两种。台式机的特点是体积较大，价格较便宜，选择部件灵活，系统易扩充，维修较方便，适合在相对固定的场所使用。用户可根据自己的需要来组装满足个人需求、较高性价比的台式微型计算机。

② 便携式计算机：将主机、显示器、硬盘驱动器、键盘等部件组装在一起，其特点是体

积较小，可随身携带，并可用蓄电池供电，但价格较台式计算机昂贵，硬件的扩充和维修较为困难。它适合在相对不固定的场所使用。

2．按微型计算机的流派划分

目前，微型计算机分为两大流派，即 PC 系列和苹果机系列。

① PC 系列：各计算机厂商采用 IBM 公司公开的 PC 结构技术，生产出各种 PC 系列机。

② 苹果机系列：由苹果（Apple）公司独家设计生产的苹果机系列。

苹果机系列和 PC 系列的最大区别是微型计算机采用的操作系统不同。PC 系列一般采用 Windows 系列操作系统，而苹果系列机则采用苹果公司自己的 Mac OS 操作系统。苹果机只有原装机，没有组装机，主要应用于彩色印刷、广告设计、新闻出版等行业。

3．按装机形式划分

按装机形式的不同来划分，可分为品牌机和组装机。

① 品牌机：是计算机生产厂家在市场上销售的整机。在质量和稳定性方面高于组装机，提供齐全的随机资料和软件，有质量保证，售后服务好，但价格比同档次的组装机高一些，更换配件比较麻烦。

② 组装机：是用户自己根据需要挑选主板、CPU、显示器、硬盘、键盘等不同的配件而组装成的计算机。其最大优势是按用户要求任意搭配部件，维修方便，但组装机的质量难以保障。

1.2　微型计算机系统的组成

微型计算机系统包括哪些组成部分？每一组成部分起什么作用？针对这些问题，本节对微型计算机系统的组成要素做概括性的介绍。

1.2.1　微型计算机系统的组成

微型计算机也称个人计算机（Personal Computer，PC），一台完整的微型计算机系统是由硬件系统和软件系统两大部分组成的，如图 1-1-1 所示。

```
                                    中央处理器
                          主机  ┤  内存储器
                                    主板
            硬件系统  ┤
                                    外部存储器：硬盘、光盘、移动硬盘、U盘
                          外围设备 ┤ 输入设备：鼠标、键盘、扫描仪、手写笔、摄像头
计算机系统 ┤                        输出设备：显示器、打印机、绘图仪、音箱、耳机

            软件系统  ┤  系统软件：操作系统、设备驱动程序、语言处理程序、实用软件
                          应用软件：专用应用程序、应用软件包
```

图 1-1-1　微机系统的组成

微型计算机硬件系统是组成一台微型计算机的各种物理设备，是看得见的各种器件。软件是在硬件上运行的各种程序、数据和相关资料。程序是为解决某一问题而编写的一系列指令组成的指令集合。硬件是软件正常运行的物质基础，没有硬件支持，再好的软件也无法正常工作。

软件是计算机的灵魂，只有安装了软件，才能发挥计算机的强大功能，两者是密切相关、缺一不可的。

1.2.2　微型计算机的硬件系统

微型计算机的硬件系统一般是由主机和外围设备两大部分组成的。

1. 主机

主机包括主板、CPU、内存、电源、软盘驱动器、硬盘驱动器、光盘驱动器以及插在主板扩展槽的各种功能扩展卡。为了结构紧凑，将主机内的所有设备安装在一个主机箱内。

（1）CPU

CPU 是中央处理器的简称，是微型计算机的核心，负责计算机的运算和控制，决定着微型计算机的速度和主要性能。CPU 的生产厂商主要有 Intel 和 AMD 两家公司。

（2）主板

主板又称系统板，是一块多层印制电路板。主板上有 CPU 插座、内存条插座、输入/输出扩展槽、键盘接口、硬盘驱动器接口、光盘驱动器接口、USB 接口，连接这些部件的电路、总线以及 CMOS 等。如果主板集成了显卡、网卡、声卡，则主板上还有显示器接口、网线接口、声音输入/输出接口。主板的质量对微型计算机的稳定工作起重要的作用。

（3）内部存储器

内部存储器包括只读存储器（ROM）、随机存储器（RAM）和缓冲存储器（Cache）。ROM 的一个例子是 CMOS，它用来保存计算机的开机自检程序、基本引导程序和系统配置数据，ROM 集成到主板上，其内容已经固化，不允许修改。RAM 是微型计算机的主存储器，即通常所说的内存，用来临时存储数据和程序。关机后，内存的数据将全部丢失。内存的大小和速度应与 CPU 的速度相匹配。Cache 称为高速缓存，配置在 CPU 和内存之间，CPU 读/写数据时，首先访问 Cache，当 Cache 没有数据时，CPU 再去访问内存，从而提高数据的存取速度，又有较好的性能价格比。

2. 外部存储器

（1）硬盘驱动器

硬盘驱动器是微型计算机中最主要的外存设备，它通过主板的硬盘驱动器接口与主板连接。主板上最多可提供 4 个驱动器接口用于连接硬盘驱动器和光盘驱动器。

（2）光盘驱动器

光盘驱动器也是微型计算机中主要的外存设备。目前常用的光驱是 DVD 光驱，可用来读取 DVD 和 CD-ROM 的内容。

除硬盘、光盘驱动器以外，U 盘和移动硬盘也是常见的外部存储器，它们通过 USB 接口与主机连接。

3. 输入设备

常用的输入设备有键盘和鼠标。键盘用来输入各种命令、程序和数据。鼠标是窗口软件操作必不可少的输入设备，用于屏幕坐标定位和点击操作。目前鼠标类型分为机械鼠标、光电鼠标、无线鼠标等。此外，还有扫描仪、麦克风、摄像头、手写笔等输入设备。

4. 输出设备

常用的输出设备有显示器和打印机。显示器可以显示程序的运行结果，显示输入的程序和数据。显示器分为阴极射线管（CRT）显示器和液晶显示器，目前 CRT 显示器已经被液晶显示器所取代。打印机通过并行打印接口或 USB 接口与主机连接。打印机类型有点阵式打印机、激光打印机和喷墨打印机。此外，还有绘图仪、音箱、耳机等输出设备。

5. 其他功能扩展卡

功能扩展卡一般有显卡、声卡、网卡和调制解调器等。显卡负责向显示器输出显示信号，其性能决定了显示器所能显示的颜色数和图像的清晰度。声卡负责处理和输出声音信号，有了声卡，计算机才能发出声音。网卡通过网络传输介质（如网线）与网络相连，网卡负责将计算机发送到网络的数据组装成适当大小的一个个数据包，然后再发送数据包。

1.2.3　微型计算机的软件系统

软件系统是为了运行、管理、维护和应用微型计算机而编写的各种程序、数据文件和相关资料的总称。软件用来指挥计算机硬件执行具体的操作。不配置软件的计算机称为"裸机"，裸机不能工作。软件系统分为系统软件和应用软件两种。

1. 系统软件

系统软件是运行、管理和维护计算机必不可少的基本软件。系统软件主要包括操作系统、各种语言处理程序、实用程序等。

操作系统是控制和管理计算机的硬件资源、软件资源的一组程序，是用户和计算机之间的桥梁。操作系统可分为单用户操作系统、多用户分时操作系统、实时操作系统、网络操作系统、分布式操作系统等多种类型。目前 PC 上比较流行的操作系统有 Windows 10、Windows 7、UNIX、Linux 等。

语言处理程序是将编程语言所写的源程序翻译为计算机可执行的目标程序，它分为 3 种类型：汇编语言程序、解释程序和编译程序。

实用程序是用于管理、配置计算机硬件，以及软件开发所需要的各种支撑软件。它主要包括磁盘分区程序、诊断程序、磁盘碎片整理程序、各种设备驱动程序、编辑程序、连接装配程序、调试程序等。值得注意的是，在 PC 上安装了操作系统之后，往往还要安装显卡驱动程序、网卡驱动程序，这样才能处理图形图像、设置颜色数、访问网络。

2. 应用软件

应用软件是为解决各种实际应用问题而开发的软件。计算机在各个领域得到广泛的应用，因此，应用软件多种多样。例如，浏览器软件、办公自动化软件、会计核算管理软件、辅助教学软件、图形图像处理软件等都是应用软件。

1.3　计算机的性能指标

不同用途的计算机，其性能指标要求往往有所不同，很难用某项指标来衡量其优劣。计算机的性能指标是衡量计算机功能的强弱或性能优劣的重要因素。如何评价一台计算机是功能强大的计算机呢？一般来说，主要从以下几项基本指标来综合评价。

1. 运算速度

运算速度是衡量计算机性能的一项重要指标，用来衡量计算机运算的快慢程度。运算速度是指每秒平均执行的指令条数，一般以 MIPS（每秒百万条指令）为单位。微型计算机一般采用主频来描述运算速度，主频也称时钟频率，以 MHz 或 GHz 为单位。一般来说，主频越高，运算速度越快。

2. 字长

字长是每个时钟周期内数据处理的能力，是计算机运算部件一次能处理的二进制数据的位数。字长不仅标志着计算机的精度，也反映计算机处理信息的能力。一般情况下，字长越长，计算机运算速度越快，运算精度就越高。字长总是取 8 的整数倍数且是 2 的整数次幂。常见的计算机字长有 8 位、16 位、32 位、64 位。

3. 内存容量及其存取速度

计算机的处理能力不仅与字长、运算速度有关，而且很大程度上还取决于内存的存储容量。内存容量的大小根据应用的需要来配置。存储容量以字节（B）为基本单位，1 个字节由 8 个二进制位组成。存储容量一般以千字节（KB）、兆字节（MB）、吉字节（GB）和太字节（TB）来表示，它们的换算关系为：

$1\ KB=2^{10}\ B=1\ 024\ B$

$1\ MB=2^{20}\ B=1\ 024\ KB=1\ 024^2\ B=1\ 0485\ 76\ B$

$1\ GB=2^{30}\ B=1\ 024\ MB=1\ 024^2\ KB=1\ 024^3\ B=10\ 737\ 418\ 24\ B$

$1\ TB=1\ 024\ GB=1\ 099\ 511\ 627\ 776$（即 2^{40}）B

CPU 只能直接访问存放在内存中的信息。内存容量越大，系统功能就越强大，能处理的数据量就越大。因此，内存的容量直接影响计算机的整体性能。

存取速度是指从内存储器请求写入（或读出）到完成写入（或读出）操作所需要的时间。其单位为纳秒（ns），它包括查到存储地址和传送数据的时间。在配置内存时，还要考虑与 CPU 时钟周期的匹配，这有利于最大限度地发挥内存的效率。

4. 硬盘的容量和访问速度

硬盘的性能指标主要有记录密度、存储容量、寻址时间和数据传送速度。

① 记录密度：也称存储密度，它是指单位盘片面积的磁层表面上存储二进制信息的量。

② 存储容量：它是指硬盘格式化后能够存储的信息量，与内存容量的单位相同。硬盘容量越大，可存储的信息就越多，可安装的应用软件就越丰富。

③ 寻址时间：是指驱动器磁头从起始位置到达所要求的读写位置所经历的时间总和。它由查找时间和等待时间组成。其中，查找时间是指找到磁道的时间，等待时间是指读写扇区旋转到磁头下方所用的时间，它由磁盘转速决定。

④ 数据传送速率：是指磁头找到地址后，单位时间内读出或写入磁盘的数据量。

5. 系统的可靠性

系统的可靠性用平均无故障时间来衡量。

除上述基本性能指标外，还应考虑整机的可维护性、可扩充性、系统的兼容性（硬件兼容性和软件兼容性）、接口标准等。各项指标之间不是彼此孤立的，在实际应用时，应该把它们综合起来考虑。

1.4　计算机的选购

选购计算机的关键是满足用户的应用需求。用户在选购计算机前，应根据计算机性能的优劣、价格的高低、商家服务质量等因素，确定计算机的选购方案。一般来说，应考虑以下几方面的要素。

1．购买计算机的目的

购机之前，首先要明确购买计算机的用途，不同用途所要求的计算机配置也不一样。对于普通办公用户，计算机主要应用于办公，如打字、制作报表、上网等，其配置不需要太高。对于技术开发人员、游戏玩家等特殊用户，要求计算机的配置更高，内存要更大，CPU要更快，才能满足大型软件的运行需求。当然，不能盲目地追求高档配置，或者为了省钱而配置过低的计算机，从而导致无法满足实际需要。

2．购买者的资金状况

确定计算机配置方案时，还应考虑个人的资金状况。如果资金不足，可以暂缓购买计算机，过一段时间再选购，这样会买到性能更好的计算机。

3．购买品牌机还是组装机

如果用户了解计算机知识不多，建议购买品牌机，可以得到品牌机厂商的良好售后服务。反之，用户已经掌握了一定的计算机知识，想获得配置更高、价格低的计算机，可以选择购买组装机。

4．购买台式机还是便携式计算机

选择购买台式机或便携式计算机，主要根据计算机的应用场所来决定，对于办公、家庭使用的计算机，可以选择购买台式机。而对于需要在外办公、出差使用计算机的用户，建议购买便携式计算机。

小 结

本章首先介绍了微型计算机的发展和分类，微型计算机的发展主要是按CPU的基本字长不同来划分的，微型计算机可按其结构形式、装机形式等方式来划分其类型。

重点介绍了微型计算机系统的组成要素，包括硬件系统的CPU、主板、内存、硬盘驱动器、光盘驱动器、各种功能扩展卡、显示器、打印机等，以及软件系统的操作系统、语言处理程序、实用程序、应用软件。

最后介绍了计算机的性能指标、选购计算机的一般原则。关于各种硬件器件的工作原理、性能和选购方法，将从下一章开始进行具体介绍。

练 习 题

一、填空题

1．微型计算机系统由_____和_____两部分组成。

2．软件系统可分为_____和_____两类。

3．微型计算机按其结构不同，分为_____和_____两种。

4．衡量微型计算机的性能优劣，主要从_____、_____、_____、_____和_____等性能指标来衡量。

5．_____是计算机中不可缺少的输入设备，_____是计算机中不可缺少的输出设备。

6．计算机的发展经历了_____、_____、_____和_____4个时代。

二、选择题

1. 计算机硬件的核心部件是（　　　）。
   A. CPU　　　　　　　B. 内存　　　　　　C. 硬盘　　　　　　　D. 显示器
2. 软件系统中最核心的软件是（　　　）。
   A. 操作系统　　　　B. Office 办公软件　　C. 语言处理程序　　　D. 应用软件
3. 计算机系统包括（　　　）。
   A. 主机、键盘、显示器　　　　　　　B. 硬件系统和软件系统
   C. 系统软件和应用软件　　　　　　　D. 主机箱和外围设备
4. 以下（　　　）不属于衡量计算机性能的指标。
   A. 运算速度　　　B. 人工智能　　　　C. 字长　　　　　　D. 内存容量
5. （　　　）的信息在关机后被丢失。
   A. ROM　　　　　B. RAM　　　　　　C. 硬盘　　　　　　D. CMOS

三、判断题

1. 最早的计算机是在 1946 年诞生的。　　　　　　　　　　　　　　　　（　　　）
2. 字长是计算机一次能够处理十进制数的位数。　　　　　　　　　　　（　　　）
3. 计算机系统是由操作系统和主机组成的。　　　　　　　　　　　　　（　　　）
4. CPU 是由控制器和运算器组成的。　　　　　　　　　　　　　　　　（　　　）
5. 显示器是计算机系统中不可缺少的输入设备。　　　　　　　　　　　（　　　）
6. 键盘是计算机系统中不可缺少的输入设备。　　　　　　　　　　　　（　　　）

四、简答题

1. 计算机的发展经历了哪几个阶段？
2. 微型计算机的发展经历了哪几个阶段？
3. 衡量计算机的性能指标有哪些？
4. 什么是微处理器？微处理器的字长有哪几种？
5. 如何理解内存的存取速度？
6. 微型计算机可分为哪几类？
7. 微型计算机系统包括什么组成部分？
8. 什么是操作系统？

第 2 章
中央处理器

中央处理器（Central Processing Unit，CPU）在计算机的各个部件中具有举足轻重的地位，其性能的好坏决定了计算机的级别，很多人在选购计算机时，都非常注重中央处理器的性能。

本章主要介绍 CPU 的发展、分类方法、结构、工作原理、主要性能指标、安装方法及选购注意事项等知识。

2.1 CPU 概 述

中央处理器是计算机系统的核心，负责整个计算机系统的指令执行、数据运算（包括算术运算和逻辑运算）、存储、传输以及提供各种对内对外的输入/输出控制。CPU 的体积只有火柴盒那么大，但是其品质的高低直接决定计算机系统的档次，它的规格和频率常常被用来作为衡量一台微机性能强弱的重要指标。

1965 年，英特尔名誉董事长戈登·摩尔（Gordon Moore）经过长期观察提出了计算机第一定律——摩尔定律，他提出"集成芯片上可容纳的晶体管数目，每隔约 18 个月便会增加一倍，性能也将提升一倍"。自 1971 年 CPU 产生至今，CPU 发展的种类和型号非常多，但大体上仍然遵循这一规律，其中比较经典的主要有以下这些。

1. Intel 系列

Intel 是 Integrated Electronics（集成/电子）的简写。Intel 公司是目前全球最大的半导体芯片制造商，成立于 1968 年，具有 40 多年产品研发历史。Intel 公司作为 CPU 生产的龙头企业，其生产的 CPU 在市场中占据了大半江山。其中比较典型的主要有以下几种。

（1）4 位处理器

1971 年，Intel 公司推出了世界上第一款微处理器 4004。这不但是第一个用于计算器的 4 位微处理器，也是第一款个人买得起的计算机处理器。4004 含有 2 300 个晶体管，如图 1-2-1 所示。

（2）8 位处理器

1972 年，Intel 公司研制出字长为 8 位的 8008 处理器，8008 主频只有 200 kHz，只能做基本的算术运算。8008 处理器如图 1-2-2 所示。

图 1-2-1　Intel 4004 处理器

图 1-2-2　Intel 8008 处理器

（3）16 位处理器

1978 年，Intel 公司首次生产出 16 位的微处理器，并命名为 i8086，同时还生产出与之相配合的数学协处理器 i8087，这两种芯片使用相互兼容的指令集，但在 i8087 指令集中增加了一些专门用于对数、指数和三角函数等的数学计算指令。8086 处理器如图 1-2-3 所示。

此后，Intel 又推出了 8088、80286 几款不同的 16 位处理器，其中 8088 处理器是 8086 处理器的一个简版，其内部指令是 16 位的，但是外部是 8 位数据总线。80286 处理器比 8086 处理器和 8088 处理器都有了飞跃的发展，虽然它仍旧是 16 位结构，但是在 CPU 的内部含有 13.4 万个晶体管，时钟频率由最初的 6MHz 逐步提高到 20MHz。80286 处理器如图 1-2-4 所示。

图 1-2-3　Intel 8086 处理器

图 1-2-4　Intel 80286 处理器

（4）32 位处理器

从 1985 年 Intel 推出 80386 处理器一直到 2000 年推出的 Pentium 4，都是属于 32 位的处理器。其中主要有 80386、80486、Pentium、Pentium MMX、Pentium Pro、Pentium Ⅱ、Pentium Ⅲ、Pentium 4 等，其性能不断提高，制作工艺越来越精细。部分型号处理器的外观如图 1-2-5～图 1-2-9 所示。

图 1-2-5　Intel 80386 处理器

图 1-2-6　Pentium 处理器

图 1-2-7　PentiumⅡ处理器

图 1-2-8　Socket 370 架构的 Pentium Ⅲ

（5）64 位处理器

2005 年 2 月，Intel 公司推出了 64 位处理器，并冠以 6×× 系列的名称，即 Pentium 4 的 6 系列。6 系列的处理器在技术上更加先进，性能更加强大，提供了 64 位的计算技术和跨越性的 2 MB 高速二级缓存，速度更快。64 位的 Pentium 4 采用的是 LGA 775 封装，其外观如图 1-2-10 所示。

图 1-2-9　Socket 478 架构的 Pentium 4　　　　图 1-2-10　64 位的 Intel Pentium 4 处理器

（6）Core（酷睿）系列处理器

2006 年 7 月，Intel 发布了新一代架构的处理器，这次 Intel 改变了以 Pentium 命名处理器的传统，不再以 Pentium 5、Pentium 6 命名，而是以 Core 2（酷睿）代替，开创了 Core 系列处理器的新时代。最初的 Core 2 处理器同样沿用了 LGA 775 封装，但采用了 65 nm 的制作工艺。Core 2 与之前采用 90 nm 制造工艺 Pentium D 的处理器相比，其性能提升了 40%，而功耗降低了 40%，真正做到了低功耗、高性能。Core 双核处理器的外观如图 1-2-11 所示。

2008 年 11 月，Intel 发布了新一代旗舰产品：LGA 1366 平台的 Core i7。Core i7 系列是 45 nm 原生 4 核处理器，与上一代处理器产品相比，在功耗不变的前提下，Core i7 处理器对视频编辑、大型游戏和其他流行的互联网及计算机应用的速度提升可达 40%。最初的 Core i7 处理器均采用 8 MB 三级高速缓存，支持三通道 DDR3 1066 内存技术、全新 QPI 总线、第二代超线程技术、Turbo Mode 内核加速等。采用 LGA 1366 接口的 Core i7 外观如图 1-2-12 所示。

图 1-2-11　Intel Core 双核处理器　　　　图 1-2-12　采用 LGA 1366 接口的 Intel Core i7 处理器

2009 年 9 月，Intel 又发布了 LGA 1156 平台的 Core i7 及 Core i5，使更多用户能用到高性能的 CPU。

2010 年 1 月，Intel 推出了面向主流用户的新一代酷睿系列处理器：Core i7、Core i5 和 Core i3，这是 Intel 首批采用 32 nm 制造工艺的处理器。其中的 Core i5、Core i3 处理器还集成了显卡，它们由 CPU 和 GPU 两个核心封装而成。这些处理器同样采用了 LGA 1156 接口。采用 LGA 1156 接口的 Core i5 处理器如图 1-2-13 所示。

2011 年 1 月 6 日，Intel 发布了第二代智能 Core i3、Core i5、Core i7 处理器。与第一代 Core i3、Core i5 不同的是，第二代 Core i3、Core i5、Core i7 处理器原生集成 GPU（CPU 和 GPU 真正封装在同一晶圆上），集成的显卡功能更加强大。第二代 Core i3、Core i5、Core i7 处理器采用了全新的 LGA 1155 接口，与第一代的 LGA 1156 接口相比，虽然仅有一个触点的差别，但两者并不兼容。

2012 年 4 月 24 日，Intel 发布了同为 LGA 1155 接口的第三代 Core i 系列处理器（代号：Ivy Bridge，简称 IVB）。与第二代 Sandy Bridge 核心的 Core i 系列处理器不同的是，第三代 Core i 系列处理器采用全新的 22 nm 工艺、新一代核芯显卡（第二代 Core i3 系列处理器核显芯片为 HD2000，i5 系列和 i7 系列的核显芯片为 HD3000；第三代 Core i3 系列处理器的核显芯片为 HD2500，i5 系列和 i7 系列的核显芯片为 HD4000），功耗更低、效能更强。第三代 Core i5 处理器的外观如图 1-2-14 所示。

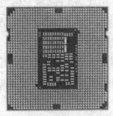

图 1-2-13　采用 LGA 1156 接口的
Intel Core i5 处理器

图 1-2-14　采用 LGA 1155 接口的第三代
Core i5 处理器

2013 年 6 月 2 日，Intel 正式推出代号为"Haswell"的第四代 Core i 系列处理器。Haswell 处理器依然基于 22 nm 制造工艺与 3D 晶体管技术，但其构架有明显的调整。第四代 Core i 系列处理器采用了新的 LGA 1150 接口，与上一代 Ivy Bridge 处理器相比，Haswell 处理器性能更强，核芯显卡性能更强（第四代 Core i3 系列处理器的核显芯片为 HD4400，i5 系列和 i7 系列的核显芯片为 HD4600）。整体性能更好，效率更高，更省电。第四代 Core i5 处理器的外观如图 1-2-15 所示。

图 1-2-15　采用 LGA 1150 接口的第四代 Core i5 处理器

2．AMD 系列

AMD 是 Advanced Micro Devices（超微半导体）简写，该公司成立于 1969 年，主要致力于微处理器设计和生产，是目前世界上第二大计算机微处理器制造商。AMD 公司早期的产品虽然最高性能不及同期的 Intel 产品，但因销售价格便宜，性价比高，深受用户的喜欢。AMD 各时期经典的处理器主要有以下几个。

（1）K5、K6 处理器

1996 年，AMD 公司发布了第一个独立生产的 x86 级处理器——K5，如图 1-2-16 所示。当时 Intel 已经把自己的产品命名

图 1-2-16　AMD 的 K5 处理器

为 Pentium，AMD 便为自己的新款处理器命名为 K5。K5 的整数运算能力虽然比 Pentium 略强，但浮点运算能力远远比不上 Pentium。

1997 年 4 月，AMD 推出了 K6 处理器，如图 1-2-17 所示。其主要的竞争对手是 Intel 的 Pentium MMX。该处理器使得 AMD 第一次在浮点运算方面赶上了 Intel，也正是 K6 处理器使 AMD 重振雄风，昂首阔步迈入世界先进行列。

图 1-2-17　AMD 的 K6 处理器

（2）K7 处理器

1999 年，AMD 推出其第七代处理器 K7，后来更名为 Athlon（速龙），如图 1-2-18 所示。最早的 Athlon 采用 Slot A 接口规格。Slot A 接口的 Athlon 具备超标量、超管线、多流水线的 Risc 核心，内建 128 KB 全速高速缓存，256 KB 二级高速缓存。2000 年 3 月，AMD 公司领先于 Intel 公司率先推出了 1 GHz 的 Athlon 微处理器，其性能超过了 Pentium Ⅲ。

在低端方面，为了对付 Intel 推出的 Celeron 处理器，AMD 公司还推出了 Athlon（速龙）的简化版本 Duron（毒龙），如图 1-2-19 所示。Duron 处理器与当时 Athlon 处理器内核技术相同，仅仅二级缓存由 256 KB 被缩减到 64 KB。

图 1-2-18　采用 Slot A 接口的 Athlon 处理器

图 1-2-19　Duron 处理器

（3）Athlon XP 与 Sempron 处理器

2004 年 AMD 公司推出了 Athlon XP（速龙 XP），如图 1-2-20 所示，以全面对抗 Pentium 4，最初的 Athlon XP 处理器仍采用 Socket A 架构。

2004 年 7 月，AMD 推出了 Sempron（闪龙）处理器，首批上市采用 Socket A 接口的 Sempron 处理器实际是 Athlon XP 处理器的升级版。随后 AMD 推出了采用 Socket 754 接口的 Sempron 处理器，这款 Sempron 采用 Athlon 64 核心，但是被屏蔽了 64 位运算功能，如图 1-2-21 所示。2005 年推出了支持 64 位运算，采用 Socket 754 和 Socket 939 接口的 Sempron 处理器。

（4）Athlon 64 与 Athlon 64 X2 处理器

2003 年 9 月，AMD 发布了桌面 64 位 Athon 64 系列处理器（也称 K8 架构），如图 1-2-22 所示。Athlon 64 采用了简化型的 Socket 754 封装，拥有一个单通道内存控制器，可以与普通 DDR 内存模块搭配使用，大大降低了 Athlon 64 系统的成本。

图 1-2-20　Athlon XP
　　　　　处理器

图 1-2-21　Socket 754 接口的
　　　　　Sempron 处理器

图 1-2-22　Athlon 64
　　　　　处理器

2005 年 5 月，AMD 发表了面向桌面型的双核速龙处理器 Athlon 64 X2，如图 1-2-23 所示。最初的 Athlon 64 X2 采用了 Socket 939 的针脚。

（5）Phenom 和 PhenomII X4 处理器

2007 年 11 月，AMD 发布了首款真 4 核 Phenom（羿龙）处理器（K10 架构），如图 1-2-24 所示。最初的 Phenom 采用的是 Socket AM2+ 接口。

2009 年 1 月，AMD 发布了 Phenom II X4 处理器（K10.5 架构），如图 1-2-25 所示。Phenom II 相对前身 Phenom 的最大改进是 45 nm 生产工艺，无论是功耗、温度、超频性、性能都有较大幅度的提升。最初的 Phenom II 处理器采用 Socket AM2+ 接口，后改为 Socket AM3 接口。

图 1-2-23　Athlon 64 X2 处理器　　图 1-2-24　Phenom 处理器　　图 1-2-25　Phenom II 处理器

（6）Athlon II X3/X4 处理器

2009 年 9 月 16 日，AMD 正式发布 Athlon 品牌的首款 4 核处理器 Athlon II X4 630/620。Athlon II X4 系列处理器采用 Socket AM3 接口，二级缓存为 4×512 KB，没有三级缓存，支持双通道 DDR2 和 DDR3 内存。除没有三级缓存外，Athlon II X4 和 Phenom II X4 在其他规格方面区别并不大。Athlon II X4 处理器的外观如图 1-2-26 所示。

2009 年 10 月 20 日，AMD 推出了多款 Athlon II X3 处理器。Athlon II X3 由 Athlon II X4 屏蔽一个核心而来，同样没有三级缓存，二级缓存为 3×512 KB。

　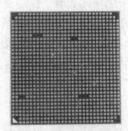

图 1-2-26　Athlon II X4 620 处理器

（7）Phenom II X6 处理器

2010 年 4 月 27 日，AMD 发布 Phenom II X6 处理器。Phenom II X6 处理器为 6 核 CPU，采用 45 nm 制作工艺，Socket AM3 接口，二级缓存 6×512 KB，三级缓存 6 MB。

（8）FX 系列处理器

2011 年 10 月 12 日，AMD 发布了基于全新 Bulldozer（推土机）微架构的 FX 系列处理器。并根据 CPU 核心数目，把 FX 划分为 FX-8000、FX-6000 和 FX-4000 三大系列，分别代表 8 核、6 核和 4 核。FX 系列处理器采用 32 nm 制造工艺，使用新的 Socket AM3+（942 针脚）插座，支持 DDR3-1866 双通道内存。AMD FX 处理器的外观如图 1-2-27 所示。

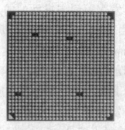

图 1-2-27　AMD FX 8350 处理器

（9）APU 系列处理器

2011 年 6 月 14 日，AMD 推出第一代 A 系列 APU（Accelerated Processing Units，加速处理器），以取代 Athlon II 和部分 Phenom II。APU 将处理器和独显做在一个晶片上，协同计算、彼此加速，实现了 CPU 与 GPU 真正的融合。A 系列 APU 采用 32 nm 的制作工艺，全新的 Socket FM1（905 针脚）接口，支持 DDR3 双通道内存。依据 CPU 核心数目和 GPU 级别，A 系列 APU 细分为 A8、A6 和 A4 三个系列。采用 FM1 接口的 APU 的外观如图 1-2-28 所示。

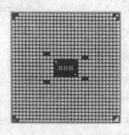

图 1-2-28　采用 FM1 接口的 AMD A6-3650 APU

2012 年 6 月 19 日，AMD 发布了第二代 APU 处理器。与前一代 APU 相比，代号为 Trinity 的第二代 A 系列 APU 采用新的设计，性能更强，功耗更低。第二代 APU 包括 A 和 E 两个系列，A 系列 APU 除了原来的 A8、A6、A4 三个系列外，还增加了 A10 系列。第二代 APU 采用全新的 Socket FM2（904 针脚）接口，针脚较第一代 APU 少一个，而且针脚的位置有所改变，因此与第一代 APU 搭配的主板无法兼容第二代 APU。采用 FM2 接口的 APU 的外观如图 1-2-29 所示。

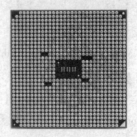

图 1-2-29　采用 FM2 接口的 AMD A10-5700 APU

2013 年 6 月 26 日，AMD 推出了第三代 APU。相对于上一代 APU，第三代的 APU 的绘图功能提升了 15%。第三代 APU 采用新的 FM2+（906 针脚）接口，所以只能使用 FM2+ 接口的主板，但是 FM2+ 接口的主板可以兼容使用 FM2 接口 CPU。采用 FM2+ 接口的 APU 的外观如图 1-2-30 所示。

图 1-2-30　采用 FM2+接口的 AMD A10-7700 APU

2.2　CPU 的分类

1. 按 CPU 的生产厂家分类

按 CPU 的生产厂家分，目前的 CPU 主要可分为 Intel 公司生产的 CPU 和 AMD 公司生产的 CPU。

2. 按 CPU 的接口分类

CPU 必须通过接口与主板连接才能进行工作，CPU 从推出至今，采用的接口方式主要有引脚式、卡式、针脚式、触点式等几种，而目前常见的主要有针脚式、触点式两种。针脚式即平常所说的 Socket 结构，一般在后面标上数字表示该 CPU 采用的针脚数，如 Socket 478 即表示该 CPU 针数为 478 针，而 Socket 754 表示该 CPU 的针数为 754 针。触点式即平常所说的 LGA 接口，同样在后面标上数字表示该 CPU 的触点数，如 LGA 775 表示该 CPU 的触点数是 775 个，而 LGA 1150 表示该 CPU 的触点数是 1150 个。CPU 接口类型不同，在插孔数、体积、形状都有变化，所以不能混插。按 CPU 的接口分，Intel 系列 CPU 可分为 Socket 370、Socket 478、LGA 775、LGA 1156、LGA 1155、LGA 1366、LGA 1150、LGA2011、LGA2011-V3 和 LGA 1151 等；AMD 系列 CPU 可分为 Socket 7、Socket A（462）、Socket 754、Socket 939、Socket AM2+（940 针脚）、Socket AM3（938 针脚）、Socket AM3+（942 针脚）、Socket FM1（905 针脚）、Socket FM2（904 针脚）、Socket FM2+（906 针脚）等。

3. 按 CPU 的字长分类

CPU 的字长是指在单位时间内同时处理的二进制数据的位数。CPU 按照其处理信息的字长可以分为 8 位 CPU、16 位 CPU、32 位 CPU 以及 64 位 CPU 等。

4. 按型号或标称频率分类

CPU 有不同的系列，如 Intel 的 Pentium 4 系列、Pentium D 系列、Core 2 系列、Core i3 系列、Core i5 系列、Core i7 系列；AMD 的 Athlon 64 X2 系列、Athlon II X2 系列、Athlon II X3 系列、Athlon II X4 系列、Phenom II X6 系列等。同一档次系列的 CPU 按照型号或标称频率又分为不同规格，如 Core i5 系列有 Core i5 4430（主频 3.0 GHz）、Core i5 4590（主频 3.3 GHz）、Core i5 4670（主频 3.4 GHz）等。AMD APU 系列有 A10-7700K（主频 3.49 GHz）、A10-7850K（主频 3.7 GHz）等。

5. 按 CPU 的核心数量分类

CPU 按核心数量分类可分为单核 CPU、双核 CPU 和多核 CPU，目前主流的 CPU 为双核 CPU 和 4 核 CPU、6 核 CPU、8 核 CPU 也已经出现，未来将向更多核心的 CPU 发展。

6．按应用场合（适用类型）分类

针对不同用户的需求、不同的场合，CPU 被设计成各不相同的类型，CPU 按应用场合分为桌面（台式）版、服务器版和移动版。

2.3 CPU 的结构及工作原理

为了更好地了解 CPU 的工作原理，必须先了解 CPU 的结构。

1．CPU 的物理结构

从物理结构上来看，CPU 的结构主要分为基板、内核和接口 3 部分。

（1）基板

CPU 基板就是承载 CPU 内核用的电路板，它将内核和针脚连成一个整体，主要负责内核芯片与外界的一切通信，基板正面集成有电容、电阻等元件，背面则有用于和主板连接的针脚或者触点，CPU 的基板如图 1-2-31 所示。

图 1-2-31 CPU 的物理结构

（2）内核

CPU 中间的长方形或者正方形部分就是它的内核，里面集成了成千上万甚至是几亿个晶体管，CPU 所有的计算、接收/存储命令、处理数据都在这里进行，CPU 的内核如图 1-2-31 所示。

（3）接口

CPU 接口是 CPU 与主板连接的主要部件，CPU 必须通过接口才能与主板进行数据交换。目前，CPU 的接口主要有针脚式和触点式两种。图 1-2-32（a）所示是针脚式接口的 CPU，图 1-2-32（b）所示是触点式接口的 CPU。

（A）针脚式接口的 CPU　　　　　　　　　（B）触点式接口的 CPU

图 1-2-32 两种不同接口类型的 CPU

2．CPU 的内部结构

CPU 主要由运算器和控制器组成，其中运算器主要完成各种算术运算（如加、减、乘、除）和逻辑运算（如与、或、非）；而控制器的主要功能是读取各种指令，并对指令进行分析，做出相应的控制。此外，在 CPU 中还有若干个寄存器，它们可直接参与运算并存放运算的中间结果。

3．CPU 的工作原理

计算机的一切工作都受 CPU 控制。在 CPU 工作时，需要被处理的"原始数据"和"指令"先被预存进 CPU 的存储器单元(即 CPU 的缓存)，然后 CPU 的控制单元会判断并调度和分配"原始数据"给运算器予以处理，处理后的数据再存入存储器单元以供程序调用，其工作原理就像一个工厂对产品的加工过程：进入工厂的原料（指令），经过物资分配部门（控制单元）的调度分配，被送往生产线（运算单元），生产出成品（处理后的数据）后，再存储在仓库（存储器）中，最后拿到市场上去卖（交由应用程序使用）。

2.4　CPU 的主要性能指标

1．主频、外频和倍频

主频是 CPU 内核运行时的时钟频率，也就是我们平时所说的 CPU 的时钟频率，单位是 MHz、GHz。主频主要描述了 CPU 的运算速度。一般来讲，同一系列的 CPU，主频越高，单位时间内能够完成的运算就越多，CPU 的运算速度也就越快。

外频是系统总线的工作频率，它描述了 CPU 与外部数据的传输速度，也就是 CPU 与主板之间同步运行的时钟频率。早期的 CPU 外频与主频是相同的，但是由于 CPU 主频技术的飞速发展使得外频的速度远远落后于主频速度，这时就推出了倍频技术，即：

$$主频=外频×倍频$$

其中，倍频又称倍频系数，是 CPU 的运行频率与系统外频之间的倍数。例如，Intel Core i3 530 CPU，其主频为 2.93 GHz，外频为 133 MHz，它们之间相差的倍数是 22，即该 CPU 的倍频为 22。

2．前端总线

前端总线是 CPU 与主板北桥芯片之间连接的通道，CPU 必须通过它才能获得指令和原始数据，也只能通过它将运算的结果数据传送出去。前端总线的带宽越高，CPU 和其他设备的数据交换速率就越快。前端总线的带宽主要由数据的位宽和传输频率来衡量，计算方法为：

$$数据传输带宽=(总线频率×数据位宽)/8$$

由于目前 CPU 前端总线的数据位宽均为 64 位，因此频率便成为决定前端总线速度快慢的关键指标。倘若其他方面完全相同，前端总线频率越高则处理器的性能就越好。

3．高速缓存

高速缓存（Cache）是一种存取速度比主存更快的存储设备，其作用是存储即将由运算器单元处理的数据，以减少 CPU 因等待低速主存所导致的延迟。Cache 在 CPU 和主存之间起缓冲作用。CPU 访问内存数据时，首先访问速度很快的 Cache，当 Cache 中有 CPU 所需的数据时，CPU 将不用等待主存而直接从 Cache 中读取，加快存取速度。Cache 一般分为 L1 Cache（一级缓存），L2 Cache（二级缓存）及 L3 Cache（三级缓存）。

4．地址总线宽度

地址总线宽度决定了 CPU 可以访问的物理地址空间，简单地说，就是 CPU 到底能够使用多大容量的内存。对于地址总线宽度是 32 位的微机来说，最多可以直接访问 2^{32}B，也就是 4 GB 的物理空间。

5．数据总线宽度

数据总线负责整个系统的数据传输，数据总线的宽度决定了 CPU 与二级高速缓存、内存以及输入/输出设备之间一次数据传输的信息量。

6．核心电压

核心电压是 CPU 芯片工作时内部所需电压值。CPU 核心电压越低，工作时的耗电越少。早期的 CPU 制造工艺相对落后，工作电压一般为 5 V，导致 CPU 的发热量太大，寿命减短。随着 CPU 制造技术的提高，现在 CPU 的工作电压逐步下降，一般为 1.2～1.5 V，解决了发热过高的问题，延长了 CPU 使用寿命。

7．制造工艺

CPU 的制造工艺也称为制程宽度或制程，是指在制造 CPU 核心时 CPU 核心中最基本的功能单元 CMOS 电路的宽度，一般用 μm（微米）或 nm（纳米）表示。制造工艺极大地影响 CPU 的集成度和工作频率，制造工艺越精细，集成的晶体管就可以更多，CPU 可以达到的频率就越高。CPU 的制造工艺早期的为 0.5 μm、0.25 μm、0.18 μm、0.13 μm、0.09 μm，后来降低到 65 nm、45 nm、32 nm、28 nm，现在已经降低到 14 nm，以后将会越来越小。

2.5　CPU 散热器

CPU 作为计算机中的核心部件，承担了计算机中的大量工作，因此发热量也是非常大的。CPU 散热器的作用就是将 CPU 工作时发出的热量吸收，然后发散到机箱内或者机箱外，保证 CPU 的温度正常。

CPU 散热器主要有主动散热和被动散热两大类，如果按散热方式进一步细分的话，还可以分为风冷散热器、热管散热器和液冷散热器等。

1．风冷散热器

风冷散热器是目前市场主流的产品，它具有性价比高、安装方便等特点，因此受到很多用户的欢迎。风冷散热器按照结构设计可以分为侧吹式和下压式两种类型。侧吹式散热器可以较好地散发 CPU 的热量，还可以发挥 CPU 散热器在机箱风道设计中的作用，但可能会对 CPU 周边配件的散热造成影响，侧吹式散热器如图 1-2-33（a）所示。下压式散热器在为 CPU 散热的同时还可以为 CPU 附近的主板供电 MOS 管、北桥、内存等周边配件的散热提供帮助，但下压式散热器的散热效率不高，下压式散热器如图 1-2-33（b）所示。

（a）侧吹式散热器　　　　　　　　　　　　（b）下压式散热器

图 1-2-33　两种风冷散热器

风冷散热器主要由散热片、风扇、电源插头和扣具 4 部分组成，如图 1-2-34 所示。

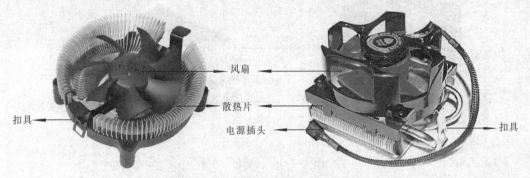

图 1-2-34　风冷散热器的结构

风冷散热片的材料主要有纯铝、纯铜和铝加铜 3 种。采用纯铝材质的散热片价格低廉，性价比合理，主要搭配低端 CPU 使用，如图 1-2-35（a）所示。采用纯铜材质的散热片热传导效能比铝的好，但因铜的热容太高，纯铜散热片吸热快而放热慢，热量会在铜片中大量聚集，因此需要配合高转速大尺寸风扇才能满足散热需求。加上纯铜的成本要比铝的高，因此应用的场合不是很广，如图 1-2-35（b）所示。铝加铜材质的散热片则弥补了纯铝散热片和纯铜散热片的缺点，是一种折中的方案，如图 1-2-35（c）所示。

目前主流 CPU 散热器的风扇按轴承的不同可以分为普通轴承风扇、滚珠轴承风扇和液态轴承风扇 3 类。普通轴承风扇价格低廉但寿命不长；滚珠轴承风扇的转速比普通轴承风扇要快，转动时的声音小，而且寿命要长，但是售价稍贵；液态轴承风扇是用油膜取代滚珠轴承中的钢珠，转动时没有金属接触，磨损更小，噪声和发热量均大幅下降，但是价格更高。

扣具的主要作用是使散热片与 CPU 均匀紧密地接触，加强散热片底部的吸热能力。

（a）纯铝材质散热片　　　　　（b）纯铜材质散热片　　　　　（c）铝加铜材质散热片

图 1-2-35　各种材质的散热片

电源插头主要为 CPU 风扇提供动力，主板上一般都提供一个或两个 CPU 风扇电源插座。

风冷散热器的工作原理如下：散热片的基座与 CPU 直接接触，CPU 发出的热量通过基座传到散热片，然后再通过风扇的旋转来加速空气的流动从而带走散热片上的热量。

2．热管散热器

热管散热器具有散热效果好、静音等优点，因此受到很多超频爱好者的青睐。与普通风冷散热器不同的是，热管散热片导管中含有导热剂，能够根据温差自动均衡热量，达到平均散热的效果。有时热管散热器为了加快散热，也经常配合风扇使用。热管散热器一般由热管、散热片、扣具几个部分组成。热管散热器如图 1-2-36 所示。

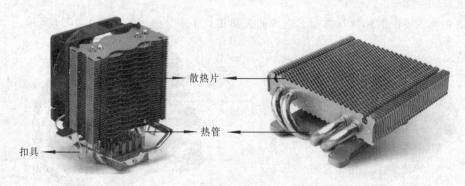

图 1-2-36　热管散热器

　　热管散热器的散热主要通过热管来完成。热管的材料一般是纯铜，其工作原理如下：把铜管密闭并抽真空，然后在其中填入沸点较低的液体，当铜管的一端（受热端，即与散热器底座接触的一端）温度升高时，这端铜管中的液体就会受热而汽化，并依靠铜管内部两端的蒸汽压力差而向另一端（冷凝端，即与散热片接触的一端）移动。冷凝端的温度较低，气体移动到这里时，遇冷液化并反向流回。由于热管中的液体变成气体时要吸收大量的热，而当气体变成液体时会放出大量的热，利用这个原理热管散热器就达到了散热的目的。

3．液冷散热器

　　液冷散热器在散热效率和静音方面具有风冷散热器和热管散热器所无法比拟的优势，但是由于成本高、安全性和稳定性相对较差、不好维护等原因，液冷散热器并未得到大众的认可，只是部分专业用户的"专利"。

　　完整的 CPU 液冷散热系统主要由以下 3 个组成部分：吸热盒、微型液压泵和热交换机。图 1-2-37 所示为一套典型的 CPU 液冷散热器。吸热盒，也就是俗称的水冷头，它是液冷散热器与 CPU 直接接触的部分，通过它来直接传导 CPU 所发出的热量。微型液压泵是冷却液循环的动力源，不同的液冷散热器，其液压泵所能提供的单位时间液体流量也不同。热交换机也称冷却器，其作用就是将整个液冷散热系统中的热量传递到空气中去。

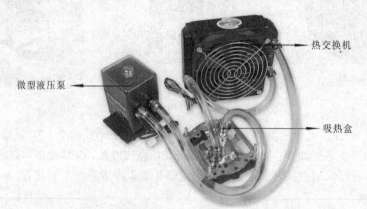

图 1-2-37　液冷散热器

　　液冷散热的主要工作原理如下：在液压泵的带动下导热液体在散热系统中强制循环，然后通过冷却液与吸热盒的热交换，带走 CPU 所发出的热量。

2.6　主流 CPU 介绍与选购

在组装计算机前，必须先确定 CPU 的型号，这样才能选择合适的主板和其他配件。为了选购合适的 CPU，有必要对目前常见的 Intel 平台和 AMD 平台的主流 CPU 进行初步了解。

2.6.1　Intel 平台

Intel 公司作为目前全球最大的 CPU 生产公司，其生产的 CPU 具有速度快、性能优、配套的主板型号多等特点，受到很多用户的追捧。下面从低端、中端、高端 3 个方面讲解 Intel 平台的主流 CPU。

1. 低端方面

目前 Intel 平台低端方面的 CPU 主要是基于 Haswell 架构的奔腾双核系列 CPU 和酷睿 i3 系列 CPU。Haswell 架构的奔腾双核系列 CPU，采用 LGA 1150 接口，22 nm 制造工艺，主频为 2.3 GHz～3.4 GHz，集成的核芯显卡为 HD Graphics，频率为 250 MHz～1 150 MHz，二级缓存 2×256 KB，三级缓存 3 MB。主要型号有 Pentium G3220、Pentium G3240、Pentium G3420、Pentium G3430、Pentium G3440、Pentium G3450 等。比较经典的有 Pentium G3220 和 Pentium G3420。Pentium G3220 的外观如图 1-2-38 所示。

图 1-2-38　Intel Pentium G3420 处理器

Haswell 架构酷睿 i3（第四代酷睿 i3）也是采用 LGA 1150 接口，22 nm 制造工艺，二级缓存 2×256 KB，三级缓存 3 MB。但是 i3 系列为双核四线程，而奔腾系列为双核双线程，i3 系列集成的核芯显卡 HD4400 的性能也比奔腾系列的 HD Graphics 更强。

2. 中端方面

目前 Intel 平台中端方面的 CPU 主要是第四代酷睿 i5 系列处理器。第四代酷睿 i5 系列处理器为 Haswell 架构，采用 LGA 1150 接口，22 nm 制造工艺，主频为 3.0 GHz～3.5 GHz，三级缓存为 6 MB。目前主要的型号有 Core i5 4430、Core i5 4460、Core i5 4570、Core i5 4590、Core i5 4670、Core i5 4690 和 Core i5 4690K 几种。Intel Core i5 4570 处理器的外观如图 1-2-39 所示。

图 1-2-39　Intel Core i5 4570 处理器

3．高端方面

目前 Intel 平台高端的 CPU 主要是酷睿 i7 系列处理器，包括 4 核和 6 核两大类。

4 核酷睿 i7 系列主要为 Haswell 架构，采用 LGA 1150 接口，22 nm 制造工艺，主频为 3.4～4.0 GHz，三级缓存为 8 MB。主要型号有 Core i7 4770、Core i7 4770K、Core i7 4771、Core i7 4790、Core i7 4790K 等。

6 核酷睿 i7 系列目前主要有 Ivy Bridge-E 核心和 Haswell-E 核心两种，Ivy Bridge-E 核心的 i7 采用 LGA 2011 接口，22 nm 制造工艺，主频为 3.4～3.6 GHz，三级缓存为 12～15 MB。主要型号有 Core i7 4930K 和 Core i7 4960X。Haswell-E 核心的 i7 采用 LGA2011-V3 接口，22 nm 制造工艺，主频为 3.3～3.5 GHz，三级缓存为 15 MB。主要型号有 Core i7 5820K 和 Core i7 5930X。Intel Core i7 5820K 处理器的外观如图 1-2-40 所示。

图 1-2-40　Intel Core i7 5820K 处理器

2.6.2　AMD 平台

AMD 公司生产的 CPU 具有性价比高、配套的主板便宜等优点，因而受到了很多用户的青睐。下面从低端、中端、高端 3 个方面讲解 AMD 平台的主流 CPU。

1．低端方面

目前 AMD 平台低端方面的 CPU 主要是 AMD Athlon II X4 系列和双核 APU 处理器。

Athlon II X4 系列 CPU 采用的是 Socket FM2 接口，32 nm 制造工艺，主频为 3.2～3.8 GHz，二级缓存为 2×2 MB，支持双通道 DDR3 1866 内存。主要型号有 Athlon X4 730、Athlon X4 740、Athlon X4 750K、Athlon X4 760K 等。Athlon X4 730 处理器的外观如图 1-2-41 所示。

目前主流的双核 APU 主要为 Richland 核心（即第二代双核 APU，第一代 APU 为 Trinity 核心），采用 Socket FM2 接口，32 nm 制造工艺，主频为 3.2～3.9 GHz，二级缓存为 1 MB。主要型号有 A4-6300、A4-7300、A6-6400K 等。其中 A4-6300 整合 HD8370D 显卡、A4-7300 整合 HD8000 显卡、A6-6400K 整合 HD8470D 显卡。

2．中端方面

目前 AMD 平台中端方面的 CPU 主要是 4 核 APU 处理器和 6 核处理器。

4 核 APU 目前有 Piledriver 核心和 Kaveri 核心两种。Piledriver 核心的 4 核 APU 采用 Socket FM2 接口，32 nm 制造工艺，主频为 3.9～4.1 GHz，二级缓存为 4 MB。主要型号有 AMD A8-6600K、A10-6700 和 A10-6800K 等。A8-6600K 整合 HD8570D 显卡，A10-6700 和 A10-6800K 都是整合 HD8670D 显卡。A10-6800K 处理器的外观如图 1-2-42 所示。Kaveri 核心的 4 核 APU 采用 Socket FM2+接口，28 nm 制造工艺，主频为 3.4～3.7 GHz，二级缓存为 4 MB，整合 AMD Radeon

R7 Series 显卡。主要型号有 AMD A10-7700K、A10-7800K 和 A10-7850K。

图 1-2-41　AMD Athlon X4 730 处理器

图 1-2-42　AMD A10-6800K 处理器

6 核处理器主要有 AMD Phenom II X6 系列和 AMD FX 系列。Phenom II X6 系列目前主要为 Thuban 核心，采用 Socket AM3（938）接口，45 nm 制造工艺，主频为 2.8～3.3 GHz，二级缓存为 3 MB，三级缓存为 6 MB，外频为 200 MHz，核心电压 1.25 V。主要型号有 Phenom II X6 1055T（见图 1-2-43）、Phenom II X6 1075T、Phenom II X6 1090T、Phenom II X6 1100T 等。比较经典的有 Phenom II X6 1055T。AMD FX 系列有 Bulldozer 核心和 Piledriver 核心两种。采用 Socket AM3+（938）接口，32 nm 制造工艺，主频为 3.3～3.9 GHz，二级缓存为 6 MB，三级缓存为 6 MB～8 MB。主要型号有 FX-6100、FX-6110、FX-6120、FX-6130、FX-6200、FX-6300 和 FX-6350 等。比较经典的有 FX-6100（见图 1-2-44）和 FX-6300。

图 1-2-43　AMD Phenom II X6 1055T 处理器

图 1-2-44　AMD FX-6100 处理器

3. 高端方面

目前 AMD 平台高端方面的 CPU 主要是 8 核的处理器。主流的 8 核处理器有 Bulldozer 核心和 Piledriver 核心两种，采用 Socket AM3+接口，32 nm 制造工艺，主频为 2.8 GHz～4.7 GHz，二级缓存 8 MB，三级缓存 8 MB。主要型号有 FX-8100、FX-8110、FX-8120、FX-8150、FX-8170、FX-8300、FX-8320、FX-8350、FX-9370 和 FX-9590 等。比较经典的有 FX-9370 和 FX-9590 处理器，如图 1-2-45 和图 1-2-46 所示。

图 1-2-45　AMD FX-9370 处理器

图 1-2-46　AMD FX-9590 处理器

2.6.3 CPU 的选购

选购 CPU 主要注意以下几个方面的内容。

1. 根据自己的实际需要选购

目前，CPU 的种类和型号繁多，购买 CPU 时一定要结合自己的实际情况进行选择，不要为了攀比 CPU 的性能而盲目追求刚上市的高端产品。刚推出的 CPU 产品一般价格比较昂贵，性价比偏低，而性能的提升却不是很明显，这时就要考虑是不是需要购买高端产品。

2. 考虑是否所有升级都需要

现在 CPU 的更新换代非常快，刚买的 CPU 过了不多久就会被新的产品取代，成为"过时"的产品，因此很多用户在选购 CPU 时往往有很多顾虑，很多人经常考虑以后升级的需要。殊不知，升级硬件涉及很多部件，除 CPU 外，主板、内存甚至电源都有可能需要更换，而自己是否有升级硬件的需要，如果不需要，则建议选择主流的 CPU 产品即可了，没必要花更多的钱去准备那些心中还没确定要升级的东西。

3. 选择合适的散热器

CPU 散热器的好坏对 CPU 的散热至关重要，目前市面上 CPU 散热器的种类、型号繁多，价格差距也非常明显，便宜的仅十几元，贵的则要数百元。但是，并不是散热器的价格越贵越好，选择散热器还要看是否适合自己的 CPU，适合自己的才是最好的。

2.7 CPU 的安装

目前 CPU 所使用的接口主要有 LGA 1150 接口和 Socket AM3 接口两种，下面来介绍这两种接口 CPU 的安装方法。

1. LGA 1150 接口 CPU 的安装

① 取出主板 CPU 插座上的塑料保护盖，如图 1-2-47 所示。

② 稍向外、向上轻轻拉起 CPU 插座侧面的金属杆，如图 1-2-48 所示。

图 1-2-47　取出主板 CPU 插座上的塑料保护盖　　图 1-2-48　拉起 CPU 插座侧面的金属杆

③ 掀开 CPU 插座上面的金属框，如图 1-2-49 所示。

④ 把金属框完全掀开，让 CPU 插座完全展现出来。注意手千万不要碰到 CPU 插座里面的"触须"，如图 1-2-50 所示。

图 1-2-49　打开 CPU 插座上面的金属框

图 1-2-50　掀开金属框后的 CPU 插座

⑤ 将 CPU 放入 CPU 插座中，注意：放入时要把处理器上的半圆形凹槽与插座上的半圆形凸起对准，这样方向就不会搞错，如图 1-2-51 所示。对准后将 CPU 轻轻放在 CPU 插座上面即可，如图 1-2-52 所示。

图 1-2-51　对准后放入 CPU

图 1-2-52　将 CPU 轻轻放在 CPU 插座上面即可

⑥ 把 CPU 插座上的金属框放下，然后将 CPU 插座旁边的金属杆扣下，直到金属杆能卡至 CPU 插座凸起的下面为止，如图 1-2-53 所示。

⑦ 接着在 CPU 的上面涂上散热硅膏，然后把 CPU 配套的散热器和风扇轻轻安放在 CPU 上面，放入风扇时注意要把散热器旁边的 4 个塑料扣具对准 CPU 插座旁边的 4 个插孔，如图 1-2-54 所示。

图 1-2-53　金属杆最终压到的位置

图 1-2-54　把 CPU 散热器和风扇放在 CPU 插座上面

⑧ 注意 4 个塑料扣具上都有方向箭头，此时需要按照箭头方向（逆时针方向）旋转扣具，然后再将扣具按下，如图 1-2-55 所示。安装时可以按照对角顺序按下扣具以保证散热器与 CPU 紧密连接。

⑨ 把扣具按下后，再按照与箭头相反的方向即顺时针方向将扣具旋转，如图 1-2-56 所示的位置。

图 1-2-55 将扣具按箭头方向逆时针旋转后用力按下　　图 1-2-56 按照与箭头相反的方向旋转扣具

⑩ 将 CPU 风扇的电源接头接在主板标有 CPU FAN 的电源插座上，连接时注意要把电源接头上的凹口对准电源插座上凸起的挡板，如图 1-2-57 所示。至此，CPU 安装完成。

2. Socket AM3 接口 CPU 风扇的安装

Socket AM3 接口 CPU 的安装方法与 LGA 接口 CPU 的安装方法类似，但散热风扇的安装方法不太一样，这里简单讲解其散热风扇的安装方法。

图 1-2-57 连接 CPU 风扇的电源接头

① 将散热器垂直于 CPU 上方慢慢放下，切忌不要用力。由于主板上大大小小的电容经常会影响 CPU 散热器的安装，所以建议在安装散热器时，将没有金属扣具的一端往里安装。当散热器底部的金属与 CPU 接触完全后，用力将散热器卡扣与 CPU 插槽连接在一起，如图 1-2-58 所示。

② 在确定散热器扣具卡扣已经与 CPU 插槽凸起扣在一起后，慢慢将扣具上的扳手沿顺时针方向旋转，让散热器与 CPU 充分接触，如图 1-2-59 和图 1-2-60 所示。

 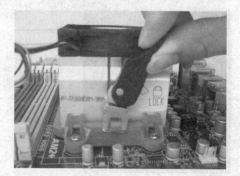

图 1-2-58 将散热器卡扣与 CPU 插槽扣好　　图 1-2-59 将散热器另一端的卡扣与 CPU 插槽扣好

③ 安装风扇后，给风扇接上电源。将电源插头有凹槽的一端对准主板上电源插针有挡片的一端，然后往下插到位即可，如图 1-2-61 所示。

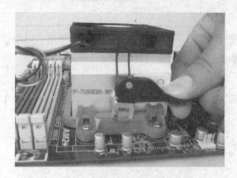

图 1-2-60　将金属扣具缓缓地沿
顺时针方向旋转至另一端

图 1-2-61　将电源插头插入主板上的
电源插座

小　结

CPU 是计算机的核心部件，它负责计算机指令的执行，控制计算机各个部件的工作。

Intel 平台的 CPU 发展经历了 8086、80286、80386、80486、Pentium、Core 等不同的时代，而 AMD 平台则经历了 K5、K6、K7、Athlon、Phenom 等不同的时代。

CPU 的分类方法有按生产厂家分、按接口分、按 CPU 的字长分、按 CPU 的核心数量分、按应用场合分等。CPU 按生产厂家分可分为 Intel 公司生产的 CPU 和 AMD 公司生产的 CPU；按接口分可分为引脚式、卡式、针脚式、触点式等；按 CPU 的字长分可分为 8 位 CPU、16 位 CPU、32 位 CPU 和 64 位 CPU 等；按 CPU 型号或标称频率分可分为 Pentium 4 系列、Core 2 系列、Core i3 系列、Athlon 64 X2 系列、Athlon II X2 系列、Phenom II X6 系列等。

从物理结构上来看，CPU 的结构主要分为基板、内核和封装 3 部分。从内部结构看 CPU 主要由运算器、控制器和寄存器 3 个部分组成。

CPU 的主要性能指标有主频、外频、倍频、前端总线、高速缓存、地址总线宽度、数据总线宽度、核心电压和制造工艺等。

CPU 散热器按散热方式的不同可分为风冷散热器、热管散热器和液冷散热器等。目前常用的散热器主要是风冷散热器。

选购 CPU 主要考虑应用的场合、升级的需要、配套的散热器等方面的内容。

练　习　题

一、填空题

1. 目前的 CPU 主要是_____和_____两个公司的产品。

2. CPU 的主频=_____×_____。

3. 中央处理器简称 CPU，它是计算机系统的核心，主要包括_____和_____两个部件。

4. Haswell 核心的 Intel Core i5 CPU 使用的插座是_____。AMD Phenom II X3 CPU 使

用的插座是_____。

5. CPU 的外频是 200 MHz，倍频是 14，那么 CPU 的工作频率是_____MHz。

二、选择题

1. 现有一款型号是"Intel Core 2 Duo E8400"的 CPU，其中 CPU 的正面上标有"3.0GHz/6M/1333"字样，其中的 1333 是指 CPU 的（　　）参数。

    A. 外频   B. 前端总线   C. 主频   D. 缓存

2. 以下几款 CPU 中，（　　）不是 Intel 的产品。

    A. Pentium   B. Athlon   C. Celeron   D. Core i7

3. 通常说一款 CPU 的型号是"Pentium 4 2.8GHz"，其中，"2.8GHz"是指 CPU 的（　　）参数。

    A. 外频   B. 速度   C. 主频   D. 缓存

4. 计算机发生的所有动作都是受（　　）控制的。

    A. CPU   B. 主板   C. 内存   D. 鼠标

5. （　　）又称为 Socket T，是 Intel 公司生产的 Core CPU 使用的一种主要接口。

    A. Socket 754   B. Socket 775   C. Socket 603   D. Socket 423

6. CPU 的接口种类很多，现在 Intel 公司生产的 CPU 主要使用的是（　　）接口。

    A. 针脚式   B. 引脚式   C. 卡式   D. 触点式

7. 对一台计算机来说，（　　）的档次就基本上决定了整个计算机的档次。

    A. 内存   B. 主机   C. 硬盘   D. CPU

8. CPU 读取数据的顺序是（　　）。

    A. 先硬盘后内存   B. 先内存后缓存

    C. 先缓存后内存   D. 先缓存后硬盘

三、判断题

1. LGA 775 插槽采用的是 775 根有弹性的触须状针脚。   （　　）

2. CPU 缓存的大小与计算机的性能没有什么关系。   （　　）

3. 在选购主板时，一定要注意与 CPU 对应，否则无法使用。   （　　）

4. 字长是人们衡量一台计算机 CPU 档次高低的主要依据，字长越大，CPU 档次就越高。

                                                      （　　）

5. 安装 CPU 时不存在方向问题。   （　　）

四、简答题

1. CPU 主要由哪几个部件组成？每个部件有什么作用？

2. 请简单阐述一下 CPU 的工作原理。

3. CPU 的主要性能指标有哪些？

4. 如果按散热方式分，CPU 散热器主要有哪些？

5. 选购 CPU 时需注意哪些方面？

第 **3** 章

主　板

　　主板是计算机中的重要组成部分，它是计算机的"基石"，计算机中大部分的设备都必须通过主板才能进行连接，主板的稳定性直接影响整台计算机的性能。本章主要介绍主板的分类方法、结构与组成、安装、选购的方法等知识。

　　计算机中最大的电路板是主板。主板又称主机板（Main Board）、母板（Mother Board）或系统板（System Board），它是计算机的重要组成部分，是整个计算机工作的基础。

　　主板既是连接各个部件的物理通路，也是各部件之间数据传输的逻辑通路，几乎所有的部件都连接在主板上。主板是计算机的中枢，它为 CPU、内存以及各种功能卡（声卡、显卡、网卡等）提供安装插座（槽）；为各种存储设备和外设如打印机、扫描仪等提供接口。计算机就是通过主板将 CPU 等各种器件和外围设备有机地结合起来，形成一套完整的系统，因此，计算机的整体运行速度和稳定性在相当程度上取决于主板的性能，因此主板的质量显得尤为重要。

3.1　主板的分类

　　主板的分类主要有以下几种方式。

1. 按主板结构分

　　主板结构是指主板生产商对主板上的各个元件的布局排列方式、尺寸大小、形状以及电源规格等制定出的必须遵循的通用标准。按主板结构可以把主板分为 ATX 主板、Micro ATX 主板、Mini ITX 主板以及 BTX 主板等。

　　目前用得最多的是 ATX 结构和 Micro ATX 结构的主板，BTX 结构是一种新的主板结构标准，它针对散热和气流的运动，对主板的线路布局进行了优化设计，具有更好的散热效果，但目前还不是主流的主板结构。图 1-3-1（a）所示为 ATX 主板，图 1-3-1（b）所示为 Micro ATX 主板。图 1-3-2 所示为 Mini ITX 主板，图 1-3-3 所示为 BTX 主板。

2. 按主板使用的 CPU 接口分

　　目前的 CPU 主要采用针式和触点式两种接口形式，AMD 平台的 CPU 主要采用针式的结构，即平常所说的 Socket 架构，目前主流的是 Socket AM3+、Socket AM3、Socket FM2+、Socket FM2接口的主板。Intel 平台的 CPU 主要采用触点式结构，即平常所说的 LGA 架构，目前主流的是LGA 1150、LGA 1151、LGA 1155、LGA 2011 等接口的主板。

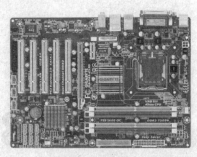

（a）ATX 主板

（b）Micro ATX 主板

图 1-3-1　ATX 主板与 Micro ATX 主板

图 1-3-2　Mini ITX 主板

图 1-3-3　BTX 主板

3．按主板的芯片组分

芯片组是主板上最重要的部件，是主板的灵魂，主板的功能主要取决于芯片组。目前主要的主板芯片组有 Intel 公司的 H61、B75、H77、Z77、H81、B85、H87、Z87、H97、Z97、X79、X99、Z170 芯片，AMD 公司的 A55、A58、A68、A75、A78、A85X、A88X、990FX、990X、970、800/700 系列等。

4．按生产主板的厂家分类

生产主板芯片组的厂家虽然只有 Intel、AMD、nVIDIA 等几家，但生产主板的厂家却很多，主要有华硕（ASUS）、技嘉（GIGABYTE）、微星（MSI）、华擎（ASRock）、七彩虹（Colorful）、玩家国度（ROG）、映泰（BIOSTAR）、昂达（ONDA）、铭瑄（MAXSUN）、盈通（yeston）等。

5．按是否集成显卡分类

现在几乎所有的主板都集成了网卡和声卡，但是集成显卡的主板却很少，因为很多 CPU 已经集成了显示核心。一般把整合了显卡的主板称为整合主板。目前整合显卡的主板芯片组主要有 AMD 公司的 AMD 760G。

3.2　主板的结构与组成

主板主要由控制芯片、CPU 插座、内存插槽、BIOS 芯片、IDE 接口、PCI 插槽、PCI-E 插槽、SATA 接口、CMOS 电池、面板接口插针、电源供电插座、外设接口（主板边缘的 PS/2 接口、USB 接口、HDMI 接口、DP 接口）等部件组成，如图 1-3-4 所示。

1．主板芯片组

主板芯片组是主板的核心组成部分，是主板的灵魂和核心，芯片性能的优劣决定了主板性能的好坏与级别的高低。芯片组一般有单片和双片两种，大多数为两片，位于 CPU 插座与 PCI-E×16 插槽之间的芯片一般叫北桥芯片，它的主要作用是支持和管理 CPU，控制系统总线、PCI-E 总线、PCI 总线、内存等。位于 SATA 接口附近的芯片一般称为南桥芯片，它主要负责 I/O 总线之间的通信，如 USB、SATA、音频控制器和键盘控制器等。

集成网卡芯片　　　　I/O 接口
PCI-E×1 插槽　　　　CPU 供电电路
PCI-E×16 插槽
PCI 插槽　　　　　　CPU 插座
　　　　　　　　　　PCB 基板
前置面板插针　　　　内存插槽
SATA 接口
芯片　电池　电源插座

图 1-3-4　ATX 主板的组成

2．CPU 插座

CPU 插座主要用于安装 CPU，目前常见的 CPU 插座主要有两大类：第一类是针孔式插座，如 Socket AM3+（Socket 942）、Socket AM3（Socket 938）、Socket FM2+（Socket 906）和 Socket FM2（Socket 904）等插座，主要用于安装针脚式的 CPU；第二类是触须式插座，如 LGA 1150、LGA 1155、LGA2011 等插座，主要用于安装触点式的 CPU。图 1-3-5 所示为 Socket FM2+/FM2 架构的 CPU 插座，图 1-3-6 所示为 LGA 1150 架构的 CPU 插座。

图 1-3-5　Socket FM2+插座

图 1-3-6　LGA 1150 插座

3．扩展插槽

主板上的扩展插槽主要用于固定扩展卡并将其连接到系统总线上，扩展插槽的类型很多，主要有 PCI 插槽、AGP 插槽和 PCI Express 插槽等几种。

（1）PCI 插槽

PCI 插槽是基于 PCI 局部总线（Peripheral Component Interconnect，周边元件扩展接口）的扩展插槽，其颜色一般为乳白色。PCI 插槽的位宽为 32 位或 64 位，工作频率为 33 MHz，最大数据传输速率为 133 MB/s（32 位）和 266 MB/s（64 位）。PCI 插槽早期主要用于插接显卡、声卡、网卡、内置 Modem、内置 ADSL Modem、USB 2.0 卡、IEEE 1394 卡、IDE 接口卡、RAID 卡、电视卡、视频采集卡以及其他种类繁多的扩展卡。随着主板集成度的提高，以及各种设备对扩展插槽带宽的需求不断增加，现在主板上的 PCI 插槽使用率越来越低，数量也越来越少，只有声卡、电视卡等扩展设备依然对 PCI 插槽有一定的需求。

（2）AGP 插槽

AGP（Accelerated Graphics Port）是在 PCI 总线基础上发展起来的，主要针对图形显示方面进行优化，专门用于图形显示卡。AGP 接口发展经历了 AGP 1.0（AGP 1X/2X）、AGP 2.0（AGP 4X）和 AGP 3.0（AGP 8X）几个阶段，其带宽从最早的 AGP 1X 的 266 MB/s 发展到了 AGP 8X 的 2.1 GB/s。但是，相对于目前要求甚高的 3D 游戏而言，AGP 接口的带宽还是不足，即使是最高速的 AGP 8X 接口也已经成为显卡发展的瓶颈，目前的主板已经不再采用 AGP 接口，而是采用了带宽更大的 PCI-E 接口。

（3）PCI Express 插槽

PCI Express（简称 PCI-E）是最新的总线和接口标准，它采用点对点串行连接，与 PCI 总线的共享并行架构不同，PCI Express 总线的每个设备都有自己的专用连接，不需要向整个总线请求带宽，而且可以把数据传输率提高到一个更高的频率，达到 PCI 所不能提供的高带宽。相对于传统 PCI 总线的半双工连接方式，PCI Express 的全双工连接能提供更高的传输速率和质量。PCI Express 的接口根据总线位宽不同而有所差异，包括 ×1、×4、×8 以及 ×16。PCI Express ×1 的数据传输带宽为 250 MB/s，已经可以满足主流声效芯片、网卡芯片和存储设备对数据传输带宽的需求，但还远远无法满足图形芯片对数据传输带宽的需求。现在的显卡主要采用 PCI Express ×16 来取代传统的 AGP 总线。PCI Express ×16 单向数据传输带宽高达 4 GB/s，双向数据传输带宽更达 8 GB/s，比 AGP 8X 的 2.1 GB/s 的数据传输带宽快了大约 3 倍。此外，较短的 PCI Express 卡可以插入较长的 PCI Express 插槽中使用，PCI Express 接口能够支持热拔插。PCI 插槽和 PCI Express 插槽如图 1-3-7 所示。

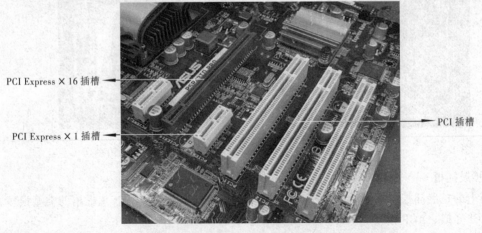

图 1-3-7　PCI 插槽和 PCI Express 插槽

4．内存插槽

内存插槽用于安装内存条，一般位于 CPU 插座的旁边，现在的主板一般有 2～8 根内存插槽，可提高其扩展性。目前内存条的主要标准是 DDR 3，其内存插槽有 240 个触点，DDR3 内存插槽如图 1-3-8 所示。须注意的是，Intel X99 芯片主板只有 DDR4 内存插槽，DDR4 内存插槽有 288 个触点，其外观与 DDR3 内存插槽完全不同，不能通用。DDR4 内存插槽如图 1-3-9 所示。

图 1-3-8　DDR3 内存插槽　　　　　　　　　图 1-3-9　DDR4 内存插槽

5．BIOS 芯片

BIOS（Basic Input/Output System，基本输入/输出系统）包括计算机最重要的基本输入/输出程序、系统设置信息、开机后自检程序和系统自启动程序，BIOS 设置程序存储在主板的 ROM 芯片上，这个芯片就是我们通常所说的主板 BIOS 芯片。主板 BIOS 芯片的主要功能是为计算机提供底层的、最直接的硬件设置和控制。

6．IDE 接口

IDE 是 Integrated Drive Electronics 接口的简称，也叫 ATA（AT Attachment），它属于并行 ATA 接口类型，是一种 40 针的双排针插座，主要用于连接 IDE 硬盘和 IDE 光驱，每个 IDE 设备接口可以连两个 IDE 设备。IDE 接口有 ATA 66/100/133 几种，它们的传输速度分别为 66 MB/s、100 MB/s、133 MB/s。随着 SATA 接口的普及，现在的主板已经不再配置 IDE 接口。主板上的 IDE 接口如图 1-3-10 所示。

7．Serial ATA 接口

Serial ATA（SATA）即串行 ATA 接口，是一种完全不同于并行 ATA 的新型接口类型，SATA 采用串行方式传输数据，使用嵌入式时钟信号，具备了更强的纠错能力，与以往相比其最大的区别在于能对传输指令（不仅仅是数据）进行检查，如果发现错误会自动矫正，这在很大程度上提高了数据传输的可靠性。串行接口还具有结构简单、支持热插拔的优点。主板上的 SATA 接口如图 1-3-10 所示。

图 1-3-10　IDE 接口与 SATA 接口

8．电源插座

电源插座主要用来连接电源，为主板供电。早期主板的电源插座为 20 芯双列插座，现在的为 24 芯双列插座，此外主板上还有 4 芯或 8 芯的 CPU 专用供电插座，这些插座都有防插反结构。电源插座如图 1-3-11 所示。

图 1-3-11　24 芯电源插座和 4 芯 CPU 供电插座

9．主板供电单元

主板供电单元主要是为 CPU、内存、显卡和其他芯片提供电能，保证 CPU、内存和显卡等设备在高频、大电流的工作状态下稳定运行，性能好的供电模块输出的电压波动或杂波较小，可以为 CPU 和其他部件提供干净和平稳的电压。因此，供电单元的质量直接影响了主板的稳定性。图 1-3-12 所示为主板上两种常见的 CPU 供电单元。

图 1-3-12　CPU 供电电路单元

10．机箱面板指示灯及控制按钮插针

在主板比较靠边的地方有单列或双列的插针，这些插针主要用于连接机箱面板上的电源开关、重启开关、电源指示灯、硬盘工作指示灯和扬声器。这些插针旁边的电路板上一般印有所连设备的英文缩写，只要按这些英文标识连接相应的设备即可，如图 1-3-13 所示。

图 1-3-13　机箱面板指示灯和控制按钮插针

机箱面板指示灯及控制按钮插针常见的英文简写如表 1-3-1 所示。

表 1-3-1　机箱面板指示灯和控制按钮插针说明

英 文 缩 写	连接的设备	针　　数	接线颜色及连接方法
POWER SW（PWR SW 或 PWR）	电源开关	2 针	棕色，白色，不分正负极
RESET SW（RESET 或 RST）	重启开关	2 针	蓝色，白色，不分正负极
POWER LED（PWR LED 或 P LED）	电源指示灯	2 针或 3 针	绿色接 "+"，白色接 "-"
HDD LED（IDE LED）	硬盘工作指示灯	2 针	红色接 "+"，白色接 "-"
SPEAKER（SPK）	扬声器	4 针	红色，黑色，不分正负极

11．输入/输出接口

主板后面的输入/输出接口（I/O 接口）主要有 PS/2 接口、串行接口（COM 口）、并行接口（LPT 口）、MIDI 接口、USB 接口、RJ-45 网络接口、VGA 接口、DVI 接口、光纤音频接口和各种音频接口。有些高端的主板还带有 E-SATA、IEEE 1394 接口、HDMI 和 DisplayPort 接口，图 1-3-14 和图 1-3-15 所示分别是两款带不同输入/输出接口的主板。

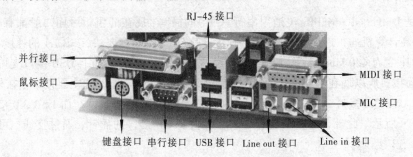

图 1-3-14　带串并口的主板 I/O 接口

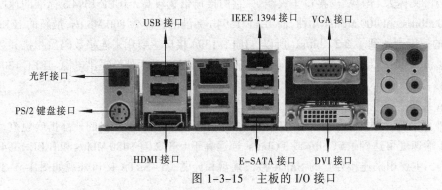

图 1-3-15　主板的 I/O 接口

（1）PS/2 接口

PS/2 接口是一种 6 针的圆形接口，目前大部分的主板都有两个 PS/2 接口，其中紫色的是键盘接口，绿色的是鼠标接口，如图 1-3-16 所示。现在也有一些主板只有一个 PS/2 接口用于连接键盘，而鼠标改用 USB 接口。甚至有些主板已经不带 PS/2 接口而全部采用 USB 接口了。

（2）串行接口

串行接口（COM 口）是一个 9 针的深绿色 D 形接口，如图 1-3-17 所示。早期主要用于连接串口鼠标、外置 Modem、摄像头和写字板等。串行接口的数据一位位地顺序传送，通信线路简单，传输距离比并口更长，但是速度较慢，数据传输率只有 200 kbit/s，所以现在的主板已经取消串行接口。

（3）并行接口

并行接口（LPT 口）是一个 25 孔的紫红色 D 型接口，如图 1-3-18 所示。早期主要用于连接并口打印机和扫描仪，并行接口中 8 位数据同时通过并行线进行传送，数据传送速度与串口相比大大提高，但并行传送的线路长度受到限制，因为长度增加，干扰就会增加。由于并行接口的速度还不够快，再加上现在很多的打印机和扫描仪都采用 USB 和 IEEE 1394 接口，所以现在的主板已经取消了并行接口。

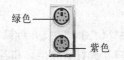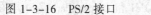
图 1-3-16　PS/2 接口

绿色

紫色

图 1-3-17　串行接口

图 1-3-18　并行接口

（4）USB 接口

USB 是 Universal Serial Bus（通用串行总线）的简写，现在的主板后面一般都有 2～6 个 USB 接口，以提高计算机的扩展性。USB 接口的速度比串/并口的速度要快，USB 1.1 的速度为 12 Mbit/s，USB 2.0 的速度为 480 Mbit/s，而 USB 3.0 已经达到 4.8 Gbit/s，再加上 USB 接口支持设备的即插即用和热插拔，所以现在 USB 接已经代替串/并口成为大部分外设的主要接口。在外观上，USB 3.0 接口与 USB 2.0 接口一模一样，但是 USB 2.0 接口的颜色为黑色，而 USB 3.0 接口为蓝色，如图 1-3-19 所示。此外，主板上还有 2～4 个前置 USB 接口的插针，通过连线，可以连接到机箱前面的 USB 接口。

（5）IEEE 1394 接口

IEEE 1394 接口又称为 Fire Wire 接口（火线），它的接口带宽较高，IEEE 1394 a 标准的速度有 100 Mbit/s、200 Mbit/s 和 400 Mbit/s 几种，而 IEEE 1394b 标准的速度为 800 Mbit/s，最新的 IEEE 1394 S3200 标准的速度则达到了 3.2 Gbit/s，所以，IEEE 1394 接口主要用来连接数码照相机和数码摄像机等设备。和 USB 接口一样，IEEE 1394 也支持外设热插拔，可为外设提供电源。IEEE 1394 接口外观如图 1-3-20 所示。

（6）E-SATA 接口

E-SATA 是外部串行 ATA（External Serial ATA）的简写，它是 SATA 接口的外部扩展规范，E-SATA 的理论传输速度可达到 1.5 Gbit/s 或 3 Gbit/s，远远高于 USB 2.0 的 480 Mbit/s 和 IEEE 1394a 标准的 400 Mbit/s，主要用来连接外置的 SATA 接口硬盘和光驱。E-SATA 接口外观如图 1-3-21 所示。

图 1-3-19　USB 3.0 接口

图 1-3-20　IEEE 1394 接口

图 1-3-21　E-SATA 接口

（7）RJ-45 网络接口

由于现在的主板都集成了网卡，所以主板都带有 RJ-45 网络接口。RJ-45 是一个"凸"字形的接口，如图 1-3-22 所示。其主要用于以双绞线为传输介质的网络中。

（8）音频接口

如果主板集成 6 声道音效芯片，则主板后面带有 3 个音频接口（黄绿色、浅蓝色和粉红色），如图 1-3-23 所示。如果主板集成 8 声道音效芯片，主板后面则带有 6 个音频接口（黄绿色、浅蓝色、粉红色、橙黄色、黑色和灰色），如图 1-3-24 所示。各接口用途和连接方法如表 1-3-2 所示。

图 1-3-22　RJ-45 接口

图 1-3-23　6 声道接口

图 1-3-24　8 声道接口

表 1-3-2　主板各音频接口作用

音频接口颜色	作　用	连 接 设 备
浅蓝色	音频输入接口	连接音响等设备的音频输出端
黄绿色	音频输出接口	连接耳塞、音箱等音频接收设备
粉红色	扬声器接口	连接扬声器
橙黄色	中置/重低音接口	连接中置/重低音音箱
黑色	后置环绕音箱接口	连接后置环绕音箱
灰色	侧边环绕音箱接口	连接侧边环绕音箱

（9）VGA 接口

如果主板集成显示核心芯片，则带有 VGA 接口。VGA 接口是一个 15 孔蓝色 D 形接口，如图 1-3-25 所示，也叫 D-Sub 接口，它是一种模拟信号输出接口，负责向显示器输出相应的图像信号，通常用于连接 CRT 显示器。

图 1-3-25　VGA 接口

（10）DVI 接口

现在很多新型集成显卡的主板都带有 DVI 接口。DVI 接口分为两种，一种是 DVI-D 接口，如图 1-3-26 所示，只能接收数字信号；另外一种则是 DVI-I 接口，如图 1-3-27 所示，可同时兼容模拟和数字信号。因目前集成显卡的主板大部分已经带有 VGA 接口，所以大多数主板上一般只采用 DVD-D 接口。DVI 接口出于兼容性考虑，预留了一些引脚以支持模拟设备，所以接口的体积较大，效率较低。

图 1-3-26　DVI-D 接口　　　　图 1-3-27　DVI-I 接口

（11）HDMI 接口

HDMI（High Definition Multimedia Interface，高清晰度多媒体接口）是一种全数字化影像和声音传送接口，可以传送无压缩的音频信号及视频信号，取得更高的音频和视频传输质量，提供清晰的画质。此外，由于通过 HDMI 接口可以同时传送音频和视频信号，简化了连线，所以现在很多主板都提供 HDMI 接口。HDMI 接口标准有 1.0、1.1、1.2、1.3 和 1.4 等几个版本。其中 1.3、1.4 版本 HDMI 接口的带宽达到了 10.2 Gbit/s，1.4 版的 HDMI 数据线还增加一条数据通道，支持高速双向通讯。支持该功能的互连设备能够通过百兆以太网发送和接收数据，可满足任何基于 IP 的应用。HDMI 接口支持"即插即用"，体积比 DVI 接口更小，为 D 形接口，其外观如图 1-3-28 所示。

（12）DisplayPort 接口

DisplayPort 也是一种高清数字显示接口标准，可以同时传输音频与视频，用于连接显示器。DisplayPort 接口从最早的 DisplayPort 1.0 标准发展到目前最新的 DisplayPort 1.3 标准。其中 DisplayPort 1.3 接口的带宽达到了 21.6 Gbit/s，比 1.4 版本 HDMI 接口的带宽更大。DisplayPort 接口与 HDMI 接口一样小巧，但是外观略有不同。DisplayPort 接口为一个直角梯形接口。图 1-3-29 为 DisplayPort 接口的外观与 HDMI 接口的外观，图 1-3-30 为 DisplayPort 数据线的外观与 HDMI 数据线的外观。

图 1-3-28　HDMI 接口

图 1-3-29　DisplayPort 接口与 HDMI 接口

图 1-3-30　DisplayPort 数据线与 HDMI 数据线

3.3　主板的安装与选购

1. 主板的安装

虽然主板有很多种类型，但是它们的安装方法都是一样的，而且也很简单。

（1）把主板放入机箱

将主板轻轻地放入机箱中，并检查一下金属螺柱或塑料钉是否与主板的定位孔相对应，如图 1-3-31 所示。

注意

在把主板安装到主机箱前，一般先在主板上安装好 CPU、CPU 散热器和内存。因为主机箱内部的空间比较狭小，如果安装好主板再安装 CPU 和内存，就不方便安装这些设备。此外，在放入主板时主板的 I/O 接口要对准机箱后面相应的位置，而且主板要与底板平行，决不能碰在一起，否则容易造成短路。

（2）固定主板

金属螺柱与主板的螺孔一一对应后，用螺丝刀将金属螺钉旋入金属螺柱内，如图 1-3-32 所示。

图 1-3-31　将主板放入机箱中　　　　　　图 1-3-32　将螺钉旋入金属螺柱

2. 主板的选购

主板的选购主要注意以下几个方面。

（1）主板要与 CPU 匹配

现在 CPU 的类型很多，选购主板时一定要与 CPU 匹配，这里所说的匹配除了指主板上的 CPU 插座要与 CPU 的接口一致外，还包括主板的芯片组是否支持所选的 CPU 等。必须明确的

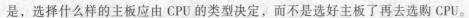

是，选择什么样的主板应由 CPU 的类型决定，而不是选好主板了再去选购 CPU。

（2）主板的做工与用料

采用相同芯片组的主板之间的速度差异是非常小的，但如果主板设计的电路和用料不一样的话，稳定性也大不一样。选购主板时，应从主板供电、主板 PCB、主板做工、主板设计等几个方面进行考虑。

首先了解一下主板的供电。

主板供电电路的设计直接影响整机工作的稳定性和安全性，一般来说主板的供电相数越多，稳定性越好。这里所说的一相即一组"电容+电感+场效应管"供电电路，在 CPU 供电部分出现 N 次，这就是我们常说的 N 相处理器供电。多相电路可以非常精确地平衡各相供电电路输出的电流，以维持各功率组件的热平衡，在器件发热这项上多相供电具有优势。

主板的 CPU 供电相数可以通过观察 CPU 插座附近的电感数量来判断，有几个电感就有几相，如图 1-3-33 所示。不过需要注意的是，现在的主板大部分都采用了全封闭式的电感，如图 1-3-34 所示。

图 1-3-33　开放式电感的 4 相供电的主板　　图 1-3-34　全封闭式电感的 4 相供电的主板

在选购主板时除考虑主板供电相数外，还要考虑主板是否采用供电相数独立的设计，即"$N+1$ 相"或者"$N+1+1$ 相"。这里所说的"供电相数独立设计"，是指除给 CPU 核心的供电外，GPU 核心、内存控制器（原北桥功能）也独立的供电。图 1-3-35 所示中的主板采用的就是"3+1+1"多相独立供电设计方案。

其次，需要了解主板的用料。

选购主板时还要注意主板的用料，如供电部分是否采用固态电容等。固态电容具有高频低阻抗、高温

图 1-3-35　"3+1+1"多相独立供电的主板

稳定、快速放电、减小体积、无漏液等特点，但因为生产材料与专利的问题，固态电容的成本比传统电解电容要高不少，很少主板厂商为了提高利润，采用成本更低的传统电解电容，但是传统电解电容的耐高温、高压的性能比固态电容要差，选购时要注意。图 1-3-36 和图 1-3-37 所示分别是使用不同类型电容的两款主板。

最后看一下主板的布局与设计。

主板的布局很重要，特别是 CPU 插座的布局，首先，必须保证有足够的空间来安装 CPU 风扇，如果 CPU 插座过于靠近主板边沿，则在一些空间比较狭小或者电源位置不合理的机箱内会出现安装 CPU 散热器比较困难的情况。另外，CPU 插座周围的电容也不要靠得太近，否则安

装散热器不方便(特别是安装大型 CPU 散热器时)。此外还要注意 SATA 接口等的位置,如 SATA 接口不能和 PCI-E 在同一水平线上,否则显卡太长时,很容易造成 SATA 接口被挡住。

电解
电容

固态
电容

图 1-3-36　采用电解电容的主板　　　　图 1-3-37　采用固态电容的主板

除以上要求外,还应注意主板的散热是否合理、PCB 板的电路走线是否清晰等。

（3）主板的售后服务

很多人在购买计算机主板产品时,往往只重视主板本身的品质以及价格,而忽视了它的售后服务。对于主板这样的电子产品来说,除了产品本身出故障的情况外,其实在使用中也可能因为人为因素而出现问题,这时主板提供的售后服务以及技术支持的价值就体现出来了。现在很多一线的主板厂商都提供了 7 日内包退、30 日内包换新品、一年内包换良品、三年内免费保修的售后服务,但是一些二、三线的主板厂商只提供 7 日内包退、30 日内包换良品、三年免费保修的售后服务,甚至一些主板厂商才提供 7 日包退、三个月内换良品(没有故障的主板)、三个月至一年、享受全年免费保修、三年有偿保修的售后服务,选购主板时一定要注意。

小　结

主板使计算机中的各个部件形成一个完整的系统,它在整个计算机系统中具有举足轻重的地位。

主板的分类方法有按结构分、按使用的 CPU 接口分、按芯片组分、按生产厂家分、按是否集成显卡分等。主板按结构分可分为 ATX 主板、Micro ATX 主板、Mini ITX 主板以及 BTX 主板等；按使用的 CPU 接口分可分为 Socket 架构和 LGA 架构两大类；按芯片组分可分为 B85 主板、X99 主板、A75 主板、A78 主板、A85X 主板等；按生产厂家分可分为华硕、技嘉、微星、七彩虹、玩家国度、映泰、昂达等。

主板的结构主要由芯片组、CPU 插座、扩展插槽、内存插槽、BIOS 芯片、IDE 接口、SATA 接口、电源插座、主板供电单元、机箱面板指示灯及控制按钮插针、输入/输出接口等部分组成。

选购主板主要从以下几个方面进行考虑：主板与 CPU 的匹配、主板的做工与用料、主板的售后服务等。在看主板的做工和用料时需重点考虑主板供电的用料、主板的布局与设计等因素。

练　习　题

一、填空题

1. 主板前沿有 4 个针型插座,通常标明 RESET、SPK、PWR LED、HDD LED,它们应分别与机箱面板上的_____、_____、_____、_____相连接。

2. 主板的灵魂和核心是_____。

3. 主板的芯片组按照在主板上的排列位置的不同，通常分为_____芯片和_____芯片。

4. 目前 ATX 主板电源接口插座为双排_____针和_____针。

5. 在主板芯片组中，_____主要决定了主板支持 CPU 的种类和频率，决定了支持内存的种类与最大容量等。

6. DDR 3 内存插槽有_____个触点。

7. 目前，主板上的硬盘接口主要有_____和_____两种类型。

二、选择题

1. 以下不是主板英文名称的是（　　　　）。

    A. Mostly Board　　B. Main Board　　　　C. System Board　　　D. Mother Board

2. 现在主板上的内存插槽一般都有两个以上，如果不能插满，则一般优先插在靠近（　　　　）的插槽中。

    A. CPU　　　　　　B. 显卡　　　　　　　C. 声卡　　　　　　　D. 网卡

3. 一般来讲，主板上有两个 IDE 接口，一共可以连接（　　　　）个 IDE 设备。

    A. 2　　　　　　　B. 4　　　　　　　　　C. 6　　　　　　　　　D. 8

4. 主板上的 PCI-E 接口插槽可以插接下列哪种设备（　　　　）。

    A. 声卡　　　　　　B. 网卡　　　　　　　C. 显卡　　　　　　　D. 硬盘

5. 主板上连接机箱面板上的电源指示灯的标记为（　　　　）。

    A. POWER LED　　B. HDD LED　　　　C. TURBO LED　　　D. RESET LED

6. （　　　　）不仅是用来承载计算机关键设备的基础平台，而且还起着硬件资源调度中心的作用。

    A. CPU　　　　　　B. 主板　　　　　　　C. 显卡　　　　　　　D. 内存

7. 主机背后的扩展插座包括（　　　　）。

    A. 电源插槽　　　　B. 串行端口　　　　　C. 并行端口　　　　　D. 显示器插槽

三、判断题

1. 在选购主板时，一定要注意与 CPU 对应，否则无法使用。　　　　　　　（　　　）

2. 主板上的 Primary IDE 接口只可以接一个硬盘。　　　　　　　　　　　（　　　）

3. 在主板芯片组中，南桥芯片组起着主导性的作用，也称为主芯片。　　　（　　　）

4. 主板上的 LGA 775 CPU 插槽采用的是 775 根有弹性的触须状针脚。　　（　　　）

5. 主板性能的好坏直接影响整个系统的性能。　　　　　　　　　　　　　（　　　）

四、简答题

1. 主板的分类方法有哪些？

2. 主板上的部件主要有哪些？

3. 主板上的 I/O 接口主要有哪些？

4. 选购主板应注意哪几个方面的内容？

第 4 章
内 存

存储器是计算机的重要组成部分，存储器按其用途可以分为主存储设备（简称主存）和辅助存储设备（简称辅存），主存储设备又称内存储设备（简称内存），辅助存储设备又称外存储设备（简称外存），平时我们所说的内存条、BIOS 芯片等都属于内存。本章主要介绍内存的分类、结构、封装、主要性能指标、选购以及安装等知识。

内存是计算机中重要的数据存储和交换设备，在计算机中，当 CPU 工作时需要与其他设备进行数据交换，但是其他设备的速度远远低于 CPU 的速度，所以需要一种速度更快的设备在其中完成数据的暂时存放和交换，这个设备就是内存。计算机中所有的程序都是在内存中运行的，内存速度的快慢与容量的大小往往影响到整台计算机的速度，很多人在购买计算机时都非常重视内存的选购。

在早期的计算机中，内存是集成在主板上的，而且容量很小（只有 64～256 KB），不过对于当时的计算机程序而言，这些集成在主板上的内存其性能和容量已经可以满足程序运行的需要。后来，随着计算机技术的不断发展，程序和硬件对内存的性能提出了更高的要求，内存的作用才越来越受到人们的重视。为了提高速度并扩大容量，内存最终以独立的封装形式出现，这就是我们常说的"内存条"。

4.1　内存的分类

内存的分类方法主要有按工作原理分类和按技术标准分类两种。

4.1.1　按内存的工作原理分类

按内存的工作原理，内存可分为 ROM（Read Only Memory，只读存储器）和 RAM（Random Access Memory，随机存取存储器）。

1. 只读存储器

只读存储器（ROM）是一种不能随意改变内容的存储器。ROM 存放的数据不能用简单的方法对其进行改写，正常使用时主要对其进行读取操作，此外 ROM 还具有掉电后其内部信息不丢失的特点（通常叫非易失性），一般用于存放一些固定的数据或程序，ROM 一般是在器件生产出厂前由生产厂家将内容直接写入器件中。

只读存储器通常有掩膜式 ROM、一次可编程 ROM（PROM）、紫外光可擦除 ROM（U-EPROM）、电可擦除 ROM（EEPROM）等几种类型。

2．随机存取存储器

随机存取存储器（RAM）中存储单元的内容可按需要读取或存入，且存取的速度与存储单元的位置无关。RAM 在断电时将丢失其存储内容，故主要用于存储短时间使用的程序。平时所说的内存指的就是 RAM。按照存储信息的不同，随机存储器又分为 SRAM（Static RAM，静态随机存储器）和 DRAM（Dynamic RAM，动态随机存储器）。

4.1.2　按内存的技术标准分类

按内存的技术标准分类，内存可分为 SDRAM 内存、DDR SDRAM 内存、DDR2 SDRAM 内存、DDR 3 SDRAM 内存、DDR 4 SDRAM 内存等几种。

1．SDRAM 内存

SDRAM（Synchronous Dynamic Random Access Memory，同步动态随机存储器）将 CPU 与 RAM 通过一个相同的时钟锁在一起，使 RAM 和 CPU 能够共享一个时钟周期，以相同的速度同步工作。SDRAM 内存分为 PC66、PC100、PC133 和 PC150 等不同规格，规格后面的数字就是该内存最大所能正常工作的系统总线速度，如 PC133，表示内存可以在系统总线为 133 MHz 的计算机中同步工作。SDRAM 内存条采用 3.3 V 工作电压，有 168 个引脚，带宽为 64 位。SDRAM 内存条主要用在 Pentium Ⅱ/Ⅲ 级别的计算机上，常见容量有 32 MB、64 MB、128 MB 和 256 MB 等。SDRAM 内存条外观如图 1-4-1 所示。

图 1-4-1　SDRAM 内存条

2．DDR SDRAM 内存

DDR SDRAM（Double Data Rate SDRAM，双倍速率同步动态随机存储器）被习惯称为 DDR。DDR 内存是在 SDRAM 内存基础上发展而来的，仍然沿用 SDRAM 生产体系，因此对于内存厂商而言，只需对制造普通 SDRAM 的设备稍加改进，即可实现 DDR 内存的生产，可有效降低成本。

SDRAM 在一个时钟周期内只传输一次数据，在时钟的上升沿进行数据传输；而 DDR 内存则在一个时钟周期内传输两次数据，即在时钟的上升沿和下降沿各传输一次数据，因此称为双倍速率同步动态随机存储器，如图 1-4-2 和图 1-4-3 所示。在相同的总线频率下，与 SDRAM 内存相比，DDR 内存可以达到更高的数据传输率。

图 1-4-2　SDRAM 内存的数据传输方式　　　图 1-4-3　DDR 内存的数据传输方式

DDR 内存采用 2.5 V 工作电压，有 184 个引脚，常见容量有 128 MB、256 MB、512 MB、1 GB 等，主要用在 Pentium 4 级别的计算机上。DDR 内存的核心频率主要有 100 MHz、133 MHz、166 MHz、200 MHz 等几种，由于 DDR 内存具有双倍速率传输数据的特性，因此 DDR 内存在标识上采用了工作频率×2 的方法，也就是平常所说的 DDR200、DDR266、DDR333、DDR400，这些数字表示它们的实际工作频率分别为 200 MHz、266 MHz、333 MHz、400 MHz。

注意

一些内存条采用了带宽标识的方法。如在一些 DDR 内存上会看到 PC 3200 的标识，其中，3200 并不是表示内存的工作频率为 3 200 MHz，而是指该内存的带宽为 3 200 MB/s。

内存带宽也叫数据传输率，是指单位时间内传输数据的多少，内存带宽=(实际的工作频率(MHz)×总线位宽(bit))/8。如 DDR 400 内存的带宽为(400 MHz×64 bit)/(8 bit/B)≈3200 Mbit/s，所以上述标识为 PC 3200 的内存实际就是 DDR 400 内存。DDR 内存条的外观如图 1-4-4 所示。

图 1-4-4　DDR 内存条

3. DDR2 SDRAM 内存

DDR2 SDRAM（Double-Data-Rate Two Synchronous Dynamic Random Access Memory，第二代双倍数据率同步动态随机存取存储器）简称 DDR2。DDR2 内存和 DDR 内存都采用了在时钟的上升沿和下降沿同时进行数据传输的基本工作方式，但是最大的区别在于，DDR2 内存可进行 4 位预读取，DDR2 内存存储单元之间进行数据读/写的速率、端口的数据传输率是 DDR 内存（2 位预读取）的两倍，即 DDR2 拥有两倍于 DDR 的预读系统命令数据的能力。DDR 内存和 DDR2 内存的工作原理分别如图 1-4-5 和图 1-4-6 所示。

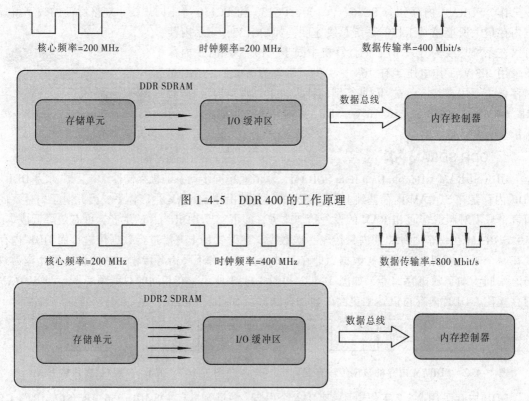

图 1-4-5　DDR 400 的工作原理

图 1-4-6　DDR2 800 的工作原理

DDR2 内存的工作电压为 1.8 V，有 240 个引脚，常见容量有 512 MB、1 GB、2 GB 和 4 GB。型号主要有 DDR2 400、DDR2 533、DDR2 667、DDR2 800、DDR2 1066 等几种。主要用于 Intel 的 LGA 775 接口的 Pentium 4、Pentium D、Core 2 和 AMD Athlon 64 X2、Phenom 级别的计算机上。DDR2 内存条的外观如图 1-4-7 所示。

图 1-4-7　DDR2 内存条

4．DDR3 SDRAM 内存

DDR3 SDRAM（简称 DDR3）内存是目前主流的内存产品，它的工作原理与 DDR2 内存类似，只不过 DDR2 内存是 4 位预读取，而 DDR3 内存为 8 位预读取，DDR3 内存的工作原理如图 1-4-8 所示。DDR3 内存也有 240 个引脚，但是 DDR3 内存金手指上缺口的位置与 DDR2 内存的不一样。

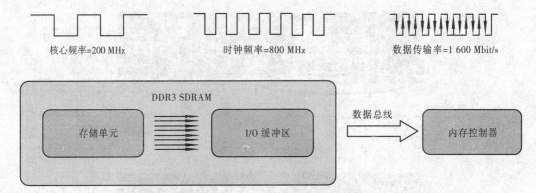

核心频率=200 MHz　　　时钟频率=800 MHz　　　数据传输率=1 600 Mbit/s

图 1-4-8　DDR3 1600 的工作原理

此外，DDR3 内存的工作电压比 DDR2 内存还低，只有 1.5 V，这既减少了发热量也降低了功耗。DDR3 内存的容量主要有 1 GB、2 GB、4 GB、8 GB 几种。型号有 DDR3 1066、DDR3 1200、DDR3 1333、DDR3 1600、DDR3 1800、DDR3 1866、DDR3 2000、DDR3 2133、DDR3 2200 和 DDR3 2400 等。目前主流的是 DDR3 1333 内存和 DDR3 1600 内存。DDR3 内存条的外观如图 1-4-9 所示。

图 1-4-9　DDR3 内存条

5．DDR4 SDRAM 内存

DDR4 SDRAM（简称 DDR4）内存是目前最新的内存产品，它的工作原理与 DDR3 内存类似，不过与 DDR3 内存的 8 位预读取不同的是，DDR4 内存是 16 位预读取，同样内核频率下 DDR4 内存的理论速度是 DDR3 内存的两倍。另外，DDR4 内存采用更可靠的传输规范，数据可靠性进一步提升。工作电压降为 1.2 V，比 DDR3 内存更节能。DDR4 内存的频率从 2 133 MHz 起跳，目前的规格定义到 3 200 MHz，最高可达到 4 266 MHz。DDR4 内存目前常见的型号有 DDR4 2133、DDR4 2400、DDR4 2666、DDR4 2800、DDR4 3000 和 DDR4 3200 等几种。与 DDR3 内存相比，DDR4 内存的外观发生了很大变化。DDR4 内存将金手指下部设计为中间稍突出、边缘收矮的形状，在中央的高点和两端的低点以平滑曲线过渡。这样的设计既可以保证 DDR4 内存的金手指和内存插槽触点有足够的接触面，信号传输确保信号稳定的同时，让中间凸起的部分和内存插槽产生足够的摩擦力稳定内存。金手指的触点增加到了 284 个，中间的"缺口"位置相比 DDR3 内存更为靠近中央。DDR4 内存条的外观如图 1-4-10 所示。

6．几种常见内存的外观区别

通过上述内容，可以知道不同类型的内存的工作原理是不一样的，下面再介绍一下这几种内存外观的区别，DDR 内存条、DDR2 内存条、DDR3 内存条和 DDR4 内存条的区别如图 1-4-11 所示。

图 1-4-10　DDR4 内存条

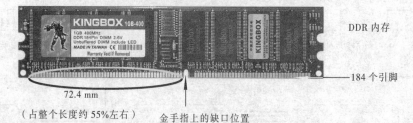

DDR 内存

184 个引脚

72.4 mm

（占整个长度约 55%左右）

金手指上的缺口位置

（a）DDR 内存条的外观

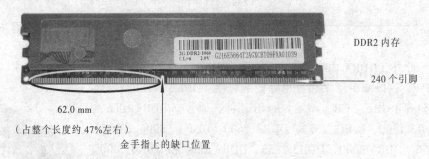

DDR2 内存

240 个引脚

62.0 mm

（占整个长度约 47%左右）

金手指上的缺口位置

（b）DDR 2 内存条的外观

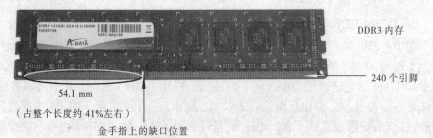

DDR3 内存

240 个引脚

54.1 mm

（占整个长度约 41%左右）

金手指上的缺口位置

（c）DDR3 内存条的外观

DDR4 内存

284 个引脚

金手指上有弧度　　　　金手指上有弧度

金手指上的缺口位置

（d）DDR4 内存条的外观

图 1-4-11　几种内存外观上的区别

4.2 内存条的结构与封装

内存条的发展很快，目前已经从 DDR3 内存条时代进入了 DDR4 内存条时代，但是不管是 DDR3 内存条还是 DDR4 内存条，它们的结构都差不多。

4.2.1 内存条的结构

内存条的结构主要由 PCB 板、金手指、金手指缺口、内存条固定卡缺口、内存芯片、SPD 芯片、电容、电阻、标签等部分组成。下面以目前市场上常见的 DDR3 内存为例进行讲解。DDR3 内存条结构如图 1-4-12 所示。

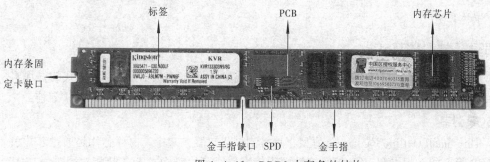

图 1-4-12 DDR3 内存条的结构

1. PCB 板

PCB（Printed Circuit Board，印制电路板）由几层树脂材料粘合在一起，内部采用铜箔走线。一块典型的 PCB 共有 4 层，最上和最下的两层叫"信号层"，中间两层叫"接地层"和"电源层"。内存的 PCB 主要有 4 层、6 层等规格，PCB 层数越多，芯片的高频稳定性越好，但设计越困难，成本也越高。

2. 金手指

金手指是指内存与主板内存插槽接触的金黄色的导电触片，因其表面镀金而且导电触片排列类似手指状，所以称为"金手指"。金手指是在一层铜皮（覆铜板）上通过特殊工艺覆上一层金，利用金的不易氧化特性，使铜具有更强的导电性。不过因为金的价格比较昂贵，目前大部分内存都采用镀锡来代替。内存处理单元的所有数据流、电子流都是通过金手指接触内存插槽，并与 PC 系统进行交换的。

3. 金手指缺口

金手指缺口的作用主要是防止内存条插反和区分不同类型的内存条。

4. 内存条固定卡缺口

主板的内存插槽上有两个夹子，用于牢固地扣住内存，内存上的缺口是用于固定内存。

5. 内存芯片

内存芯片就是人们通常所说的"内存颗粒"，内存条的性能、速度和容量主要由内存芯片决定。

6. SPD 芯片

SPD（Serial Presence Detect，存在位串行探测）芯片一般是一个容量为 256 B 的 EEPROM

芯片，它存放的是一组关于内存模组的配置信息，如 P-Bank 数量、电压、行地址/列地址数量、位宽、各种主要操作时序（如 CL、tRCD、tRP、tRAS 等）。

7. 电容

内存上的电容采用的是贴片式电容。内存上的电容主要是滤除高频干扰，它对提高内存的稳定性起着很大的作用。

8. 电阻

内存上的电阻采用的是贴片式电阻。

9. 标签

内存上的标签一般印有厂商名称、容量、内存类型、频率、时序等信息，它是了解内存性能参数的重要依据。

4.2.2 内存芯片封装方式

内存芯片的封装方式是指内存芯片是通过哪种方式集成到 PCB 板上的。封装方式的好坏将影响内存条的稳定性及抗干扰能力。内存条芯片的封装方式主要有 TSOP、BGA、CSP 3 种。

1. TSOP 封装

TSOP（Thin Small Outline Package，薄型小尺寸封装）封装方式中，内存芯片是通过芯片引脚焊接在 PCB 板上的，焊点和 PCB 板的接触面积较小，使芯片向 PCB 板传热相对困难。TSOP 封装方式的内存芯片在超过 150 MHz 后，会产生较大的信号干扰和电磁干扰。由于 TSOP 封装具有成品率高、价格便宜等优点，因此在以前的 SDRAM 内存的制造上得到了极为广泛的应用，但由于其固有的缺点，TSOP 封装越来越不适用于高频、高速的新一代内存，现在的内存一般已经不再采用这种封装。TSOP 封装的内存芯片如图 1-4-13 所示。

2. BGA 封装

BGA（Ball Gird Array，球栅阵列封装）封装的 I/O 端子以圆形或柱形焊点按阵列形式分布在封装下面。BGA 封装的寄生参数减少，信号传输延迟小，可提升芯片的抗干扰、抗噪性能。采用 BGA 技术封装的内存，可以在面积不变的情况下使内存容量提高 2~3 倍。与 TSOP 封装相比，BGA 封装具有更小的面积、更好的散热性能和电性能，BGA 封装的内存芯片如图 1-4-14 所示。

图 1-4-13　TSOP 封装的内存芯片　　　　图 1-4-14　BGA 封装的内存芯片

3. CSP 封装

CSP（Chip Scale Package，芯片级封装）封装是最新一代的内存芯片封装技术。它的芯片面积与封装面积之比超过 1∶1.14，接近 1∶1 的理想情况，约为普通 BGA 的 1/3，仅仅相当于 TSOP 内存芯片面积的 1/6。在相同面积下，内存条可以装入更多的芯片，从而增大单条容量。

CSP 封装中的内存颗粒是通过一个个锡球焊接在 PCB 上，由于焊点和 PCB 的接触面积较大，所以内存芯片在运行中所产生的热量可以很容易地传导到 PCB 上并散发出去。使得芯片耗电量和工作温度相对降低。此外，CSP 封装内存芯片的中心引脚形式有效地缩短了信号的传导距离，其衰减随之减少，芯片的抗干扰、抗噪性能也能得到大幅提升。CSP 封装的内存芯片如图 1-4-15 所示。

图 1-4-15　CSP 封装的内存芯片

4.3　内存条的主要性能指标

内存条的主要性能指标有存储容量、存储速度、带宽等。

1. 存储容量

内存容量是指内存可以容纳的二进制信息量。单位有字节（B）、千字节（KB）、兆字节（MB）、吉字节（GB）。早期 SDRAM 内存的容量只有 16 MB、32 MB、64 MB 和 128 MB 等几种，而 DDR 内存的容量有 128 MB、256 MB、512 MB、1 GB 等，到 DDR2 内存时，容量有 512 MB、1 GB、2 GB 和 4 GB 几种，目前的 DDR3 内存、DDR4 内存的主流容量已经达到 4 GB、8GB，甚至更大。

2. 存储速度

内存的存储速度是指两次独立的存取操作之间所需的最短时间，又称为存储周期，单位是纳秒（ns）。时间越短，速度越快。由于频率和周期为倒数的关系，所以 10 ns 和 7.5 ns 的内存分别对应时钟频率为 100 MHz 和 133 MHz 的内存。

3. 内存带宽

内存的带宽是指内存每秒钟传输数据的多少，即平时所说的数据传输速率。其单位一般为兆字节每秒（MB/s）。内存带宽的计算方法为：

带宽=(内存的实际工作频率×总线位宽)/(8 bit/B)=(时钟频率×总线位宽×一个时钟周期内交换的数据包个数)/(8 bit/B)

 注意

不同类型的内存，"一个时钟周期内交换的数据包个数"都不同，如果是 SDRAM 内存，一个时钟周期内交换的数据包个数为 1，如果是 DDR 内存，一个时钟周期内交换的数据包个数为 2，DDR2 和 DDR3 内存则分别为 4 和 8。如时钟频率都为 100 MHz 时，

SDRAM 内存的带宽=(100 MHz×64 bit)/(8 bit/B)=800 MB/s

DDR 内存的带宽=(100 MHz×2×64 bit)/(8 bit/B)=1600 MB/s

DDR2 内存的带宽=(100 MHz×4×64 bit)/(8 bit/B)=3200 MB/s

DDR3 内存的带宽=(100 MHz×8×64 bit)/(8 bit/B)=6400 MB/s

4. 内存的电压

不同类型的内存，它们的工作电压都不一样，这点在使用内存时须注意。如 SDRAM 内存的工作电压为 3.3 V，DDR 内存和 DDR2 内存的分别为 2.5 V 和 1.8V，DDR3 内存和 DDR4 内存则分别为 1.5 V 和 1.2 V。内存的工作电压越低，其能耗也越小。

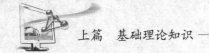

4.4 内存的选购

内存是计算机中一个重要的设备，内存的容量和品质已经成为决定计算机性能的一个重要因素。选购内存时，可以从以下几个方面进行考虑。

1. 容量

内存是 CPU 和其他设备之间的一个"中转仓库"，计算机运行程序时先把数据调入内存，然后再交给 CPU 处理，所以内存的容量越大，计算机运行的速度就越快，内存容量也已成为衡量计算机性能的一个重要指标。现在的操作系统和大型应用软件对计算机内存容量的要求也越来越高，如果要想计算机运行得非常流畅，则内存的容量必须足够大。比如，安装和运行 Windows XP 操作系统，需要 512 MB 以上的内存，安装和运行 Windows 7、Windows 8 操作系统，需要 2 GB 以上的内存，如果用于大型软件开发和 3D 设计，则需要考虑安装 4 GB 以上的内存。

2. 内存的频率

选购内存时除了考虑容量外，还要注意内存的频率，内存的频率应与主板、CPU 的总线频率相匹配。不过并不是说内存的频率越高越好，如果内存频率很高，而主板和 CPU 都比较差，计算机运行的速度也不见得很高。当然在主板和 CPU 支持的情况下，可以选择频率更高的内存。

以目前主流的 DDR3 内存为例，其型号有 DDR3 1333、DDR3 1600、DDR3 1866、DDR3 2133、DDR3 2400、DDR3 2666 和 DDR3 2800 等几种。如果只是搭配 Intel 的 i3、i5 CPU，对于 LGA 1150 平台而言，DDR3 1333 以及 DDR3 1600 内存都可满足其对内存带宽的需求，这时可考虑性价比更高的型号，如 DDR3 1600，而不是盲目地追求频率更高但价格昂贵的 DDR3 2666 或 DDR3 2800。

3. 内存的做工

内存做工的优劣会影响到内存的稳定性，内存的做工主要从以下几个方面进行考虑。

（1）印制电路板（PCB）的质量

内存 PCB 电路板的作用是连接内存芯片引脚与主板信号线，因此 PCB 板层数的多少和做工好坏直接关系着内存的稳定性和超频性。目前市场中内存的 PCB 板层数主要有 4 层、6 层和 8 层几种，选购内存时，最好选择 PCB 板为 6 层以上的内存。辨别 PCB 板是 6/8 层板还是 4 层板可以通过目测的方法，如果有的导孔在 PCB 板正面出现，却在反面找不到，那么一定是 6/8 层板。如果 PCB 板的正反面都能找到相同的导孔，那么一定是 4 层板。

此外，还要注意 PCB 板的表面是否整洁，PCB 板边缘打磨得是否光滑。好的内存，其电路板面应该光洁且色泽均匀，元件之间的焊点整齐，内存芯片同 PCB 板相连的引脚紧密且整齐。

（2）贴片元件的质量

内存 PCB 上还有许多排阻和贴片电容，控制电压的稳定，如果排阻或贴片电容受损，会影响内存的稳定。好的内存条往往大量使用贴片元件来保持产品的稳定，用料差的内存，在整个 PCB 板面上都是"光秃秃"的。

（3）金手指的镀金质量

购买内存时，要注意内存的金手指要光亮，不能有发白或发黑的现象（发白是镀层质量差的表现，发黑是磨损和氧化的后果）。

4.5　内存条的安装

内存条的安装方法很简单，但也要注意安装技巧，否则很容易造成内存条接触不良甚至损坏。需注意的是：大部分主板内存插槽的两端是有固定内存卡子的，但也有一些主板内存插槽只有一端有固定卡子，这两种内存插槽在安装内存条时，方法略有不同，下面分两种情况进行说明。

（1）两端带卡子内存插槽安装内存条的方法

① 同时掰开内存条插槽两边的固定卡子，使内存条能够插入，如图 1-4-16 所示。

同时将内存插槽外侧
的两个固定卡子掰开

图 1-4-16　掰开内存条插槽两端的固定卡子

② 将内存条引脚上的缺口对准内存插槽内的凸起位置，如图 1-4-17 所示。

图 1-4-17　将内存条引脚的缺口对准内存插槽的凸起位置

③ 垂直的两边同时用力将内存条插到内存插槽中，直到内存插槽两头的卡子自动卡住内存条两侧的缺口为止，如图 1-4-18 所示。

卡子自动卡住内
存条两端的缺口

图 1-4-18　将内存条插入内存插槽中

（2）只有一端带卡子内存插槽安装内存条的方法

① 掰开内存插槽靠主板边缘一侧的固定卡子，使内存条能够插入，如图 1-4-19 所示。

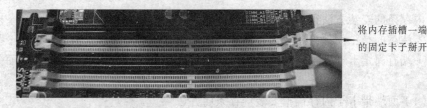

将内存插槽一端的固定卡子掰开

图 1-4-19　掰开内存插槽一端的固定卡子

② 将内存条引脚上的缺口对准内存插槽内的凸起位置，如图 1-4-20 所示。

图 1-4-20　将内存条引脚的缺口对准内存插槽的凸起位置

③ 垂直的两边同时用力将内存条插到内存插槽中，直到内存插槽的卡子自动卡住内存条的缺口为止，如图 1-4-21 所示。

图 1-4-21　　内存条安装完成

小　结

内存是计算机中的重要存储设备，主要用于临时存放 CPU 运行时所用的数据。

内存的分类主要有按内存的工作原理分类和按内存的技术标准分类两种。按内存工作原理分类，内存可分为只读存储器（ROM）和随机存取存储器（RAM）两种。按内存的技术标准分类，内存分为 SDRAM 内存、DDR SDRAM 内存、DDR2 SDRAM 内存、DDR3 SDRAM 内存和DDR4 SDRAM 内存等几种。

内存条的结构主要由 PCB、金手指、金手指缺口、内存条固定卡缺口、内存芯片、SPD 芯片、电容、电阻、标签等部分组成。

内存条芯片的封装方式主要有 TSOP、BGA、CSP 三种。TSOP 封装只适用于低频率的内存，目前已经遭淘汰，BGA 封装和 CSP 封装是目前用得较多的内存封装。

内存条的主要性能指标有存储容量、存储速度、带宽等。其中，带宽=(内存的实际工作频率×总线位宽)/(8 bit/B)。

选购内存时，主要从内存的容量、内存的频率、内存的做工等几个方面进行考虑。内存的做工主要看印制电路板（PCB）的质量、贴片元件的质量、金手指的镀金质量等。

练 习 题

一、填空题

1. 储存器是计算机系统的记忆部件，是构成计算机硬件系统必不可少的一个部件。通常，根据存储器的位置和所起的作用不同，可以将存储器分为两大类：_____和_____。

2. 内存带宽的计算公式是：带宽=_____×_____×_____/(8 bit/B)。

3. DDR3 内存条的金手指是_____线的。

4. 内存按工作原理可以分为_____和_____。

5. 内存的工作频率表示的是内存的传输数据的频率，一般使_____为计量单位。

二、选择题

1. （　　）是计算机系统存放数据和指令的半导体存储器单元。

　　A. CPU　　　　　　B. 主板　　　　　　　C. 内存　　　　　　D. 硬盘

2. （　　）是一个时钟周期内传输两次数据，它能在时钟的上升沿和下降沿各传输一次数据，因此称为双倍速率同步动态随机存储器。

　　A. DDR　　　　　　B. RAM　　　　　　　C. ROM　　　　　　D. CPU

3. 内存上以一根金黄色的接触点来与主板内存插槽接触，并通过这些金属触点进行数据的传输，这些金属触点称为（　　）。

　　A. PCB　　　　　　B. 金手指　　　　　　C. 颗粒　　　　　　D. 贴片电容

4. 一条标有 PC 3200 的 DDR 内存，其属于下列的（　　）规范。

　　A. DDR 200 MHz　B. DDR 266 MHz　　C. DDR 333 MHz　　D. DDR 400 MHz

5. 目前主流的内存是（　　）。

　　A. SDRAM　　　　B. DDR SDRAM　　　C. DDR2 SDRAM　　D. DDR3 SDRAM

三、判断题

1. 通常所说的内存是指 ROM。　　　　　　　　　　　　　　　　　　　　（　　）

2. 选购内存时，内存的容量、速度、插槽等都是要考虑的因素。　　　　　（　　）

3. ROM 是一种随机存储器，它可以分为静态存储器和动态存储器两种。　（　　）

4. 工作电压是指内存正常工作所需要的电压值，不同类型的内存电压相同。（　　）

5. RAM 中的程序一般在制造时由厂家写入，用户不能更改。　　　　　　（　　）

四、简答题

1. 内存的分类方法主要有几种？

2. 内存条的结构主要由哪些部分组成？

3. 内存条芯片的封装方式主要有哪几种？

4. 内存条的主要性能指标有哪些？

5. 选购内存条应注意哪些事项？

第 5 章

显 卡

显卡又称显示卡、图形卡、视频卡、视频适配器、图形适配器或显示适配器等，它是连接计算机主机和显示器的"桥梁"，其主要作用是控制计算机的图形输出，负责把 CPU 送来的图像数据处理成显示器接收的格式，再送到显示器形成图像。

5.1　显卡的分类

显卡的分类方法主要有按结构形式分、按总线接口类型分、按显示芯片分、按生产厂家分等几种。

1. 按结构形式分类

显卡按结构形式可以分为集成显卡和独立显卡。集成显卡是指在主板芯片组内或者 CPU 中集成显示核心，如 AMD 主板 760G 芯片组集成 ATI Radeon HD3000 显示核心；Intel i3 4150 CPU 集成 Intel HD Graphics 4400 显示核心，Intel i7 4790 CPU 集成 Intel HD Graphics 4600 显示核心，AMD A10-7850K CPU 集成 Radeon R7 显示核心。配置计算机时，如果主板芯片组或 CPU 中集成有显示核心，那么计算机不需要独立显卡就可以实现普通的显示功能，从而可以减少用户购买显卡的开支。但是需要注意的是，这些集成的显示核心自身不带显存，工作时会调用部分内存作为显存使用，因而对系统的性能会有一定的影响。

独立显卡简称独显，是指以独立的板卡存在，需要插在主板相应接口上的显卡。独立显卡有独立的显示芯片和显存，不占用 CPU 和内存，能够提供更好的显示效果和运行性能。独立显卡分为内置独立显卡和外置显卡。本章主要介绍内置独立显卡。

对于普通的用户，如果不做 3D 设计和大型软件开发的话，集成显卡已经能够满足一般的家庭和办公需求，如果玩大型的 3D 游戏或图形处理，则要选择性能更好的独立显卡。

2. 按总线接口类型分类

显卡总线接口类型是指显卡与主板连接所采用的总线接口种类。不同的接口能为显卡带来不同的性能，而且也决定着主板是否能够使用此显卡。按不同的总线接口，显卡可以分为 PCI 显卡、AGP 显卡和 PCI Express 显卡等几种。PCI 显卡和 AGP 显卡因带宽不足，无法满足 3D 显示效果的要求，已经淘汰，目前主流的是 PCI Express×16 接口的显卡。各种不同接口的显卡分别如图 1-5-1～图 1-5-3 所示。

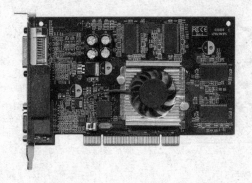

图 1-5-1　PCI 接口显卡

图 1-5-2　AGP 接口显卡

3．按显示芯片分类

显示芯片负责图形数据的处理，是显卡的核心，它决定了显卡的性能和档次。目前制造显示芯片的厂家主要有 nVIDIA、AMD 两个。很多人也习惯把使用 nVIDIA 公司芯片的显卡称为 N 卡，而使用 AMD 公司芯片的显卡称为 A 卡。目前市面上主流的显示芯片有 nVIDIA 公司的 GeForce GT610、GeForce GTX650、GeForce GT720、GeForce GT730、GeForce GT740、GeForce GTX750、GeForce GTX750Ti、GeForce GTX960、GeForce GTX970、GeForce GTX980 和 GeForce GTX980Ti，AMD 公司的 R7 240、R7 250、R7 260X、R9 270、R9 270X、R9 280、R9 285、R9 280X、R9 290、R9 290X 和 R9 295 × 2 等。

图 1-5-3　PCI Express×16 接口显卡

4．按生产厂家分类

虽然目前常见的显示芯片生产厂家只有 nVIDIA、AMD 两家，但是生产显卡的厂家却有很多，常见的显卡生产厂家有华硕、技嘉、七彩虹、影驰、微星、蓝宝石、双敏、迪兰恒进、讯景、丽台、索泰、万丽、镭风、翔升、昂达等。

5.2　显卡的结构及工作原理

为了了解显卡的工作原理，有必要先了解显卡的结构组成。

显卡的结构主要由显示芯片、散热器（散热片或散热风扇）、显存、BIOS 芯片、总线接口、输出接口、独立供电接口、电容、电阻等组成。图 1-5-4 所示为一块去掉散热器的显卡。

1．显示芯片

显示芯片是显卡的核心芯片，它的性能直接决定了显卡性能的高低，显示芯片的主要任务是处理系统输入的视频信息并将其进行构建、渲染等工作。不同的显示芯片，它们的内部结构和性能都存在差异，价格差别也很大。显示芯片在显卡中的地位，相当于计算机中 CPU 的地位，是整个显卡的核心。现在的显卡速度很快，显示芯片的发热量也很大，一般都要装上散热片和散热风扇。图 1-5-5 所示为两款不同的显示芯片。

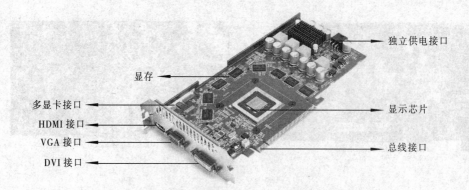

独立供电接口

显存

多显卡接口

HDMI 接口

VGA 接口

DVI 接口

显示芯片

总线接口

图 1-5-4 PCI Express×16 接口显卡

图 1-5-5 显示芯片

2．显示内存

显示内存简称显存，是显卡中临时存放数据的地方，主要用于存储显示芯片所处理的各种数据。显卡中的显示数据必须通过显存来保存，再交由显示芯片和 CPU 调配，最后把运算结果转化为图形输出到显示器上。显存是显卡的关键核心部件之一，显存的优劣和容量大小会直接影响到显卡的性能，显存容量越大显卡的分辨率及色彩位数就越高。目前市场上显卡的显存主要有 1 GB、2 GB、3 GB、4 GB、6 GB、8 GB、12 GB 等几种。显存芯片的外观如图 1-5-6 所示。

3．显卡 BIOS 芯片

显卡 BIOS 芯片就是显卡的"基本输入/输出系统"芯片，它主要用于存放显示芯片与驱动程序之间的控制程序，还存放显卡型号、规格、生产厂家、出厂时间等信息。开机时，屏幕上会显示 BIOS 的内容。早期显卡的 BIOS 程序固化在一个 ROM 芯片中，不可以随便修改，现在大多数显卡的 BIOS 芯片都采用了 EPROM，通过专用的程序可以进行改写和升级。显卡 BIOS 芯片如图 1-5-7 所示。

图 1-5-6 显存芯片   图 1-5-7 显卡 BIOS 芯片

4．总线接口

显卡的总线接口类型很多，有 PCI、AGP 和 PCI Express 几种，目前主流的是 PCI Express×16 接口。

5．独立供电接口

现在显卡的功率越来越大，对电压的要求也越来越高，为了解决显卡供电不足的问题，现在很多高端的显卡都提供 6 孔或 8 孔的电源接口，如图 1-5-8 所示。

图 1-5-8　显卡独立供电接口

6．输出接口

目前显卡的输出接口主要有 VGA 接口、DVI 接口、HDMI 接口、DP（DisplayPort）接口等，如图 1-5-9 所示。

HDMI 接口

VGA 接口

DVI 接口

图 1-5-9　显卡输出接口

（1）VGA 接口

VGA（Video Graphics Array，视频图形阵列）接口是一种模拟信号输出接口，它是计算机与显示器之间的桥梁，负责向显示器输出相应的图像信号。VGA 接口是一个 15 针的 D 形插座，主要用于连接 CRT 显示器和部分低端的液晶显示器。

（2）DVI 接口

DVI（Digital Visual Interface，数字视频接口）接口输出的是数字信号，它输出的数字图像信息无须经过任何转换，就会直接被传送到显示设备上，所以具有传输速度快、信号无损失、画面清晰的特点。DVI 接口主要有两种：DVI-Digital（DVI-D）和 DVI-Integrated（DVI-I）。其中 DVI-D 接口是纯数字的接口，只能传输数字信号，不兼容模拟信号，而 DVI-I 接口是兼容数字和模拟的接口。现在常见的 DVI-D 接口有 24 个数字插针的插孔和 1 个扁形插孔，而 DVI-I 接口有 24 个数字插针的插孔和 5 个模拟插针的插孔(旁边 4 针孔和一个十字孔)，DVI-D 和 DVI-I 接口的外观如图 1-5-10 所示。

图 1-5-10　DVI 输出接口

（3）HDMI 接口

HDMI（High Definition Multimedia Interface，高清晰多媒体接口）是一种全数字化影像和声音传送接口，可以传送无压缩的音频信号及视频信号。HDMI 接口是一个 D 形接口，外观如图 1-5-11 所示。

图 1-5-11　HDMI 接口

除上述 3 种接口外，现在很多新款的显卡还带有速度更快的 Display Port 接口。

（4）DisplayPort 接口

DisplayPort 接口是一种新型接口，它和 HDMI 接口一样，也是音频与视频信号共用一条线缆传输，而且支持多种高质量数字音频，但 DisplayPort 接口的带宽比 HDMI 接口的要大。HDMI 1.2a 的传输速率为 4.95 Gbit/s，HDMI 1.3 的传输速率为 10.2 Gbit/s，而 DisplayPort 1.1a 标准传输率已经达到 10.8 Gbit/s，DisplayPort 1.2 达到了 21.6 Gbit/s。此外 DisplayPort 1.2 还支持 WQXGA+（2560×1600 像素）、QXGA（2048×1536 像素）等分辨率及 30/36bit 的色深，保证了今后大尺寸显示设备对更高分辨率的需求。DisplayPort 接口的外观与 HDMI 接口的外观很像，但是 DisplayPort 接口只有一个角有缺口，而 HDMI 接口两个角有缺口，如图 1-5-12 所示。

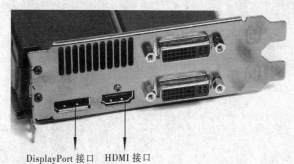

DisplayPort 接口　　HDMI 接口

图 1-5-12　显卡上的 DisplayPort 接口与 HDMI 接口

5.3　显卡的主要性能指标

显卡的主要性能指标有显示核心频率、显存频率、显存位宽、显存带宽、显存容量、制作工艺等。

1. 显示核心频率

显示核心频率是指显示核心的工作频率，它是显卡的一个重要性能指标，很多人在选购显卡时都非常重视它。一般而言，在同级别的显示芯片中，核心频率越高其性能越好，但也并非绝对，显卡的性能除了受显示芯片的频率影响外，还受显存容量、显存类型、显存位宽等因素的影响，选购显卡时还要综合各方面进行衡量。目前主流显卡的核心频率为 900～1100 MHz，高端显卡的显示核心频率则达到 1 200 MHz，甚至更高。

2. 流处理单元数量

流处理器单元是显示核心内通用标量着色器的称谓，其主要作用是完成顶点着色器运算和像素着色器运算。流处理单元直接影响显卡的处理能力，流处理单元个数越多则显卡的处理能力越强。目前，入门显卡的流处理器单元数量有 320 个、384 个、512 个几种，主流显卡的流处理器单元数量一般有 640 个、1 024 个，高端显卡的流处理器单元数量则达到 1 664 个、2 048 个、2 816 个，而顶级显卡的流处理器单元数量甚至达到 5760 个。

3．显存频率

显存频率即显存工作时的频率，以兆赫兹（MHz）为单位，显存频率越大，显卡的速度越快。不同的显存，其提供的显存频率也不同，目前主流显卡的显存频率在 4 600～6 000 MHz 之间，高端产品的显存频率则达到 7 200 MHz，甚至更高。

4．显存位宽

显存位宽是指显存在一个时钟周期内所处理数据的长度。显存位宽好比高速公路的车道数，在车速（显存频率）一样的前提下，车道数（显存位宽）越大，车流量（数据流量）就越大。目前市面上主流显卡的显存位宽主要为 128 位和 256 位，高端显卡的位宽则为 384 位和 512 位。

5．显存容量

显存中存储的是显卡芯片处理过或者即将提取的图形数据，显存容量就是指显示内存的容量数，它的大小决定显存临时存储数据的能力，如果显卡芯片相同，显存越大，显卡的速度就越快。早期显卡的显存容量很小，只有 512 KB～16 MB，后来发展到 32 MB、64 MB、128 MB、256 MB、512 MB。目前主流显卡的显存容量主要有 1 GB、2 GB 和 3 GB 三种，高档显卡的显存容量达到了 4 GB，而一些顶级显卡的显存容量甚至达到 12 GB。

6．显存带宽

显存带宽是指显示芯片与显存之间每秒钟传输数据的大小，即平时所说的数据传输率，以 Gbit/s 位单位。显存带宽 = 显存频率 × 显存位宽/8，如果显存频率一样，则显存位宽越大，带宽就越大，数据的传输量也越大。

7．显示芯片的制作工艺

显卡芯片的制造工艺是指显示核心中的晶体管门电路的尺寸，以纳米（nm）为单位，其数值越小，显示芯片可以容纳的晶体管就越多，芯片的体积就会变得更小，芯片的性能就更高。当前主流显卡的制作工艺为 28 nm。

5.4 显卡的选购与安装

显卡是计算机中的重要显示设备，其选购与安装方法也需重视，否则容易造成显示不良等问题。

5.4.1 显卡的选购

目前市面上显卡的生产厂家和型号很多，很多人在选购显卡时一头雾水，不知该如何选择。选购显卡应从以下几个方面来考虑。

1．实际用途

购买显卡前，要明确购买显卡的主要用途。如果购买显卡只是为了满足日常的应用，那么普通的显卡足以够用，没必要为了追求更高的显卡配置而在其他的硬件上降低档次。如果经常进行图形处理和 3D 设计，则需要考虑配置更高的显卡。

2．显示芯片的型号

显示核心是决定显卡性能的关键，选购显卡时首先要看清显示核心的型号，注意不要为了贪图省钱而购买采用过时显示核心的显卡，一些采用过时显示核心的显卡虽然价格比主流的低端显卡便宜一点，但是性能却相差甚远，性价比并不高，不值得购买。

3．显存

显存主要是看类型和容量的大小，如果其他参数一样的话，显存越大越好。还有，显存的类型是越高越好，目前显存的类型主要为 GDDR5。此外还要注意显存的位宽和带宽等参数。

4．做工

显卡的做工会影响到显卡的整体性能。做工好的显卡 PCB 板上的元件应排列整齐，焊点干净均匀，电解电容的双脚应插到底，不要东倒西歪；金手指有一定的厚度，不易驳落，能经受反复的插拔，以保证显卡与插槽接触良好；散热器的散热效果好，而且不会有噪声。

5．售后服务

显卡的售后服务也是选购显卡时所必须关注的。

5.4.2　显卡的安装

现在的显卡一般都是 PCI-E×16 接口的，下面就以 PCI-E×16 接口显卡的安装为例进行介绍。

① 关闭主机电源，打开机箱，找到主板中间位置的 PCI-E×16 插槽，去除机箱后面该插槽处的铁皮挡板，如图 1-5-13 所示。

去除 PCI-E 插槽
后的铁片挡板

图 1-5-13　去除机箱后面 PCI-E 插槽处的铁皮挡板

② 将显卡插入主板 PCI-E 插槽中，如图 1-5-14 所示，在插入的过程中，要把显卡以垂直于主板的方向插入 PCI-E 插槽中，用力适中并要插到底部，保证卡和插槽的良好接触。

③ 显卡插入插槽中后，用螺钉固定显卡，如图 1-5-15 所示。固定显卡时，要注意显卡挡板下端不要顶在主板上，否则无法插到位。插好显卡后，固定挡板螺钉时要松紧适度，注意不要影响显卡插脚与 PCI-E 槽的接触，更要避免引起主板的变形。

将 PCI-E 显卡
的金手指垂直
插入 PCI-E 插
槽中

图 1-5-14 将显卡插入主板 PCI-E 插槽中

将 PCI-E 显卡上的
挡板用螺钉拧紧

图 1-5-15 用螺钉固定显卡

小 结

显卡是计算机主机与显示器之间连接的"桥梁",它负责将 CPU 送来的图像数据处理成显示器接收的格式,是计算机中不可缺少的设备。

显卡的分类方法主要有按结构形式分、按总线接口类型分、按显示芯片分、按生产厂家分等几种。显卡按结构形式可以分为集成显卡和独立显卡;按总线接口类型可以分为 PCI 显卡、AGP 显卡和 PCI Express 显卡等几种;按显示芯片可以分为 nVIDIA 系列显卡和 AMD 系列显卡等;按生产厂家可以分华硕显卡、迪兰恒进显卡、讯景显卡、七彩虹显卡、蓝宝石显卡等。

显卡的结构主要由显示芯片、散热器(散热片或散热风扇)、显存、BIOS 芯片、总线接口、输出接口、独立供电接口、电容、电阻等组成。

显卡的主要性能指标有显示核心频率、流处理单元、显存频率、显存位宽、显存带宽、显存容量、制作工艺等。

选购显卡应从实际用途、显示芯片的型号、显存的类型和容量大小、做工、售后服务等几个方面进行考虑。

练 习 题

一、填空题

1. 显示内存也称为_____，它用来存储_____所要处理的数据。

2. 显卡与主板的接口有_____、_____和_____接口几种。目前主流的是_____接口。

3. _____是显卡的心脏，它决定了显卡的档次和大部分性能。

4. 显卡的输出接口主要有_____、_____和_____几种。

5. _____是主机与显示器之间连接的"桥梁"。

二、选择题

1. 显卡上用于存放显示数据的模块叫（　　　）。

   A. 显存　　　　　　B. 显示芯片　　　　C. 显卡 BIOS　　　　D. RAMDAC

2. GTX780 显示芯片是由（　　　）开发的。

   A. Intel　　　　　　B. NVIDIA　　　　　C. IBM　　　　　　D. AMD-ATI

3. 显示芯片的主要生产厂家有（　　　）。

   A. Intel　　　　　　B. nVIDIA　　　　　C. IBM　　　　　　D. AMD-ATI

4. 下面（　　　）显存位宽的显卡性能比较好。

   A. 32bit　　　　　　B. 128bit　　　　　C. 64bit　　　　　D. 256bit

5. 以下是显卡的技术指标的是（　　　）。

   A. 核心频率　　　　B. 转速　　　　　　C. 显存容量　　　　D. 显存频率

三、判断题

1. 目前市场上显卡的主流是 AGP 接口方式的显卡。　　　　　　　　　　　（　　　）

2. 显卡的基本功能是将从 CPU 接收到的数字或图像数据转换成模拟信号，然后再将结果输出到屏幕上，使得显示器能够正确并清晰地显示。　　　　　　　　　　（　　　）

3. AGP 显卡的传输速率低于 PCI-E 显卡。　　　　　　　　　　　　　　　（　　　）

4. 集成显卡不需要占用系统内存。　　　　　　　　　　　　　　　　　　（　　　）

5. 显卡可以显示多少种颜色和可以支持的最高分辨率与显示内存大小无关。（　　　）

四、简答题

1. 显卡的分类方法主要有哪几种？

2. 显卡的结构主要由哪几部分组成？

3. 显卡的主要性能指标有哪些？

4. 选购显卡需注意哪些方面的内容？

第 6 章
显 示 器

显示器是计算机的重要输出设备，它把计算机处理的结果用文字和图像等形式显示出来。显示器的好坏不仅影响工作效率，更重要的是会影响到眼睛的健康，所以一个好的显示器是必不可少的。

6.1 显示器的分类

显示器的分类有很多，主要有以下几种。

1. 按工作原理分类

显示器按工作原理可分为阴极射线管（Cathode Ray Tube Display，CRT）显示器、液晶显示器、PDP（Plasma Display Panel，等离子）显示器、触摸屏显示器等。目前市场常见的是液晶显示器。阴极射线管显示器和液晶显示器的外观如图 1-6-1 所示。

图 1-6-1　阴极射线管显示器和液晶显示器的外观

液晶显示器按其背光源的不同，可以分为两类：一类是采用传统 CCFL（冷阴极荧光灯管）的液晶显示器，另一类是采用 LED（发光二极管）背光的液晶显示器。一般将第一类显示器称为 LCD 显示器，第二类显示器简称为 LED 显示器。LED 显示器与 LCD 显示器相比，具有背光源发光更均匀、寿命更长、更节能等优点，目前已成为市场的主流。

2. 按屏幕大小分

显示器屏幕的尺寸一般以 in（英寸，1 in=2.54 cm）为单位，按显示器的屏幕大小可分为 17 in、18.5 in、19 in、19.5 in、21.5 in、22 in、23.6 in、24 in 和 27 in 等。目前主流的 LED 显

示器尺寸为 21.5 in 和 23.6 in。

液晶显示器按屏幕的比例不同可分为宽屏显示器和普屏显示器两大类，宽屏显示器主要指 16∶9 宽屏显示器和 16∶10 宽屏显示器，普屏显示器则主要指 4∶3 普屏显示器和 5∶4 普屏显示器。因为 16∶9 的宽屏显示器更适合人眼睛的视觉特性，所以目前已成为市场的主流显示器。

3. 按显示色彩分

显示器按显示色彩可分为单色显示器和彩色显示器。目前，只有彩色显示器被用做计算机的显示器。单色显示器即我们平常所说的黑白显示器，由于其颜色单调，目前的应用范围很窄，只在一些对显示要求不高的场合中使用，如公交车上的车门监控、小区或者银行的监控等。

6.2 显示器的工作原理

本节主要讲解各种显示器的工作原理。

6.2.1 阴极射线管显示器的工作原理

阴极射线管显示器的阴极射线管主要由电子枪、偏转线圈、荫罩（或荫栅）、荧光粉涂层和玻璃外壳 5 部分组成，如图 1-6-2 所示。荧光屏上涂满了按一定方式紧密排列的红、绿、蓝 3 种颜色的荧光粉点或荧光粉条，称为荧光粉单元，相邻的红、绿、蓝荧光粉单元各一个为一组，称为像素。每个像素中都拥有红、绿、蓝（R、G、B）三基色，根据三基色原理，可以形成千变万化的色彩。

阴极射线管显示器的工作原理是：显像管内部的电子枪阴极发出电子束，然后经强度控制、聚焦和加速后变成细小的电子流，再经过偏转线圈的作用向正确目标偏离，穿越荫罩的小孔或栅栏，轰击到荧光屏上的荧光粉。这时荧光粉被启动，即可发出光线来。红、绿、蓝三色荧光点被按不同比例强度的电子流点亮，就会产生各种色彩，如图 1-6-3 所示。

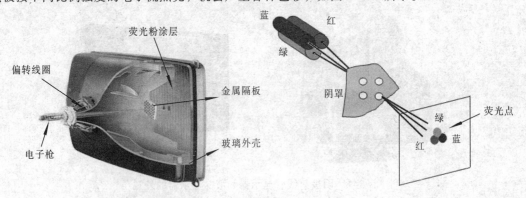

图 1-6-2　CRT 显像管的结构　　　　图 1-6-3　电子枪工作原理图

6.2.2 液晶显示器的基本工作原理

液晶是一种同时具备了液体的流动性和类似晶体的某种排列特性的物质。在电场的作用下，液晶分子的排列会产生变化，从而影响它的光学性质，这种现象叫做电光效应。液晶显示器就是利用液晶的电光效应研制出来的。

液晶面板中有两块互相垂直的滤光片（偏光板），中间夹有两块玻璃基板，玻璃基板中间夹着一层液晶。在正常情况下（当液晶面板未加电压时），滤光片应该可以阻断所有试图穿透的光线，但是，由于两个滤光片充满了扭曲的液晶，所以在光线穿出第一个滤光片后，会被液晶分子扭曲 90°，最后从第二个滤光片中穿出，即液晶面板透光。当液晶面板加电压时，液晶分子会重新排列并完全平行，使光线不再扭转，所以正好被第二个滤光片挡住，此时液晶面板不透光，如图 1-6-4 所示。

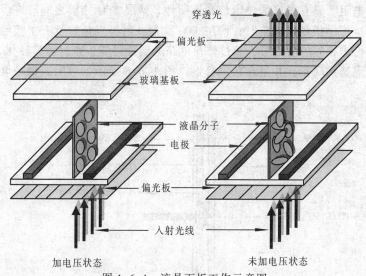

穿透光
偏光板
玻璃基板
液晶分子
电极
偏光板
入射光线
加电压状态　　　未加电压状态

图 1-6-4　液晶面板工作示意图

液晶面板主要有 TN 面板、IPS 面板和 VA 面板 3 种。TN（Twisted Nematic，扭曲向列型）面板由于价格低廉，主要用于入门级和中端的液晶显示器，也是目前市场中最常见的面板类型。TN 面板的优点是液晶分子偏转速度快，在响应时间上容易提高。缺点是色彩单薄、还原能力差、过渡不自然。TN 面板属于软屏，用手轻轻划过会出现类似水纹的痕迹。IPS（In-Plane Switching，平面转换）面板属于广视角面板，在高端液晶显示器中应用较广。它的优点是可视角度大、响应速度快、色彩还原准确。缺点是漏光问题比较严重、黑色纯度不够、功耗较高。和其他类型的面板相比，IPS 面板的屏幕较为"硬"，用手轻轻划一下不容易出现水纹样变形，因此又有硬屏之称。VA 面板也属于广视角面板，也是在高端液晶应用较多的面板类型。它的优点是可视角度大、黑色表现纯净、对比度高、色彩还原准确。缺点是功耗较高、响应时间比较慢、面板的均匀性一般。VA 类面板也属于软屏，用手指轻触面板，会出现梅花纹痕迹。

6.2.3　触摸屏显示器的基本工作原理

随着技术的不断发展和价格的不断降低，触摸屏显示器（Touch Screen）在各种手持消费电子设备、医疗应用设备、自动售货机/售票机/ ATM 机、销售终端（POS）、工业和过程控制设备中得到了广泛的应用。使用触摸屏显示器时，用户只需用手指（或触笔）轻轻地触碰计算机显示屏上的图符或文字就能实现对主机操作，摆脱键盘和鼠标操作的束缚，使人机交互更直截了当。

触摸屏主要由触摸检测部件和触摸屏控制器组成。触摸检测部件安装在显示器屏幕前面，用于检测用户触摸位置，接受后输送到触摸屏控制器，而触摸屏控制器的主要作用是从触摸点检测装置上接收触摸信息，并将它转换成触点坐标，再输送给 CPU，它同时能接收 CPU 发来的

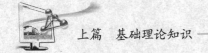

命令并加以执行。

　　触摸屏按技术原理的不同，主要分为电阻式触摸屏、电容式触摸屏和表面声波触摸屏 3 类。下面以最常见的电阻式触摸屏为例来简单讲述触摸屏的工作原理。

　　电阻式触摸屏是利用压力感应进行控制的。电阻式触摸屏主要是由薄膜和玻璃衬板组成的，薄膜和玻璃相邻的一面上均涂有 ITO（Indium Tin Oxides，纳米氧化铟锡金属物），ITO 是一种透明的导电电阻，具有很好的导电性和透明性，两层 ITO 涂层之间有许多细小的隔离点把它们隔开绝缘。当手指触摸屏幕时，两层 ITO 涂层在触摸点位置就有了接触，电阻发生变化，经由感应器传出相应的电信号，经过转换电路送到处理器，通过运算转化为屏幕上的 X、Y 值，从而完成点选的动作，并呈现在屏幕上。图 1-6-5 所示是电阻式触摸屏的工作原理示意图。

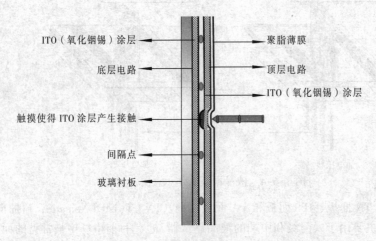

图 1-6-5　电阻式触摸屏的工作原理示意图

6.3　液晶显示器的主要性能指标

　　不同的显示器，其性能指标也不同。下面主要介绍 LED 显示器的主要性能指标。

　　LED 显示器的性能指标有尺寸、点距、亮度、对比度、响应时间、可视角度、色彩度和最大分辨率等。

1. 标称尺寸与可视面积

　　液晶显示器的尺寸是指液晶显示器屏幕对角线的长度，单位为 in。由于封装时液晶显示器的边框不会遮挡面板，所以液晶显示器所标识的尺寸接近实际可以使用的屏幕范围，即可视面积等于标称尺寸。现在主流 LED 显示器的尺寸主要以 21.5 in 和 23.6 in 为主。

2. 点距

　　液晶显示器的点距是指两个相邻的液晶颗粒（像素点）中心之间的距离。液晶显示器的点距与液晶的尺寸有直接的对应关系，液晶显示器的点距可以通过下面的公式直接计算出来：点距=可视宽度/水平像素（或者可视高度/垂直像素）。例如，一台 19 in LED 显示器的可视面积为 410.4 mm×256.5 mm，它的最大分辨率为 1440×900，那么它的点距为 410.4 mm/1440=0.285 mm（或 256.5 mm/900=0.285 mm）。

　　点距的大小决定了显示图像的精细度、字体大小。尺寸相同时，点距越小，画面越精细，但字体也越细小；反之，点距越大，字体也越大，轮廓分明，越容易看清，但画面会显得粗糙。因此，点距的选择需要在文本和图形/视频应用之间进行权衡，既不能太大，也不能太小。一般点距在 0.27 mm～0.30 mm 之间是最舒适的。

3. 亮度

亮度是指画面的明亮程度，单位是堪德拉每平米（cd/m^2），如 300 cd/m^2 表示的是在每平方米点燃 300 支蜡烛的亮度。液晶是一种介于固态与液态之间的物质，本身是不能发光的，需要借助额外的光源才行。一般来讲亮度单位数愈高，可调整的效果愈好，画面自然更为亮丽。但是较亮的产品并不意味着就是较好的产品，显示器画面过亮常常会令人感觉不适，一方面容易引起视觉疲劳，同时也使纯黑与纯白的对比降低，影响色阶和灰阶的表现。因此提高显示器亮度的同时，也要提高其对比度，否则就会出现整个显示屏发白的现象。目前主流液晶显示器的亮度值一般在 250～400 cd/m^2 之间。

4. 对比度

对比度是指屏幕上同一点最亮时（白色）与最暗时（黑色）亮度的比值。比如一台显示器在显示全白画面时实测亮度值为 300 cd/m^2，全黑画面实测亮度为 0.5 cd/m^2，那么它的对比度就是 600∶1。比值越高，对比越强烈，色彩越鲜艳饱和，层次感越好。目前主流 LED 液晶显示器的对比度一般为 1 000∶1。

> **注意**
>
> 现在很多厂商标注的对比度是指动态对比度。所谓动态对比度，指的是液晶显示器在某些特定情况下测得的对比度数值，例如逐一测试屏幕的每一个区域，将对比度最大的区域的对比度值作为该产品的对比度参数。不同厂商对于动态对比度的测量方法也不尽相同，但其本质是一样的。动态对比度与真正的对比度是两个不同的概念，一般同一台液晶显示器的动态对比度是实际对比度的 3～5 倍。

5. 响应时间

液晶显示器的响应时间，有两种不同的标准，即黑白响应时间以及灰阶响应时间。黑白响应时间指的是液晶分子由全黑到全白之间的转换速度，行业的标准是以"黑→白→黑"全程响应时间为标准，即液晶分子从全黑转换到全白，再从全白转换到全黑这段过程的时间。而灰阶响应时间则是基于灰阶变化的响应时间，在日常的应用中，从全黑到全白的转换实际上非常少，大多都是一个像素点不同灰阶的变化而已，所以现在越来越多的液晶显示器采用了灰阶响应时间。

响应时间关系到每秒钟 LED 显示器上画面的切换速度，如果响应时间太长，则会造成拖影的现象。目前主流产品的响应时间通常为 2 ms（灰阶）、4 ms（灰阶）、5 ms（灰阶/黑白）、8 ms（灰阶/黑白）。

6. 可视角度

可视角度是指站在位于屏幕边某个角度时仍可清晰地看见屏幕影像所构成的最大角。可视角度包括水平可视角度和垂直可视角度两方面。水平可视角度是以液晶显示器的垂直法线为中心，在垂直于法线左方或右方一定角度的位置上仍然能够正常地看见显示图像，这个角度范围就是液晶显示器的水平可视角度；同样，如果以水平法线为中心，上下的可视角度就称为垂直可视角度，如图 1-6-6 所示。

可视角度大小决定了用户可视范围的大小以及最佳观赏角度，如果太小，用户稍微偏离屏幕正面，画面就会失色。目前，主流液晶显示器的水平可视角度一般在170°，并且左右对称；垂直可视角度则比水平可视角度要小一些（一般为160°）。高端液晶显示器的可视角度已经做到水平可视角度和垂直可视角度都是178°。

7．色彩度

色彩度即液晶面板的最大色彩数。自然界的任何一种色彩都是由红、绿、蓝3种基本色组成的，而液晶面板由无数个像素点组成，每个独立的像素色彩是由红、绿、蓝（R、G、B）3种基本色来控制。液晶面板所支持的色彩数量与驱动电路的位数有关。例如6 bit驱动的液晶显示器面板，在RGB三原色通道中，每个色彩通道上能显示64（$2^6 = 64$）级灰阶，每个独立的像素能显示的色彩总数为64×64×64=262 144种，即平常说的26万色。同理，如果采用8 bit驱动的话，RGB每个通道能显示2^8种色彩，每个独立的像素色彩总数为256×256×256=16 777 216种，即16.7 M色。目前大部分液晶显示器的最大色彩数已经达到16.7M色。

8．输入接口

目前，市场上大部分液晶显示器都同时具备VGA接口和DVI接口。一些低端液晶显示器则只有VGA接口，少数高端的则带有HDMI接口和DP接口，如图1-6-7所示。

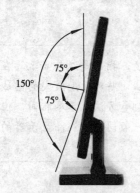

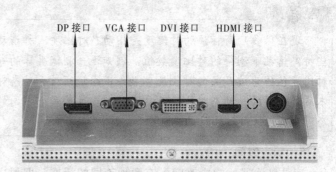

| 图 1-6-6　垂直可视角度示意图 | 图 1-6-7　液晶显示器的接口 |

6.4　液晶显示器的选购与设置

显示器是用户与计算机打交道的主要设备，它的成本占整个成本的30%左右，而且它的质量会直接影响到用户的身体健康和使用感受。所以，选购和设置好的显示器至关重要。

6.4.1　液晶显示器的选购

目前主流的显示器为LED，选购LED显示器时应从以下几个方面来考虑。

1．尺寸大小

在选购LED显示器时，首先要考虑的是显示器的尺寸大小。尺寸大小应根据自己的使用场合和用途来决定，而非越大越好。目前市场上主流的LED显示器尺寸有19.5 in、21.5 in、23.6 in、27 in等，如果是一般的办公和家庭使用的话，选择21.5 in或23.6 in的就比较合适；如果是进行绘图工作或者娱乐使用，则可以选购23.6 in或者27 in甚至更大的显示器。

2．液晶面板的类型

LED 显示器的结构主要包括外壳、液晶面板、接口电路板、电源电路板等几部分。从体积上来看，外壳所占据的部分分量最大。但是从产品生产制造的成本来看，液晶面板的分量最大，其大约占据了整体成本的 70%左右，它的好坏直接决定了一台显示器的显示效果是否优秀。采用 TN 面板的 LED 显示器价格便宜、功耗较低，但是响应时间短、可视角度较小，如果对响应时间要求较高而对可视角度要求不高的话（如玩游戏）可以考虑这类显示器。采用 IPS 面板的 LED 液晶显示器可视角度大、响应速度快、色彩还原准确，但是漏光问题比较严重、黑色纯度不够、功耗较高。在一些对可视角度要求较高的场合（如家庭、办公场合），可以考虑这类显示器。采用 VA 面板的 LED 显示器可视角度大（比 TN 面板大但比 IPS 稍小）、黑色表现纯净、对比度高、色彩还原准确。但是功耗高、响应时间慢、面板的均匀性一般。如果是娱乐、绘图使用，可以考虑这类 LED 液晶显示器。

3．液晶面板等级

液晶面板是由大量的像素点所组成的，一个像素点就是一个发光点，它们能够显示黑、白两色和红、黄、蓝三原色。不同颜色的像素点组合，就可以得到屏幕所显示的图像。每个像素点都有独立的晶体管来控制其电流的强弱，如果控制该点的晶体管坏掉，就会造成该像素点无法产生颜色变化，即通常所说的坏点。坏点有分为"暗点"和"亮点"两类，其中"暗点"是指无论屏幕显示的图像如何变化，它是一直都无法显示的"黑点"，而"亮点"是指只要开机便一直发光的点。坏点是无法修复的，只能更换整个液晶面板才能解决。

液晶面板的等级划分国际上并没有相关的硬性规定，不同国家和地区的等级标准也不尽相同。液晶面板按照品质一般可分为 A+、A、B 三个等级，其等级划分的依据就是"坏点"数量的多少。液晶面板无任何坏点的为 A+级；有 3 个坏点以下，其中亮点不超过一个，且亮点不在屏幕中央区内的为 A 级；有 3 个坏点以下，其中亮点不超过两个，且亮点不在屏幕中央区内的为 B 级。购买显示器时，应考虑没有坏点的 A+级面板的 LED 液晶显示器。

检测坏点的方法很简单，只要将显示器的屏幕调到全白的画面或全黑的画面，就可以看到坏点。另外，还可以用专业的坏点测试软件进行测试，如 DisplayX、NOKIA MONITOR TEST 等软件。

4．亮度和对比度

LED 显示器的亮度定义为全白颜色下的亮度值。目前市场上主流的 21.5 in、23.6 in LED 显示器的亮度标称在 250 cd/m² 左右，尺寸更大亮度值还更高。实际上，在日常使用中不需要这么高的亮度，只要在 120 cd/m² 到 150 cd/m² 之间即可。亮度过高不但会过度消耗灯管，降低显示器寿命，而且还会对眼睛造成伤害。用户在购买时根据自己的需求，选择亮度合适的显示器即可，而不能盲目地认为高亮度的 LED 显示器就是好产品。

对比度方面，如果只是普通办公使用，可以不用考虑该参数；如果是要求较高的家庭用户，如在日常应用中经常需要看电影、玩游戏的用户，可以考虑采用高对比度的显示器，包括原始对比度以及动态对比度，因为电影、游戏这些应用对对比度的依赖程度较高。而对于游戏发烧用户以及玩家而言，则需要动态对比度极高的显示器了，毕竟只有在超高动态对比度的支持下，LED 才能还原更加丰富的色彩，表现更多的细节。

5．响应时间

对于办公用户或者普通家庭用户来说，主流的响应时间为 2 ms（灰阶）、4 ms（灰阶）、5 ms

（灰阶/黑白）、8 ms（灰阶/黑白）的 LED 显示器都可以满足应用。而对于游戏用户，就必须追求低的响应时间，特别是灰阶响应时间，自然是越低越好。

除以上 5 个方面外，购买 LED 显示器时还要考虑最大分辨率、最大可视角度、接口、品牌以及售后服务等因素。

6.4.2 显示器的连接与设置

1. 显示器的连接

（1）连接信号线

显卡的输出端目前常见的主要有 VGA 和 DVI 两种，它们的连接方法类似，下面以 VGA 接口为例进行介绍。

显卡的 VGA 输出端是一个深蓝色的 15 孔三排插座，为了防止插反，中间一排针与另外的两排针的位置错开，插座呈梯形，此外，为了信号线的更好连接，插座的旁边一般有用于固定插头用的螺丝孔，如图 1-6-8 所示。同样，VGA 信号线也是相应的深蓝色梯形接头，如图 1-6-9 所示，不用担心接反。连接时只要把插头对准插座插入，然后拧紧插头上的两颗固定螺栓即可，如图 1-6-10 所示。

图 1-6-8 显卡或主板上的 VGA 插座

图 1-6-9 计算机 VGA 信号线接头

图 1-6-10 连接 VGA 信号线

DVI 信号线的连接与 VGA 类似，在此不再赘述。

（2）连接电源线

显示器电源线的连接相对而言就简单多了，只要把三芯的电源线连接到显示器三针的插座上即可。

2. 显示器属性的设置

连接好显示器后，还需对显示器的一些关键属性进行设置。如果显示器的属性没有设置好，人眼往往就会感到显示器的闪烁，从而造成眼睛的疲劳和伤害。

（1）设置显示器的分辨率

目前常见的显示器屏幕比例（长：宽）16：10、16：9 两种，16：10 屏对应分辨率有 1280×800、1440×900、1680×1050、1920×1200 等；16：9 屏对应分辨率有 1280×720、1440×810、1680×945、1920×1080 等。不同尺寸的显示器，其最佳分辨率也不一样，表 1-6-1 所示是主流尺寸下液晶显示器屏幕与最佳分辨率的对照表。

表 1-6-1 主流尺寸液晶显示器屏幕与最佳分辨率的对照表

产品尺寸（屏幕比例）	最佳分辨率	产品尺寸（屏幕比例）	最佳分辨率
18.5 in（16：9）	1 366×768	23.6 in（16：9）	1 920×1 080

续表

产品尺寸（屏幕比例）	最佳分辨率	产品尺寸（屏幕比例）	最佳分辨率
19 in（16∶10）	1 440 × 900	24 in（16∶9）	1 920 × 1 080
20 in（16∶9）	1 600 × 900	24 in（16∶10）	1 920 × 1 200
21.5 in（16∶9）	1 920 × 1 080	27 in（16∶9）	1 920 × 1 080
22 in（16∶10）	1 680 × 1 050	27 in（高分）（16∶9）	2 560 × 1 440
23 in（16∶9）	1 920 × 1 080	30 in（16∶10）	2 560 × 1 600

下面介绍在 Windows 7 操作系统中调整显示器分辨率的方法。

① 在桌面空白处右击，在弹出的快捷菜单中选择"屏幕分辨率"命令，如图 1-6-11 所示。

② 在打开窗口的"分辨率"下拉列表中可以看到当前显示器支持分辨率的情况，选择合适的分辨率后单击"确定"按钮，如图 1-6-12 所示。

（2）设置显示器的刷新率

下面介绍在 Windows 7 操作系统中调整显示器分辨率的方法。

① 在桌面空白处右击，在弹出的快捷菜单中选择"屏幕分辨率"命令，打开"更改显示器的外观"窗口，如图 1-6-13 所示。

图 1-6-11 选择"屏幕分辨率"命令

图 1-6-12 选择分辨率

图 1-6-13 "更改显示器的外观"窗口

② 单击"高级设置"超链接，弹出"通用即插即用监视器"对话框，如图 1-6-14 所示。

③ 选择"监视器"选项卡，在"屏幕刷新频率"下拉列表中选择合适的刷新频率，如"85 赫兹"，单击"确定"按钮，如图 1-6-15 所示。

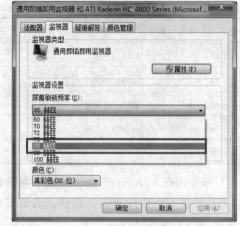

图 1-6-14 "通用即插即用监视器"对话框   图 1-6-15 选择合适的刷新频率

小　结

显示器是将计算机处理的结果以文字和图像等形式输出的设备。

显示器按显示器的工作原理可分为 CRT 显示器、LED 显示器、触摸屏显示器等；按显示器的屏幕大小可分为 19 in、19.5in、21.5 in、23.6 in、27 in 等；按显示色彩可分为单色显示器和彩色显示器。

CRT 显示器是通过电子枪阴极发出电子束，然后聚焦并加速后轰击荧光屏上的荧光粉而产生图像的；LED 显示器是利用液晶的电光效应来工作的；电阻式触摸屏则是利用压力感应使得电阻发生变化，并转换成相应的电信号，然后通过运算转化为屏幕上的 X、Y 值，从而完成点选的动作，并呈现在屏幕上。

显示器的质量往往影响到眼睛的健康，选购 LED 液晶显示器应从尺寸、液晶面板种类、面板等级、亮度和对比度等几个方面进行考虑。

显示器的连接主要包括数据线和电源线的连接。设置显示器的属性主要是设置显示器的分辨率和刷新率两个关键参数，不同尺寸的显示器其最佳分辨率都不太一样。

练 习 题

一、填空题

1. 在 CRT 显示器的性能指标中，＿＿＿＿＿＿＿是指荫罩型显示器屏幕上同种色彩的相邻的荧光粉颗粒之间的距离。

2. 分辨率是指显卡能在显示器上描绘点数的最大数量，通常以＿＿＿＿＿＿×＿＿＿＿＿＿表示。

3. 彩色 CRT 显示器的三原色包括＿＿＿＿＿＿、＿＿＿＿＿＿、＿＿＿＿＿＿。

4. 目前市面上还常见的显示器主要＿＿＿＿＿＿＿显示器。

二、选择题

1. 在计算机部件中，（　　）对人体健康影响最大，所以挑选时要慎重。

    A. 显示器   B. 机箱   C. 音箱   D. 主机

2. 显示器的尺寸是指（　　　）的长度。

    A. 屏幕宽度　　　　　　　　　　　　　B. 屏幕高度

    C. 屏幕对角线　　　　　　　　　　　　D. 外壳宽度

3. 按制作技术可以将显示器分为（　　　）。

    A. CRT 显示器　　　　　　　　　　　　B. 纯平显示器

    C. 平面直角显示器　　　　　　　　　　D. LED 显示器

4. 与 CRT 显示器相比，LED 液晶显示器的优点有（　　　）。

    A. 低电压小功耗　　　　B. 超薄平面　　　　C. 亮度高

    D. 无辐射　　　　　　　E. 视角大

5. 下面关于 LED 显示器与阴极射线管（CRT）显示器相比较的说法，正确的是（　　　）。

    A. LED 显示器的显示色彩比 CRT 显示器的好看，所以较适合用作图像处理

    B. LED 显示器的分辨率不可以任意调解

    C. LED 显示器无辐射，体积小

    D. LED 显示器比 CRT 显示器的实际显示尺寸大

6. 显示器的性能指标包括（　　　）。

    A. 屏幕大小　　　　　B. 点距　　　　　　C. 带宽　　　　　　D. 控制方式

三、判断题

1. LED 液晶显示器使用 VGA 接口比使用 DVI 接口可以获得更好的显示效果。（　　　）

2. 响应时间大的液晶显示器对于快速变化和移动的图像，有可能产生图像消失或拖尾现象。　　　　　　　　　　　　　　　　　　　　　　　　　　　　　　（　　　）

3. LED 显示器对人体没有辐射，并且轻便，更适合于便携式计算机。　　（　　　）

4. LED 显示器的亮度并非越大越好。　　　　　　　　　　　　　　　　（　　　）

5. 显示器分辨率由 CPU 型号决定。　　　　　　　　　　　　　　　　　（　　　）

6. 0.28 mm 点距的 LED 显示器比 0.31 mm 点距的 LED 显示器差。　　（　　　）

7. 液晶显示器是一种被动式发光显示器件，不适于在强光照射下使用。　（　　　）

8. "可视角度"是 LED 显示器的一个重要指标，它的值越大越好。　　（　　　）

四、简答题

1. 显示器的分类方法主要有哪些？

2. CRT 显示器的结构主要由哪些部分组成？

3. 简单阐述 LED 显示器的工作原理。

4. LED 显示器的主要性能指标有哪些？

5. 选购 LED 显示器需注意哪些方面的内容？

第 7 章

硬 盘

硬盘（Hard Disc Drive，HDD）是计算机中最常用的外部存储设备，与其他外部存储设备相比，它具有速度快、容量大、使用方便等优点，目前，几乎所有的计算机都是以硬盘作为主要的存储介质。

7.1　硬盘的分类

硬盘的分类方法主要由以下几种。

1. 按盘径尺寸分类

硬盘按盘片直径的大小可分为 5.25 in 硬盘、3.5 in 硬盘、2.5 in 硬盘、1.8 in 硬盘、1.3 in 硬盘、1 in 硬盘、0.85 in 硬盘等。5.25 in 硬盘早期用于台式机，现已退出历史舞台；3.5 in 硬盘是目前台式机中用得最多的硬盘；2.5 in 硬盘主要应用于笔记本式计算机、桌面一体机、移动硬盘及便携式硬盘播放器；1.8 in 微型硬盘，主要用于超薄笔记本式计算机、移动硬盘及苹果播放器；1.3 in 微型硬盘是三星独有的，仅用于三星的移动硬盘；1.0 in 微型硬盘最早由 IBM 公司开发，主要用于单反数码照相机；0.85 in 微型硬盘是日立独有的，仅用于日立的硬盘手机。图 1-7-1 和图 1-7-2 所示分别为 3.5 in 硬盘和 2.5 in 的硬盘外观。

图 1-7-1　3.5 in 硬盘

图 1-7-2　2.5 in 硬盘

2. 按接口类型分类

硬盘按接口类型的不同可分为 IDE 硬盘、SCSI 硬盘、SATA 硬盘 3 种。

（1）IDE 硬盘

IDE（Integrated Drive Electronics，电子集成驱动器）硬盘是指采用 IDE 接口的硬盘，俗称 PATA 并口。IDE 硬盘是把控制器与盘体集成在一起的硬盘驱动器。其实，现在大部分的硬盘

（包括 SATA 硬盘）都是把控制器与盘体集成在一起的，取名为 IDE 是相对于原来的非 IDE 接口设备（如软驱）而言的。

IDE 硬盘的电源接口为 4 针接口，数据线接口为 40 针的接口，它通过传统的 40 pin 并口线连接主板，外部接口速度最大只有 133 Mbit/s。因为并口线的抗干扰性太差，且占用空间，不利于计算机散热，IDE 硬盘现已被 SATA 硬盘所取代。IDE 硬盘的接口如图 1-7-3 所示。

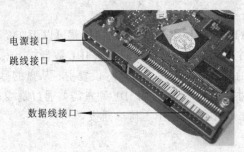

图 1-7-3 IDE 硬盘的接口

（2）SCSI 硬盘

SCSI（Small Computer System Interface，小型计算机系统接口）硬盘是采用 SCSI 接口的硬盘，它的外观和 IDE 硬盘接口有些相似。和 IDE 硬盘相比，SCSI 硬盘具有 CPU 占用率低、速度快、稳定性好、支持热插拔等优点，但它的价格较高，因此主要用于服务器等高端的场合。

SCSI 硬盘的数据线接口有 3 种，分别是 50 针、68 针和 80 针。在 SCSI 硬盘上经常看到标有 N、W、SCA 的字样，N 即窄口（Narrow），50 针；W 即宽口（Wide），68 针；SCA 即单接头（Single Connector Attachment），80 针。SCSI 硬盘的接口如图 1-7-4 所示。

图 1-7-4 SCSI 硬盘的接口

（3）SATA 硬盘

SATA（Serial Advanced Technology Attachment，串行高级技术附件——一种基于行业标准的串行硬件驱动器接口）硬盘俗称串口硬盘，它已取代 IDE 硬盘成为 PC 市场的主流，它的电源接头为 L 型 15 针接头，数据线是 L 型 7 针接头。SATA 硬盘的接口如图 1-7-5 所示。

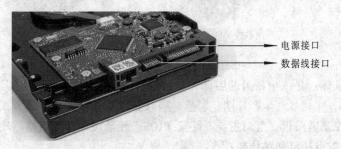

图 1-7-5 SATA 硬盘的接口

与传统的 IDE 硬盘相比，SATA 硬盘具有以下优势：

① 传输速度高。SATA 1.0 可以提供 150 MB/s 的传输速率，SATA 2.0 和 SATA 3.0 的传输速率则分别达到了 300 MB/s 和 600 MB/s。而 IDE 硬盘的最大速度只有 133 MB/s。

② SATA 硬盘使用的是 7 针数据线，线缆较细，传输的距离也较远（可延伸至 1 m），使得安装设备和机内布线更加容易，而且改进了计算机内部的空气流动，改善了机箱内的散热效果。

③ 系统功耗有所减少。SATA 硬盘使用 500 mV 的电压就可以工作，功耗比 IDE 硬盘小。

④ SATA 硬盘不需要设置主、从盘跳线（当在同一条 IDE 数据线上安装两个 IED 设备的时候，需要通过设置 IDE 设备上的跳线来设置主、从盘。设置主、从盘的目的是为了告诉系统哪个设备是系统的启动盘，即平时所说的主盘）。而 IDE 硬盘需要通过跳线来设置主、从盘。

⑤ SATA 硬盘支持热插拔，而 IDE 硬盘不支持热插拔。

3．按容量大小分

最早的硬盘容量只有 5 MB，后来随着技术的进步，硬盘的容量飞速发展。10 年前硬盘的容量只有 80 GB、120 GB，后来又发展到 160 GB、250 GB、320 GB、500 GB、640GB、750 GB，再发展到目前的 1TB、2TB、3TB、4TB、5TB 和 6TB 等。随着硬盘技术的发展，更大容量的硬盘还将不断推出。

4．按硬盘品牌分

目前，市面上硬盘的品牌主要有希捷、西部数据、日立、三星和东芝等，每种品牌硬盘的外观不尽相同，但是技术和原理都是一样的。

7.2　硬盘的结构及工作原理

1．硬盘的外部结构

硬盘主要由盘体、控制电路板和接口等部件组成，如图 1-7-6 所示。

图 1-7-6　硬盘的外部结构

① 盘体：是一个密封的腔体，正面贴有产品标签，上面印有厂家信息和产品信息，如商标、型号、序列号、生产日期、容量、参数和主从设置方法等。

② 控制电路板：上面主要有硬盘 BIOS、硬盘缓存和主控制芯片等单元；硬盘接口包括电源插座、数据接口和跳线插针等。

③ 电源插座接口：为硬盘工作提供电力保证。IDE 硬盘的电源插座是传统的 4 芯 D 型接口，而 SATA 硬盘的电源插座是 L 型 15 针接口。

④ 数据接口：是硬盘与主板、内存之间进行数据交换的通道，IDE 硬盘的数据接口是 40 针的，它使用一根 40 针 40 线或 40 针 80 线的电缆进行连接，而 SATA 硬盘的数据接口则是 L 型 7 针接口。

IDE 硬盘和 SATA 硬盘的数据线如图 1-7-7 所示。IDE 硬盘在电源插座和数据接口中间还有主、从盘跳线插座，用以设置主、从硬盘，即设置硬盘驱动器的访问顺序。其设置方法一般标注在盘体外的标签上，也有一些标注在接口处。此外，在硬盘表面有一个透气孔，它的作用是使硬盘内部气压与外部大气压保持一致。由于盘体是密封的，所以，这个透气孔不直接和内部相通，而是经由一个高效过滤器和盘体相通，用以保证盘体内部的洁净无尘，使用中注意不要将它盖住。

图 1-7-7　IDE 硬盘和 SATA 硬盘的数据线

2. 硬盘的内部结构

硬盘的内部结构通常专指盘体的内部结构。盘体是一个密封的腔体，其中密封着磁头、盘片、主轴驱动机构、传动轴机构、前置控制电路等部件，如图 1-7-8 所示，其中最重要的部件是盘片和磁头。

图 1-7-8　硬盘的内部结构

（1）盘片

盘片是硬盘存储数据的载体。硬盘盘片是将磁粉附着在铝合金（或玻璃）圆盘片的表面上。这些磁粉被划分成称为磁道的若干个同心圆，在每个同心圆的磁道上就好像有无数任意排列的小磁铁，它们分别代表 0 和 1 的状态。当这些小磁铁受到来自磁头的磁力影响时，其排列的方向会随之改变。利用磁头的磁力控制指定的一些小磁铁方向，使每个小磁铁都可以用来存储信息。

有的硬盘只装一张盘片，有的硬盘则有多张盘片，这些盘片安装在主轴电机的转轴上，在主轴电机的带动下高速旋转，其每分钟转速达 5400 转、7200 转甚至更高。

（2）磁头

磁头是硬盘中对盘片进行读写工作的工具，是硬盘中最精密的部位之一。磁头是用线圈缠绕在磁芯上制成的，盘片的每个面都有一个读写磁头。硬盘在工作时，磁头通过感应旋转的盘片上磁场的变化来读取数据；通过改变盘片上的磁场来写入数据。为避免磁头和盘片的磨损，在工作状态时，磁头悬浮在高速转动的盘片上方，不与盘片直接接触，只有在电源关闭之后，磁头才自动回到在盘片上的固定位置（称为启停区或着陆区，此处盘片并不存储数据，是盘片的起始位置，启停区外才是数据区）。硬盘盘片的启停区和数据区如图 1-7-9 所示。

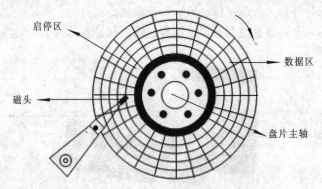

图 1-7-9　硬盘盘片的启停区和数据区

（3）主轴部件

硬盘主轴部件的作用主要是带动盘片旋转，让磁头定位于目标扇区，从而找到所需的数据。主轴部件主要包括轴承和驱动电机两个部分。随着硬盘容量的扩大和速度的提高，主轴电机马达的速度也在不断提升，轴承也从滚珠轴承进化到油浸轴承再到液态轴承，处于不断的改良当中，目前液态轴承已经成为绝对的主流市场。

（4）前置控制电路

前置电路主要用于控制磁头感应的信号、主轴电机调速、磁头驱动和伺服定位等。由于磁头读取的信号微弱，将放大电路密封在腔体内可减少外来信号的干扰，提高操作指令的准确性。

（5）磁头驱动机构

磁头驱动机构由电磁线圈电机、磁头驱动小车、防振动装置构成。磁头驱动机构的主要作用是对磁头进行正确的驱动和定位，以便在短时间内精确定位系统指令指定的磁道。

（6）传动轴与传动力臂

传动力臂在传动轴的带动下沿盘片的半径做径向移动，这样传动力臂上的磁头就能进行寻道（寻找所需的磁道）操作。

3．硬盘的逻辑结构

要想深入了解硬盘的工作原理，除了掌握硬盘的物理结构外，还有必要了解一下硬盘的逻辑结构。

硬盘在逻辑上被划分为磁道、柱面以及扇区的结构。硬盘的每一个盘片都有两个盘面（Side），一般每个盘面都可以存储数据，成为有效盘片，但也有极个别的硬盘盘面数为单数。每一个这样的有效盘面都有一个盘面号，按顺序从上至下从"0"开始依次编号。硬盘通常有 2～3 个盘片，故盘面号（磁头号）为 0～3 或 0～5。在硬盘系统中，盘面号又叫磁头号，因为每一个有效盘面都有一个对应的读写磁头，如图 1-7-10 所示。

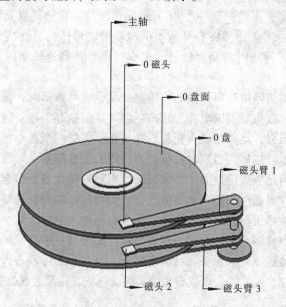

图 1-7-10　硬盘的逻辑结构

　　在硬盘中，给盘片、盘面、磁头、磁头臂编号一般是从上面开始的，即把最上面的盘片编为 0 盘，0 盘的上表面称为 0 盘面，0 盘的下表面称为 1 盘面。由于每一个盘面都有一个对应的磁头和磁头臂，所以把 0 盘面对应的磁头称为 0 磁头，对应的磁头臂称为磁头臂 0，而 1 盘面对应的磁头称为 1 磁头（或称磁头 1），对应的磁头臂称为磁头臂 1。如果有两个盘片，则下面的盘片称为 1 盘，其对应的盘面分别称为 2 盘面和 3 盘面，2 盘面对应的磁头称为磁头 2，对应的磁头臂称为磁头臂 2，3 盘面对应的磁头称为磁头 3，对应的磁头臂称为磁头臂 3。多个盘片的硬盘也是依此类推进行编号。

　　磁盘在格式化时被划分成许多同心圆，这些同心圆轨迹叫做磁道（Track）。磁道从外向内从 0 开始顺序编号。这些同心圆不是连续记录数据，而是被划分成一段段的圆弧，每段圆弧叫做一个扇区，扇区从 1 开始编号。图 1-7-11 所示是磁道与扇区的示意图。每个扇区中的数据作为一个单元同时读出或写入。一个标准的 3.5 in 硬盘盘面通常有几百到几千条磁道。磁道是看不见的，只是盘面上以特殊形式磁化了的一些磁化区，在磁盘格式化时就已规划完毕。柱面是指硬盘多个盘片上相同磁道的组合，有多少个磁道就有多少个柱面，即柱面数等于磁道数。

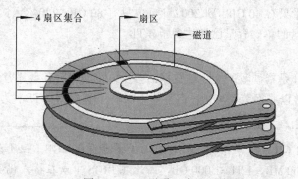

图 1-7-11　磁道、扇区示意图

4．硬盘的工作原理

当前的硬盘架构多采用温彻斯特（Winchester）架构，这种硬盘简称温氏硬盘。温氏硬盘的结构具有以下特点：①盘片、磁头及运动机构密封在盘体内，构成一体，盘体内是高纯度气体；②磁头在启动、停止时与盘片接触，工作时悬浮在高速转动的盘片上方，不与盘片直接接触。

硬盘不工作时，磁头停留在启停区，当需要从硬盘读写数据时，磁盘开始旋转。当盘片旋转达到一定的速度后，磁头就会因盘片旋转产生的气流而抬起，磁头向盘片的数据区移动。盘片旋转产生的气流相当强，足以使磁头托起，并与盘面保持一个微小的距离，这个距离越小，磁头读写数据的灵敏度就越高，当然对硬盘各部件的要求也越高。气流既能使磁头脱离盘面，又能使它保持在离盘面足够近的地方，非常紧密地跟随着磁盘表面呈起伏运动，使磁头飞行处于严格受控状态。工作时磁头飞行在盘面的上方，不与盘面接触，这样既可以避免磁头擦伤磁性涂层，也不会让磁性涂层损伤磁头。但是，磁头也不能离盘面太远，否则，就不能使盘面达到足够强的磁化，难以读写盘上的数据。磁头与盘片的距离一般在 0.005 μm～0.01 μm 之间。

由于硬盘盘片旋转速度快，磁头飞行高度低，一旦有小的尘埃进入硬盘密封腔内，或者一旦磁头与盘体发生碰撞，就可能造成数据丢失，形成坏块，甚至造成磁头和盘体的损坏。所以，硬盘的密封性一定要好。

7.3　硬盘的主要性能指标

硬盘的性能指标主要有单碟容量、总容量、转速、缓存容量、平均访问时间和传输速率等。

1．单碟容量

单碟容量（Storage Per Disk）是硬盘相当重要的参数之一，在一定程度上决定着硬盘的档次高低。硬盘是由多个存储盘片组合而成的，一个盘片所能存储的最大数据量就是硬盘的单碟容量。

单碟容量越大，硬盘达到相同容量所用的盘片就越少，其系统可靠性也就越好；同时，高密度盘片可使硬盘在读取相同数据量时，磁头的寻道动作和移动距离减少，从而使平均寻道时间减少，加快硬盘的访问速度。另外，增加硬盘的单碟容量也能在一定程度上节省产品成本，比如，同样的 2 TB 的硬盘，如果采用单碟容量为 500 GB 的盘片，那么将需要有 4 张盘片和 8 个磁头；而采用单碟容量 1 TB 的盘片，那么只需要 2 张盘片和 4 个磁头（盘片正反两面都可以存储数据，一面需要一个磁头），这样就能在尽可能节省更多成本的条件下提高硬盘的总容量。2000 年，硬盘的单碟容量只有 40 GB，到 2002 年，也只有 80 GB，2004 年才出现了单碟容量为 133 GB 的硬盘，现在硬盘的单碟容量已经达到了 4 TB。

2．硬盘总容量

硬盘容量（Capacity）是指硬盘所能装载数据的多少。硬盘中所有盘片容量的总和就是硬盘的总容量。硬盘容量通常以兆字节（MB）、吉字节（GB）和太字节（TB）为单位。

注意

作为容量单位时，1 GB 应等于 1 024 MB，1 TB 应等于 1 024 GB，但硬盘厂商在标称硬盘容量时通常取 1 GB=1 000 MB，1 TB=1 000 GB，因此在 BIOS 中或在格式化硬盘时看到的容量会比厂家的标称值要小。

如前所述，硬盘的逻辑结构主要由扇区、磁道和柱面组成，如果知道硬盘的柱面数、扇区数和磁头数就可以算出硬盘的总容量，即：

硬盘容量=柱面数 × 磁头数 × 扇区数 × 512 字节（每一扇区 512 字节）

最早的硬盘其容量只有 5 MB，随着技术的不断发展，硬盘容量越来越大，目前主流台式机 3.5 in 硬盘的容量已经达到 4 TB，而且还会继续增长下去。

3．转速

转速（Rotational Speed）是硬盘的重要参数之一，它是指硬盘内电机主轴的旋转速度，也就是硬盘盘片在一分钟内所能完成的最大转数，单位为 RPM（Revolutions Per Minute，转/分钟）。转速是决定硬盘内部传输率的关键因素之一，它在很大程度上直接影响硬盘的速度。硬盘的转速越快，硬盘寻找文件的速度也就越快，相对的硬盘的传输速度也就得到了提高。目前主流 3.5 英寸硬盘的转速为 7 200 r/min，部分已经达到 100 00 r/min。

4．平均访问时间

平均访问时间（Average Access Time）是指磁头从起始位置到达目标磁道位置，并且从目标磁道上找到要读写的数据扇区所需的时间。

平均访问时间体现了硬盘的读写速度，包括硬盘的寻道时间和等待时间。硬盘的平均寻道时间（Average Seek Time）是指硬盘的磁头移动到盘面指定磁道所需的时间，寻道时间越小越好，目前硬盘的平均寻道时间通常在 8 ms～12 ms 之间。硬盘的等待时间（Average Latency Time）是指当磁头移动到数据所在磁道后，等待所要的扇区（数据块）继续转动到磁头下的时间。平均等待时间为盘片旋转一周所需时间的一半，一般应在 4 ms 以下。

5．缓存容量

缓存（Cache Memory）是硬盘与外部总线交换数据的场所。由于硬盘的内部数据传输速度和外界介面传输速度不同，缓存在硬盘中起一个缓冲的作用。缓存大小直接影响硬盘的传输速度，增加缓存能大幅度提高硬盘的整体性能。当硬盘存取零碎数据时需要不断地在硬盘与内存之间交换数据，有大缓存，则可以将那些零碎数据暂存在缓存中，减小外系统的负荷，从而提高数据的传输速度。目前，3.5 in 主流硬盘的缓存容量为 64 MB。

6．数据传输率

硬盘的数据传输率（Data Transfer Rate）是指硬盘读写数据的速度，单位为兆字节每秒（MB/s）。硬盘数据传输率包括内部数据传输率和外部数据传输率。内部传输率（Internal Transfer Rate）是指硬盘磁头与缓存之间的数据传输率，即硬盘从盘片上读取数据并存储在缓存内的速度，内部传输率主要依赖于硬盘的旋转速度。外部传输率（External Transfer Rate）是指系统总线与硬盘缓冲区之间的数据传输率，外部数据传输率与硬盘接口类型和硬盘缓存的大小有关，目前 SATA 硬盘的外部传输率理论上已经达到 150 MB/s。

7.4 固 态 硬 盘

固态硬盘（Solid State Disk，SSD）也称作电子硬盘或者固态电子盘，是指由控制单元和固态存储单元（DRAM 或 Flash 芯片）组成的硬盘。图 1-7-12 所示为固态硬盘的外观。

固态硬盘按其使用介质的不同，可以分为基于闪存的固态硬盘和基于 DRAM 的固态硬盘两种。基于闪存的固态硬盘采用 Flash 芯片作为存储介质，是目前最常见的固态硬盘，它最大的优点是可以移动，而且数据保护不受电源控制，能适应于各种环境，但是使用年限不高，因而适合于个人用户使用。图 1-7-13 所示为基于 Flash 芯片固态硬盘的内部结构。

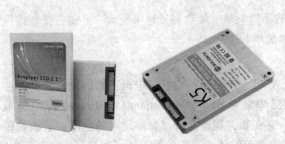

图 1-7-12　固态硬盘的外观　　　　图 1-7-13　基于 Flash 芯片的固态硬盘的内部结构

基于 DRAM 的固态硬盘采用 DRAM 作为存储介质，这种固态硬盘的应用范围较窄。它仿效传统硬盘的设计，可被绝大部分操作系统的文件系统工具进行卷设置和管理，是一种高性能的存储器，这种固态硬盘的使用寿命很长，但需要独立电源来保护数据安全。

与普通硬盘相比，固态硬盘具有以下优点：

① 启动速度快。固态硬盘没有电机加速旋转的过程，因而启动的速度快。

② 读取延迟小。固态硬盘没有磁头，因而读取数据的速度较快、延迟较小。在其他配置相同的前提下，使用固态硬盘的计算机其启动时间不到使用传统硬盘计算机启动时间的一半。

③ 噪声小。固态硬盘的读写过程全部是电子式的，没有机械运动，工作时几乎没有噪声。

④ 发热量较低。基于闪存的固态硬盘在工作时的能耗和发热量都很低。

⑤ 不会发生机械故障。固态硬盘内部不存在任何机械活动部件，不会发生机械故障，也不怕碰撞、冲击、振动。即使在高速移动甚至是在翻转倾斜的情况下也不会影响到正常使用，能够将数据丢失的可能性降到最小。

⑥ 工作温度范围更大。由于固态硬盘没有活动机械部件，所以更能适应苛刻的工作环境。传统的硬盘只能在 5℃～55℃ 的范围内工作，而大多数固态硬盘可在-10℃～70℃ 的温度下工作，一些工业级的固态硬盘甚至可以在-40℃～85℃ 的温度下工作。

⑦ 体积小重量轻。低容量的固态硬盘比同容量硬盘体积小、重量轻。

与传统硬盘相比，固态硬盘有以下缺点：

① 成本高。基于闪存的固态硬盘每单位容量价格是传统硬盘的 20～40 倍，而基于 DRAM 的固态硬盘每单位容量价格则是传统硬盘的 200～300 倍。如目前传统硬盘每 GB 的价格只有 0.25～0.5 元，而基于闪存的固态硬盘每 GB 的价格为 2.5～4 元。

② 容量低。目前固态硬盘的最大容量远低于传统硬盘。

③ 易受外界影响。由于固态硬盘不像传统硬盘那样屏蔽于金属的盒子中，因而容易受到某些外界因素的影响。如磁场干扰、静电、断电（特别是基于 DRAM 的固态硬盘）等。

7.5　硬盘的选购与安装

硬盘是目前最主要的外部存储设备，硬盘中存放着几乎所有的数据，其选购与安装也需注意。

1. 硬盘的选购

现在硬盘容量越来越大，而且大部分数据都存放在硬盘中，所以购买硬盘时一定要选择性能和质量好的硬盘，否则数据丢失的话就欲哭无泪了。购买硬盘时，如果资金充裕的话应考虑容量大、转速快、缓存大、寻道时间短、数据传输率大的硬盘，当然，如果资金不允许的话，应本着"够用"的原则，没必要追求太大容量的硬盘，如目前应考虑容量为 1 TB 或者 2 TB，转速为 7200 r/min，缓存大小为 64 MB，SATA 接口的硬盘。

2．硬盘的安装

目前常见的硬盘主要是 SATA 接口硬盘，下面介绍其安装方法。

① 在机箱内找到硬盘驱动器的位置，然后将硬盘轻轻地推入驱动器舱内，并使硬盘侧面的螺丝孔与驱动器舱上的螺丝孔对齐，然后拧紧螺钉，如图 1-7-14 所示。

② 连接硬盘的数据线和电源线。SATA 硬盘上有两个插口，分别是反 L 型的 7 针数据线插口和 L 型的 15 针电源线插口，如图 1-7-15 所示。这两个插口都是扁平形状并具有防呆设计，连接起来十分简便，方向反了根本无法插入。连接时，只要对准方向用力插到位即可，如图 1-7-16 和图 1-7-17 所示。

图 1-7-14　放入硬盘并拧紧螺丝

图 1-7-15　SATA 硬盘的接口

图 1-7-16　连接 SATA 硬盘的数据线

图 1-7-17　连接 SATA 硬盘的电源线

小　　结

硬盘是计算机中的主要外部存储设备，它具有比其他外部存储设备存储量大、速度快等特点。

硬盘的分类方法主要有按盘径尺寸分、按接口类型分、按容量大小分、按硬盘品牌分等几种。硬盘按盘片直径的大小可分为 5.25 in 硬盘、3.5 in 硬盘、2.5 in 硬盘、1.8 in 硬盘、1.3 in

硬盘、1 in 硬盘、0.85 in 硬盘等；按接口类型的不同可分为 IDE 硬盘、SCSI 硬盘、SATA 硬盘 3 种；按容量大小分可分为 500 GB 硬盘、750 GB 硬盘、1 TB 硬盘、1.5 TB 硬盘和 2 TB 硬盘等；按硬盘品牌可分为希捷硬盘、西部数据硬盘、日立硬盘、三星硬盘等。

硬盘的外部结构主要由盘体、控制电路板和接口等部件组成；内部结构主要包括磁头、盘片、主轴驱动机构、传动轴机构、前置控制电路等部件。盘片在逻辑上被划分为磁道、柱面以及扇区的结构以便数据的存储与访问。

目前的硬盘主要采用温彻斯特的架构（简称温氏硬盘）。温氏硬盘在工作时，磁头与盘片不接触，而是通过盘片的旋转产生气流，让磁头托起，然后通过磁头感应盘片上的磁通量的变化来读写数据。

硬盘的性能指标主要有单碟容量、总容量、转速、缓存容量、平均访问时间和传输速率等。

固态硬盘是一种新型的硬盘，它具有启动速度快、读取延迟小、噪声小、发热量低、体积小、重量轻等特点。

购买硬盘时，应从总容量、单碟容量、转速、缓存容量、寻道时间、数据传输率等方面进行考虑。

练 习 题

一、填空题

1. _____是计算机主要的存储设备，它由一个或者多个铝制或者玻璃制的盘片组成，这些盘片外覆盖有铁磁性材料。

2. 如果一个硬盘的容量是 120 GB，而单碟容量是 80 GB，这个硬盘有_____张盘片，_____磁头。

3. 硬盘的平均访问时间=_____+_____。

4. 硬盘数据传输率衡量的是硬盘读写数据的速度，一般用_____作为计算单位。它又可分为_____和_____。

5. 硬盘的主要接口有_____接口、_____接口和 SCSI 接口 3 种。

6. IDE 硬盘的电源接头是_____针。

二、选择题

1. 硬盘按接口类型可以分为（　　　）。

    A. IDE 接口的硬盘　　　　　　　　　　B. SCSI 接口的硬盘

    C. SATA 接口的硬盘　　　　　　　　　D. 以上都是

2. 目前台式计算机中使用最多的是（　　　）硬盘。

    A. 5.25 in　　　　　B. 3.5 in　　　　　C. 2.5 in　　　　　D. 1.8 in

3. 在微机系统中（　　　）的存储容量最大。

    A. 内存　　　　　　B. 软盘　　　　　　C. 硬盘　　　　　　D. 光盘

4. 当磁头移动到数据所在磁道后，等待所要的扇区继续转动到磁头下的时间称为（　　　）。

    A. 平均访问时间　　　　　　　　　　　B. 寻道时间

    C. 等待时间　　　　　　　　　　　　　D. 全程访问时间

5. 硬盘工作时应特别注意避免（　　　）。

　　A. 噪声　　　　　　B. 磁铁　　　　　　C. 振动　　　　　　D. 环境污染

6. 硬盘的数据传输率是衡量硬盘速度的一个重要参数。它是指计算机从硬盘中准确找到相应数据并传送到内存的速率，它分为内部和外部传输率，其中内部传输率是指（　　　）的数据传输率。

　　A. 硬盘的高速缓存到内存　　　　　　　B. CPU 到 Cache
　　C. 内存到 CPU　　　　　　　　　　　　D. 硬盘磁头与缓存之间

7. 硬盘的性能指标包括（　　　）。

　　A. 平均访问时间　　　　　　　　　　　B. 数据传输率
　　C. 转速　　　　　D. 单碟容量　　　　　E. 缓存大小

8. 下列选项与硬盘容量有关的是（　　　）。

　　A. 磁头数　　　　　B. 柱面数　　　　　C. 扇区数　　　　　D. 转速

三、判断题

1. 缓冲区容量越大硬盘访问速度就越快。　　　　　　　　　　　　　　　　　（　　　）

2. 目前在笔记本式计算机中使用的硬盘为 2.5 in 或 1.8 in。　　　　　　　　（　　　）

3. 主板上的 Primary IDE 接口只可以接一个硬盘。　　　　　　　　　　　　（　　　）

4. 硬盘磁头是多个磁头的组合，它采用了接触式磁头、盘片结构。　　　　　（　　　）

5. 硬盘的转速是指硬盘内磁头每分钟转过的圈数。　　　　　　　　　　　　（　　　）

6. 新购的硬盘必须先进行低级格式化之后才能使用。　　　　　　　　　　　（　　　）

7. 在计算机中显示出来的硬盘容量一般情况下要比厂家标称的容量的值要小，这是由不同单位之间的转换造成的。　　　　　　　　　　　　　　　　　　　　　　　（　　　）

四、简答题

1. 硬盘的分类方法主要有哪些？

2. 硬盘的内部结构主要包括哪些部件？

3. 简单阐述硬盘的工作原理。

4. 硬盘的主要性能指标有哪些？

5. 选购硬盘需要注意哪些方面的内容？

第 **8** 章

其他外部存储设备

　　除了硬盘，计算机系统中还有很多外部存储设备，如光驱、移动硬盘、U 盘和各种类型的存储卡等。根据自身需要选择合适的外部存储设备可以为用户使用软件、备份数据或转移数据带来极大方便。本章主要介绍光驱、移动硬盘、U 盘和存储卡的分类方法、结构和选购技巧等知识。

　　计算机将硬盘作为最基本的外部存储设备，用来实现用户数据和操作系统数据的保存，硬盘写入和读取速度虽然较快，但由于硬盘被固定在计算机主机内部，所以不方便移动。

　　为了便于软件分发及实现用户数据转移，计算机可以使用其他外部存储设备，如光驱、移动硬盘、U 盘和各种类型的存储卡等，这些外部存储设备所使用的存储介质包括光存储介质、磁介质和 Flash 存储器等。它们普遍具有数据可长久保存、便于携带、容量大且兼容性好等特点。了解这些外部存储设备的特点和应用场合对于用户使用计算机具有非常重要的意义。

8.1　光　　驱

　　随着多媒体应用越来越普遍，光盘作为价格相对低廉的存储介质，许多音、视频和应用软件都选择以光盘的形式销售和传播。光驱作为光盘的读取、写入设备已成为计算机的标准配置之一，其外观如图 1-8-1 所示。

图 1-8-1　光驱

8.1.1　光驱的分类

1. 按光盘的存储技术分类

按光盘的存储技术的不同，光驱分为以下几种类型。

① CD-ROM（只读光盘）光驱：又称致密盘只读存储器，它是利用原本用于音频 CD 的

CD-DA（Digital Audio）格式发展起来的。

② DVD 光驱：是一种可以读取 DVD 碟片的光驱，除了兼容 DVD-ROM（DVD 只读光盘）、DVD-VIDEO（视频 DVD）、DVD-R（可一次记录 DVD）、CD-ROM 等常见的格式外，对于 CD-R（可写 CD）、CD-RW（可重写 CD）、CD-I（交互式 CD）、VIDEO-CD（视频 CD）和 CD-G（图像 CD）等也能很好地支持。

③ COMBO 光驱：即俗称的"康宝"光驱。COMBO 光驱是一种集合了 CD 刻录、CD-ROM 和 DVD-ROM 为一体的多功能光存储产品。

④ 刻录光驱：包括了 CD-R、CD-RW 和 DVD 刻录机等。其中，DVD 刻录机又分 DVD±R（可一次写入 DVD）、DVD+RW、DVD-RW（W 代表可反复擦写）和 DVD-RAM（可重写 DVD，重写次数高）。

⑤ BD（蓝光）光驱：包括蓝光 COMBO 和蓝光刻录机，目前为止，蓝光是最先进的大容量光碟格式，蓝光可支持 1～2 倍（每秒 4.5～9 MB）的记录速度，且可读写单碟容量为 25 GB（单层）或 50 GB（双层）的 BD，大约是现有（单碟）DVD 的 5 倍。蓝光光驱可兼容 DVD、VCD、CD 等格式。

刻录机和蓝光光驱的外观与普通光驱差不多，只是刻录机前置面板上通常都清楚地标识着写入、复写和读取 3 种速度。

2. 按光驱的放置方式分类

按照是否可以安装在机箱内部，光驱可分为内置型光驱和外置型光驱，图 1-8-2 所示为外置型光驱。

外置型光驱是在机箱外部放置的光驱，具有便携、可移动的特点。部分外置型光驱设置有 12 V 外直流电源接口，以增加电源供应。常见的外置型光驱有 CD-ROM、DVD-ROM、蓝光光驱等。

图 1-8-2 外置型光驱

3. 按光驱的接口分类

光驱接口主要有 IDE、SATA、SCSI、IEEE 1394、USB、ESATA 接口等，其中 SATA 接口是目前内置型光驱的主流接口，大多数外置型光驱的接口为 USB 接口。

8.1.2 光驱的主要性能指标

光驱的主要性能指标有速度、数据传输速率、寻道时间、缓存容量等，具体介绍如下。

1. 标称速度

标称速度也称倍速。光驱的速度一般使用标称速度来表示，如 8 X（8 倍速）、16 X（16 倍速）、52 X（52 倍速）等。CD-ROM 最快读取可以达到 52 X；DVD-ROM 读取可达到 24 X；蓝

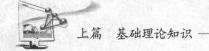

光光驱的双面蓝光光盘读取速度可达 12 X，单面读取速度可达 8 X。

2．数据传输速率

数据传输速率（Sustained Data Transfer Rate）是光驱最基本的性能指标，该指标直接决定了光驱的数据传输速度，通常以 KB/s 来计算。标称速度是由数据传输速率换算得到的，光驱的数据传输速率与标称速度的换算关系为：

$$数据传输速率=标称速度（倍速）\times 基准倍速$$

其中，CD-ROM 驱动器的基准倍速是 150 KB/s，DVD-ROM 驱动器的基准倍速是 1 350 KB/s，蓝光的倍速为 36 MB/s。如标称速度为 52X 的 CD-ROM 驱动器的数据传输速率为：

$$52\times 150=7\ 800\ KB/s$$

标称速度为 24 X 的 DVD-ROM 驱动器的数据传输速率为：

$$24\times 1350=32\ 400\ KB/s$$

3．寻道时间

寻道时间是衡量光驱性能的一项重要指标，是指光驱激光头从开始寻找到找到所需数据花费的时间，一般用平均寻道时间来表示光驱寻道能力，单位是 ms。平均寻道时间是购买光存储产品的关键参数之一，更快的平均寻道时间可以提供更高的数据传输速度。CD 光驱的平均寻道时间为 95 ms 左右，DVD 光驱的平均寻道时间稍长，在 100 ms 左右。

4．缓存容量

光驱缓存和硬盘缓存作用类似，都是在驱动器被高速访问时临时缓冲数据，协调数据传输速度，保证数据传输的稳定性和可靠性。光驱在读盘或写盘的过程中，不可避免地会发生传输的停顿，这种停顿需要依赖缓存弥补，否则会影响正常的传输。读盘时停顿且缓存太小，会让人感觉读盘不顺畅，影响操作体验，写盘时停顿且缓存不够的情况下则可能导致刻录失败。因此，缓存容量的大小对于光驱非常重要，刻录机一般采用较大容量的缓存容量，再配合防刻死技术，可以把刻坏盘的几率降到较低的水平。目前主流光驱缓存一般是 0.5 MB，刻录机基本可以达到 2 MB、4 MB，部分可以达到 8 MB 的标准，该值越大越好。

5．读写方式

读写方式指刻录机在刻录时所使用的读写方式，目前有 4 种：CLV、Z-CLV、CAV 和 P-CAV。其中低速刻录机一般使用 CLV（恒定线速度）方式。使用 Z-CLV（区域内等线速度）方式刻录会有断点产生，所以不适合刻录 CD 音乐光盘。

6．刻录方式和存储方式

目前，刻录机的写入方式主要有 TAO、DAO、SAO、MS 和 PW 几种。

① TAO（Track-At-Once）：是在一个刻录过程中逐个刻录所有轨道，轨道之间留有间隔，时间一般为 2～3 s。以 TAO 方式刻录时，可以选择是否关闭光盘，如果不关闭光盘，以后还可以继续在光盘未使用空间中追加数据，否则光盘不可再次写入。

② DAO（Disc-At-Once）：是在一个刻录过程中在一片光盘中刻入全部数据的方式，轨道之间无间隔，刻录完成后，即使光盘还有剩余空间也不能再进行追加刻录。

③ SAO（Session-At-Once）：是在一个刻录过程中只刻录一个区段，且关闭区段并保持光盘不关闭，以后还可以继续追加刻录下一区段。

④ MS（Multi-Session）：是多区段刻录方式。多用于数据光盘的刻录，方便多次刻盘。

⑤ PW（Packet Writing）：CD-RW 盘片的刻录方式，是增量包写方式，是以 64 KB 的数据

包为写入单位进行写操作，是 CD-RW 刻录类型所采取的唯一刻录方式。

7．接口

如图 1-8-3 所示，常用的内置光驱接口主要有 IDE 接口、SCSI 接口和 SATA 接口，其中 IDE 接口 CPU 占用率较高、速度慢，已面临淘汰；SCSI 接口占用 CPU 资源少、速度快，但是大多数主板都只提供 IDE 接口和 SATA 接口，并不具备 SCSI 接口，需要专门购买接口卡；目前大部分内置光驱都使用 SATA 2.0 接口，可以达到 300 MBit/s 的数据传输速度，且支持热插拔操作。

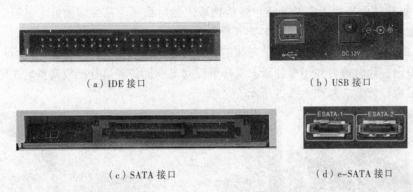

（a）IDE 接口　　　　　　　　　　（b）USB 接口

（c）SATA 接口　　　　　　　　　　（d）e-SATA 接口

图 1-8-3　光驱常见接口

常见外置光驱的接口主要是 USB 接口、IEEE 1394 接口。其中 USB 2.0 接口在计算机中应用普遍，理论上可以支持 480 Mbit/s 的数据传输速率，比较常见。也有部分内置光驱通过 e-SATA 光驱外接盒连接在计算机外部使用。e-SATA 接口速度为 3 Gbit/s，可大大提高光驱的访问能力。

8．纠错能力

光驱的纠错能力与光驱的伺服系统的控制能力、光驱的转速和激光头的功率都有直接关系。超强的纠错能力应该靠出色的软件纠错算法和中等大小的激光头功率来实现，某些光驱单纯通过增大激光头功率来实现对光盘的超强读取实际上对光驱的寿命会有较大影响。

9．CPU 占用率

CPU 占用率反映了光驱 BIOS 固件的设计水平，读写相同质量的光盘，好的产品在保证读盘速度的同时，通常能实现更小的 CPU 占用。

8.1.3　光驱的选购与安装

1．光驱的选购

随着大容量光盘价格走低，大容量光盘在我们的工作和生活中越来越普遍，目前市场上只能读 CD 的 CD-ROM 已经基本买不到了，常见的光驱主要有 DVD 刻录机、蓝光光驱和蓝光刻录机。

蓝光光驱、蓝光 COMBO 和蓝光刻录机是目前技术最先进的光驱，如果对高清影视有特别需要，建议现在至少应配备蓝光光驱或蓝光 COMBO，蓝光刻录机目前价格还比较高，应根据自己的需要进行选择。而 DVD 刻录机相对来说价格最便宜，适用面也广，装机量最大，建议选择。

选择光驱应从光驱的基本参数入手，从价格及性能上做合理的选择，避免浪费。尽量选择全钢机芯的光驱，质保越长越好。另外，选择光驱时，光驱的附加功能也应作为考虑的依据。例如，光驱是否有噪声控制和减振技术等。现在有些光驱支持光雕刻录，可以在光雕刻录盘的标识面上打印标识图案或文字，但是价格一般会比较昂贵。而外置光驱的外壳及整体的做工也是选择时要考虑的因素。

2. 光驱的安装

（1）固定光驱

① 取下机箱前面板用于安装光驱位置的挡板，然后将光驱从外向内推入机箱，大致使得光驱的前面板与机箱对齐平整，如图1-8-4所示。

② 光驱侧面左右两边一共有 8 个安装定位螺丝孔，安装时应首先在光驱的每一侧用两颗螺钉做初步固定，此时螺钉先不要拧紧，这样可以对光驱的位置进行细致调整。光驱位置调整好了以后再把螺钉拧紧，如图1-8-5所示。

将光驱由外向内推入机箱

图 1-8-4　将光驱装入机箱

图 1-8-5　固定光驱

（2）连接数据线和电源线

现在主流的光驱一般是 SATA 接口，其数据线是 L 型 7 针的防插反接头，接好光驱一端的接头后再插到主板的 SATA 插座即可。而连接电源线时，从机箱电源引出的 L 型 15 针盲插头中随便选择一个，并将其插入光驱的电源接口中即可。

 说明

　　电源接口和数据线接口都有方向性，不能任意方向插入。光驱的电源接口和数据线接口均设置有防止插错的设计，安装中请注意插头与插座的方向匹配。

8.2　移动硬盘

移动硬盘是一种可以提供大容量数据存储空间，具有较高性价比的移动存储设备。其主要的优点是方便携带、即插即用、支持热插拔、支持大容量、适合音频及视频文件的存储和交换等。

8.2.1　移动硬盘的结构

移动硬盘主要由硬盘、接口电路和外壳三大部分组成，如图1-8-6所示。移动硬盘实际上由计算机硬盘和移动硬盘盒组装而成。移动硬盘盒包括接口电路板和外壳两个部分。

1. 硬盘

硬盘作为数据存储的载体，决定了移动硬盘存储空间的大小，是移动硬盘中最重要的部分。

现有的计算机硬盘都可以用于组装移动硬盘，从尺寸上看，主要有 1.8 in、2.5 in 的笔记本硬盘和 3.5 in 的桌面计算机硬盘。其中用笔记本硬盘组装的移动硬盘体积小，便于携带，特别是 2.5 in 的笔记本硬盘由于应用普遍、价格相对较低的特点，成为移动硬盘的主流。3.5 in 的桌面计算机硬盘也可组装移动硬盘，但是因为体积、重量大，不方便携带，而且大部分情况下还要外接电源，所以实际使用起来会有些限制。

（a）2.5 in 移动硬盘　　　（b）移动硬盘盒　　　（c）2.5 in 硬盘　　　（d）附加电源盒数据线

图 1-8-6　2.5 in 移动硬盘

由于接口供电的限制，目前 2.5 in 品牌移动硬盘厂商大都提供的是 5 400 r/min 和 7 200 r/min 的硬盘产品，品牌以日立为主。3.5 in 移动硬盘一般采用 7 200 r/min 的硬盘。

2．接口电路

接口电路的主要功能是将计算机硬盘的 IDE 接口或 SATA 接口转换成串行接口，如 USB 接口、IEEE 接口或 ESATA 接口，实现数据线延长和即插即用的效果。接口电路的好坏决定了移动硬盘的性能，而接口电路的核心是接口芯片。以 USB 接口为例，大部分高端移动硬盘都使用 IN-SYSTEM ISD300 A1，中档的产品则以 ALI M5621 为代表，一般认为使用 GL811/GL811E 芯片的属于低档产品，目前市面上特别便宜的移动硬盘盒大多使用的是更加廉价的 sc8813 芯片。

除了接口芯片，移动硬盘所使用的 PCB 板的用料及做工也非常重要，现在市面上的移动硬盘接口电路板一般有两种，一种是面积较小的，俗称小板；另一种面积较大，一般能够覆盖整个硬盘的大小，俗称大板，如图 1-8-7 所示。大部分正规的品牌产品使用的都是大板。很多小板通常会省略用于电流干扰的电感及电容等元件，另外由于受限于电路板面积，走线无法做最大的优化，抗电磁干扰能力较差，使用中可能会出现移动硬盘连接不稳定、传输数据出错等问题，严重的会影响移动硬盘的使用寿命。

（a）小板　　　　　　　　　　　　　　（b）全尺寸大板

图 1-8-7　接口电路规格

目前，移动硬盘常见的接口包括 USB 接口、IEEE 1394 接口（火线）和 E-SAT-A 接口等，可以实现数据快速传输和交换。表 1-8-1 列出了 4 种接口的速度比较。

表 1-8-1　移动硬盘接口速率比较

接口名称	接口标准速度	移动硬盘读写速度（大致）
USB 2.0	最高 480 Mbit/s	平均 35 MB 左右
USB 3.0	最高 4.8 Gbit/s（理论值）	平均 80 MB 左右
IEEE 1394	最高 3.2 Gbit/s（S3200 标准）	平均 68 MB 左右
E-SATA	最高 3.6 Gbit/s（理论值）	平均 80 MB 左右

在这 4 种接口标准中，USB 2.0 是市场的主流，USB 3.0 接口与 E-SATA 接口本身速度很快，但是受限于硬盘本身的速度限制，所以实际速度相差不大。现在的主板一般都带 USB 3.0 接口，所以这种接口的移动硬盘也越来越普及。

 说　明

　　大部分移动硬盘都有通过数据线取电的功能，一般情况下不需要外接电源，但数据线接口所提供的电源带负载能力并不是很强，例如单个 USB 2.0 接口只能提供最大 500 mA 的电流。

图 1-8-8　带取电接口的数据线

为了保障移动硬盘正常工作，移动硬盘盒上都会提供一个外接电源接口。很多用于移动硬盘的 USB 数据线的电脑端接头都是双头的，如图 1-8-8 所示，可以通过两个 USB 口提供双倍的电流供移动硬盘使用。3.5 in 硬盘的供电要求较高，单纯的双头 USB 线无法给移动硬盘提供足够的电流，所以大部分 3.5 in 移动硬盘通常都要求配备额外的电源。

3．外壳

移动硬盘的外壳主要的功能是固定并保护硬盘，对移动硬盘外部碰撞提供缓冲，减少对内部硬盘的伤害。目前移动硬盘外壳的主要材质包括塑料和金属（如铝、铝镁合金）两种。塑料外壳价格低廉，但是散热性能比较差，机械强度不够，容易变形。金属外壳成本较高，但是散热性能好，机械强度高，美观。部分移动硬盘产品为了增加抗振性能，会在移动硬盘金属外壳上再加一层橡胶减震护套。

8.2.2　移动硬盘的选购和安装

1．移动硬盘的选购

目前，市面上移动硬盘大致有两类：一类是品牌移动硬盘；一类是通过购买硬盘和移动硬盘盒组装的移动硬盘，俗称 DIY 移动硬盘。

（1）品牌移动硬盘

目前有很多一线大厂都提供移动硬盘产品，如爱国者、联想、希捷、日立、三星等。这些厂家所提供的移动硬盘产品价格相对较高。相比 DIY 移动硬盘，品牌移动硬盘更加注重用户的数据安全，提供了多种数据安全设置功能，如果手上资金充裕，应当尽量选择实力雄厚、信誉优良的品牌。

（2）DIY 移动硬盘

相对于品牌移动硬盘，DIY 移动硬盘可以自行选择硬盘和移动硬盘盒的搭配方案，尤其是在硬盘盒的选购上会灵活很多。特别适合用户正好有一块闲置硬盘的情况。

DIY 用户在选择移动硬盘时，一定要注意硬盘的接口和移动硬盘盒的转接口必须匹配，否则将无法安装。例如,使用 SATA 接口的硬盘必须与使用 SATA 转接口的移动硬盘盒搭配。

对移动硬盘盒的选择,如果预算不是很紧张,建议购买大板 PCB 电路的硬盘盒。好的电路板表面应该光洁而且色泽均匀,元件之间的焊点整齐,焊脚干净,布线合理。现在在市面上有些低端大电路板硬盘盒的设计有些投机取巧,电路设计过于简化,实际上是把小电路板加长而已,并不能提升移动硬盘的性能,要警惕这类产品。另外,为了保障硬盘散热性能,金属外壳的移动硬盘盒应为首选。

不管是选择品牌移动硬盘还是 DIY 移动硬盘,主要应考虑以下几个因素。

① 容量。移动硬盘的容量取决于硬盘容量。通常大容量产品与小容量产品的差价一般都不大,用户应根据自身需要进行选择,并尽量选择容量较大的产品。DIY 用户可选择日立硬盘,兼容性较好。

② 接口。目前市面上的移动硬盘接口主要包括 USB 3.0、USB 2.0、IEEE 1394 和 E-SATA 接口,其中 USB3.0 接口最为普及。为了方便用户使用,很多品牌移动硬盘和 DIY 移动硬盘盒都提供多个接口组合,建议选择 USB 3.0+E-SATA 接口的产品。

③ 附加功能。许多移动硬盘产品或硬盘盒提供数据保护加密、自动备份、文件同步、防摔、防尘等功能,用户可以根据需要进行选择。

④ 附属配件。移动硬盘都会配有相应接口的数据线,建议选择具有屏蔽功能的数据线,可以减少信号传输过程中的信号干扰,在一定程度上加快数据传输的速度,减少数据传输出错几率。另外部分移动硬盘产品可能会配有皮套、支撑底座和软件光盘等,购买时一定要认真查对。

2. 移动硬盘的安装

如果购买的是品牌移动硬盘,则可以将移动硬盘通过 USB 接口与 PC 连接,直接使用。如果选择购买了移动硬盘盒和笔记本硬盘,则需要自己组装。移动硬盘的组装比较简单,下面以 2.5 in、内部使用 SATA 插槽的移动硬盘的组装为例,基本步骤如下。

① 打开移动硬盘盒螺钉或卡扣,揭开盒盖后可以看到移动硬盘的内部电路板和用于连接硬盘的 SATA 插槽,如图 1-8-9 所示。

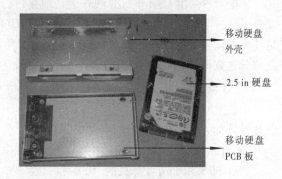

移动硬盘外壳

2.5 in 硬盘

移动硬盘 PCB 板

图 1-8-9 未安装硬盘时移动硬盘盒内部

② 将硬盘放入移动硬盘盒内,注意硬盘的 SATA 接口应与移动硬盘盒 SATA 插槽相对,并注意将硬盘有标签的一面朝上,如图 1-8-10 所示。

③ 按照图 1-8-11 所示方向将硬盘接口完全插入 SATA 插槽中,然后重新安装移动硬盘盒外壳和固定螺钉,至此移动硬盘盒组装完成。

SATA 插槽

图 1-8-10 放置硬盘到移动硬盘盒

图 1-8-11 将硬盘插入插槽

由于移动硬盘盒产品种类繁多，外形差别也比较大，拆装过程可能会不一样，但是基本步骤是相同的，组装的关键是将硬盘插入相应的插槽中。

8.3 U 盘

U 盘也称 USB 闪存盘，是使用闪存（Flash Memory）作为存储介质的半导体存储器。闪存盘与使用磁介质的硬盘一样，同样具有掉电后数据不会丢失的特点。虽然闪存盘存储容量通常比移动硬盘小，但因为体型小巧，方便携带，不含机械设备，耐摔防振，而且随着闪存颗粒价格的不断走低，闪存盘容量越来越大，而价格也越来越便宜，深得用户喜爱，已成为移动存储的主流设备。U 盘如图 1-8-12 所示。

图 1-8-12 U 盘

U 盘一般采用 USB 串行总线作为传输接口，具有总线取电，不需要额外连接电源的特点，安全可靠，可重复擦写 100 万次，数据可保存 10 年。由于闪存使用半导体存储器作为存储介质，是纯电子设备，所以相比硬盘抗振性能更好，防潮、耐高低温、耐击打。另外，U 盘还具有整盘或分区数据加密等功能。

1. U 盘的结构

U 盘主要由 USB 插头、主控芯片、闪存芯片等其他元件组成，如图 1-8-13 所示。

（1）USB 插头

USB 插头用于与计算机的 USB 接口连接，计算机配备的 USB 接口都是 TYPE A 接口，所以市面上大部分 U 盘都使用 TYPE A 接口。部分 U 盘为了强调便携性，使用的是

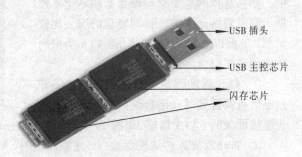

图 1-8-13 U 盘内部结构

MINI USB 接口，这种接头的 U 盘无法直接与计算机连接，需要使用相应转接头或转接线，使用起来较麻烦。

（2）主控芯片

U 盘的接口标准由主控芯片决定。优质的主控芯片不光可以提高数据的快速读取能力，还能保障数据读取的稳定性以及数据的安全。U 盘的接口标准主要包括 USB 1.0（低速）、USB 1.1（全速）和 USB 2.0（高速）、USB 3.0 四种，如图 1-8-14 所示。目前低速和全速规格的 U 盘已经非常少见，在 U 盘容量不断扩充的今天，不建议选择这两种规格的产品，建议直接选择 USB 3.0 接口的 U 盘。生产 USB 3.0 接口标准主控芯片的厂家主要有 Ali、Phison、u-Pan、Animeta、OTi、Prolific、VIA 等。

USB 1.1   USB 2.0   USB 3.0

图 1-8-14　USB 接口规格

（3）闪存

闪存是 U 盘的存储介质，闪存容量大小决定了 U 盘容量，同时闪存的质量对数据安全性的影响也很大。目前闪存芯片的主要供货商有韩国三星、现代，美国的镁光和 Intel，日本的东芝及 st 意法等，这些公司提供的闪存芯片价格都比较透明，所以一般来说同等容量的 U 盘如果使用相同品牌、相同品质的闪存芯片，它们的价格差异则不会太大。

另外，正规的 U 盘厂商一般会选择 A 级闪存作为存储介质，而价格低于常规的 U 盘为了控制成本，往往使用 B 级或 C 级闪存作为存储介质，这些闪存对数据的安全性影响较大，不建议选择。

2．U 盘的主要性能指标

U 盘的主要性能包括容量、接口标准、数据传输速率和其他附加功能等。

（1）容量

U 盘的容量取决于闪存容量。目前已经出现了容量为 256 GB 的 U 盘产品，但是价格较为昂贵，通常 U 盘只作为数据暂存和转移使用，所以没有必要使用太大容量的产品，况且目前的主流 U 盘容量已达到 GB 级别，完全可以满足一般用户的需要。

（2）接口标准

U 盘与计算机的接口通过 USB 接口实现，目前常用的 USB 接口标准主要是 USB 1.0、USB 1.1、USB 2.0 和 USB 3.0 四种。其中 USB 2.0 是主流，绝大部分计算机都支持该接口标准。USB 3.0 相对以前版本的 USB 接口速度有较大的提升，建议购买这种接口的 U 盘。

（3）数据传输速率

U 盘的数据传输速率通常用数据读取速度和数据写入速度来衡量，取决于 USB 接口性能和闪存存取性能。支持 USB 2.0 接口的 U 盘都支持高速数据写入和读取，目前大部分 U 盘可达到 30 MB/s 的读取速率和 10 MB/s 左右的写入速率。较高的写入和读取速率有助于快速复制或转移数据，特别是在当前 U 盘容量越来越大的今天，数据传输速率更加重要，数据传输速率是 U 盘的一个非常重要的参数。

（4）附加功能

U 盘最基本的功能是实现数据的存储，然而 U 盘发展到今天其功能越来越多，选择具有附加实用功能的 U 盘可以为我们使用计算机提供便利。例如，一些 U 盘可提供多达 256 位硬件 AES 密码保护功能，具有多次输入错误密码自动格式化功能，非常适合商业使用，当然价格也很昂贵，一些 U 盘具有防水功能，可以避免 U 盘在潮湿环境下的物理损坏。

3．U 盘的选购技巧

U 盘的选购方法和技巧与移动硬盘相似，主要以容量、接口、附加功能和价格作为依据进行选择。具有硬件密码保护功能的 U 盘一般价格较贵，如果对数据的安全性没有太高要求，则没有必要购买这类安全 U 盘；如果 U 盘主要用来转移电影或大容量的文件，则在价格相差不大的情况下，最好选择容量较大、读取速度较快的产品。值得注意的是，目前市面上的一些杂牌U盘或假冒品牌的U盘存在容量虚标的情况，如512 MB的U盘虚标为1 GB销售，建议选择时最好能够当场试用，以防被骗。

8.4 存 储 卡

存储卡主要用在移动消费类数码产品中，如PDA、手机、数码照相机、数码摄像机、MP3、录音笔等，用来记录视频、图像、声音等数字信息。存储卡具有体积小巧、携带方便、使用简单的优点。随着数码产品的普及，存储卡的使用量也在不断增加。

1. 存储卡的分类

存储卡种类较多，目前常见的存储卡包括CF卡、MMC卡、SD卡、TF（micro-SD）卡、XD卡和记忆棒等。

（1）CF卡

CF（Compact Flash）卡是目前市场上历史最悠久的存储卡之一，它的优点是存储容量大、接口速度快、成本低、兼容性好，缺点是体积相对较大，外观如图1-8-15所示。它是由美国SanDisk、日立、东芝、德国Ingentix、松下等5C联盟在1994年率先推出的，已经拥有佳能、LG、爱普生、卡西欧、美能达、尼康、柯达、NEC、Polaroid、松下、Psion、HP等众多的OEM用户和合作伙伴，厂商根基十分牢固。

图1-8-15　CF卡

CF卡具有PCMCIA-ATA功能，并与之兼容，广泛用于PDA、笔记本式计算机、数码照相机和包括台式机在内的各种设备中。目前可以看到64 GB容量的产品。CF卡体积为43 mm×36 mm×3.3 mm，是现有存储卡类型中体积最大的一种。

数码照相机采用的CF存储卡中，存取速度一般有两种标识方法，一种是直接标识，一种是用倍数标识。直接标识比较简单，如直接标识为30 MB/s，表示该卡的最大读取速度为30 MB。倍数的标志为X，倍数值越大，读写速度越快，其中1X表示150 KB/s。例如，4 X（600 KB/s）、8 X（1.2 MB/s），现在可以买到350 X的CF卡。低端数码照相机由于设备本身速度的局限，没有必要追求过高的存取速度，建议高端数码照相机用户可以考虑选择高速的CF存储卡，以加快存取速度，保证拍摄的效果，例如单反相机用户。

微型硬盘采用的是CF-II接口标准。与CF卡不同，微型硬盘是一种机械式存储设备，由于存在机械转动部件，所以通常其耗电量都比较大，并且对物理振动和温度的变化更加敏感，不过微型硬盘的容量一般都比较大，具有较好的性价比。

（2）MMC卡

MMC（MultiMedia Card）卡的尺寸为32 mm×24 mm×1.4 mm，如图1-8-16所示，采用7针的接口，没有读写保护开关。主要应用于数码照相机、部分手机和一些PDA产品上。MMC

卡在兼容性上没有 SD 卡好，数据传输速度受到硬件的限制，不适合做高速数据传输，有被 SD 卡取代的趋势。

MMC Plus 标准是该类型存储卡的最新标准，相比标准 MMC 卡，接口速度提升了一倍，可以实现更高的传输速度，但是支持 MMC Plus 的数码产品并不多见。

图 1-8-16　MMC 卡

（3）SD 卡

SD（Secure Digital）卡中文翻译为安全数码卡，SD 卡的技术是在 MMC 卡的基础上发展而来的，它被广泛用于便携式装置上，例如数码照相机、个人数码助理和多媒体播放器等，是目前用得最多的闪存卡。SD 卡由日本松下、东芝及美国 SanDisk 公司于 1999 年 8 月共同开发研制。大小犹如一张邮票的 SD 记忆卡，重量只有 2 g，但却拥有高记忆容量、快速数据传输率、极大的移动灵活性以及很好的安全性。

传统的 SD 1.1 版存储卡最高容量只有 4 GB，SD 联合协会在 2006 年 5 月宣布了 SD 2.0，即 SDHC（High Capacity）标准。目前标准 SDHC 卡常见的速度级别及主要应用如表 1-8-2 所示。

表 1-8-2　SDHC 卡速度级别对应表

类　型	应　用　场　合
Class 2 及以下	可以观看普通 MPEG4、MPEG2 格式电影及 SDTV、数码摄像机拍摄
Class 4	可以流畅播放高清电视（HDTV），适用于数码照相机，可实现数码照相机连拍等需求
Class 6 及以上	用于专业数码设备，如单反照相机

SD 卡外观如图 1-8-17 所示，大部分 SD 卡侧面有一个拨动开关，用于覆写保护。当覆写保护开关拨下时，SD 卡将受到覆写保护，存储卡内部的资料只能读取不能改写。

Class 4 SD 卡（正面）　　　　　Class 6 SD 卡（正面）　　　　　SD 卡（背面）

图 1-8-17　SD 卡

（4）TF 卡

TF（T-Flash）卡或称为 Micro SD，外观如图 1-8-18 所示，只有指甲般大小，现在很多手机上都在使用这种存储卡。由于体积小巧，存储容量大，在许多小型数码产品上得到了广泛应用，并得到了用户的喜爱。TF 卡的体积比标准 SD 卡要小很多，通过使用 SD 转接器转换后也可以当作一般 SD 卡使用，实现这种转换的 SD 转接卡外观如图 1-8-19 所示。

（5）XD 卡

XD（XD Picture Card）卡是专为存储数码照片开发的一种存储卡，多用在奥林巴斯和富士相机中。XD 卡具有超大的存储容量和优秀的兼容性，能配合各式读卡器，可以方便地与个人计算机连接。但是通常价格较高，市场上兼容设备较少。XD 卡的外观如图 1-8-20 所示。

容量为 16 GB 的 TF 卡

容量为 4 GB 的 TF 卡

图 1-8-18　TF 卡

图 1-8-19　SD 转接卡

（6）记忆棒

记忆棒（Memory Stick）由日本索尼（SONY）公司最先研发出来的移动存储媒体，又称 MS 卡，产品系列包括 Memory Stick Pro（允许更佳的最大存储容量和更快的传输速度）、Memory Stick Duo（Memory Stick 的小型格式版本，包

图 1-8-20　XD 卡

括 Pro Duo）和比 Duo 更小的 Memory Stick Micro （M2）。记忆棒主要用在 SONY 的数码产品中，如 PMP、PSX 系列游戏机、数码照相机、数码摄像机、笔记本以及索爱的手机等，用于存储数据，外观如图 1-8-21 所示。

图 1-8-21　记忆棒

2. 读卡器

由于数码设备普遍使用存储卡作为数据存储媒介，为了便于计算机与存储卡交换数据，市场上出现了被称之为读卡器的设备，该设备的主要功能是用于读写各种存储卡，其外观如图 1-8-22 所示。

SD 卡读卡器　　　　　　　多合一读卡器　　　　　　　多合一读卡器

图 1-8-22　读卡器

现在主流的读卡器普遍采用 USB 接口与计算机连接，可对各种存储卡设备提供数据读取支持。另外，笔记本式计算机一般都配置有读卡插槽，可以方便地与存储卡连接。

由于读卡器普遍使用 USB 接口，所以连接在读卡器上的各种存储卡均支持热插拔操作，但是在读卡器对存储卡做读写操作时，千万不要拔出存储卡，以免数据写入不完全，导致数据丢失或损坏。

大部分读卡器均使用延长线实现与 PC 连接，应尽量选择使用带有屏蔽线的产品，并尽量使用主机箱后面的 USB 插孔连接。

3．存储卡的选购

目前市面上的存储卡种类较多，而且很多存储卡相互之间并不兼容，用户应根据所购买的数码设备及实际使用需求选配存储卡。以目前应用非常普遍的 SD 卡为例，既可以用于 MP3、MP4 和高清播放器，也可以用于各种档次的数码照相机。如果不需要观看高清电影，只是一般性的应用，完全可以选择级数低、价格较为便宜的 SD 卡。应用于数码照相机时，非专业的数码照相机使用高级数的 SD 卡（如 Class6 或 Class10 的存储卡）实际上也发挥不了性能。

尽量选择知名品牌的产品，如 SanDisk、金士顿等。杂牌产品价格虽然很便宜，但一般工作不稳定，而且寿命较低，购买时还要注意确认质保时间，最好能带上设备，当场试用。在购买数码设备时，也应该尽量选择支持普及型存储卡的设备。有些存储卡由于本身性能的限制或由于技术得不到厂家普遍的认同，可能会慢慢被市场淘汰，如果选择使用这类存储卡的产品，今后在使用过程中，各种配件可选的余地会比较小。

小　结

计算机常用的外部存储器除硬盘外，还包括光驱、移动硬盘、U 盘和各种类型的存储卡等。它们普遍具有数据可长久保存、便于携带、容量大且兼容性好等特点。了解这些外部存储设备的特点和使用场合对于用户使用计算机具有非常重要的意义。

光驱及其使用的光盘是市面上使用最为普遍的一种外部存储器，主要用于实现音、视频和应用软件传播和销售，目前光驱在计算机中已成为标准的配置之一。移动硬盘是一种可以提供大容量数据存储空间，具有较高性价比的移动存储设备。目前市场上的移动硬盘产品主要包括品牌移动硬盘和 DIY 移动硬盘两种类型。与移动硬盘相比，U 盘具有体积更小，携带更为方便，而且由于没有机械部件，所以耐摔防振，安全性更高。存储卡主要用在各种移动消费类数码产品中，用来记录视频、图像声音等数字信息，这些信息最终都可以通过读卡器转移到计算机中实现编辑或保存。

这些外部存储器的选购应该从容量、接口、读写速度和附加功能等方面入手，根据自己的需要和应用的场合选择合适的产品。

随着技术的不断更新，新技术、新介质的不断应用，各种外部存储器不断朝着容量更大、体积更小、速度更快、性能更可靠、价格更便宜的方向发展。

练 习 题

一、填空题

1．索尼数码照相机使用最多的存储卡是_____。

2．光驱的数据传输速率一般用倍速表示，CD-ROM 的基准倍速是_____。

3．要将 TF 卡插在使用 SD 卡插槽的数码设备上，必须使用_____。

4. 目前 USB 的接口标准主要有_____、_____、_____、_____ 4 种。

5. 要想自己组装移动硬盘，需要购买的两个设备是_____和_____。

二、选择题

1. 目前内置光驱的主流接口是（　　）。

    A．IDE　　　　　　B．SCSI　　　　　　C．SATA　　　　　D．AGP

2. 光驱的性能指标中，值越小性能越好的是（　　）。

    A．寻道时间　　　　B．缓存容量　　　　C．速度　　　　　D．数据传输速率

3. 移动硬盘不可能使用的接口是（　　）。

    A．E-SATA　　　　B．USB　　　　　C．IEEE 1394　　　D．COM

4. 在手机中广泛使用的存储卡是（　　）。

    A．CF 卡　　　　　B．MMC 卡　　　　C．记忆棒　　　　D．TF 卡

5. 下列所列接口中，速度最慢的是（　　）。

    A．USB 2.0　　　　B．USB 3.0　　　　C．E-SATA　　　　D．IEEE 1394（S3200）

三、判断题

1. 移动硬盘只能使用 2.5 in 的笔记本式计算机硬盘组装。（　　）

2. 移动硬盘在使用时必须连接外置电源，否则无法启动。（　　）

3. 现有的存储卡中，CF 卡的体积最小，所以在单反相机中使用较为广泛。（　　）

4. U 盘的特性之一是写入速度一般都比读出速度快。（　　）

5. 闪存容量决定了 U 盘的容量。（　　）

四、简答题

1. USB 闪存盘由哪几部分组成？

2. 使用 USB 闪存盘时应注意哪些问题？

3. 移动硬盘与 PC 的接口主要有哪些？最常用的接口是什么接口？

4. 52 X 的 CD ROM 和 24 X 的 DVD ROM，哪一个速度更快，为什么？

第 9 章
声卡和音箱

声卡和音箱是多媒体技术中最基本的组成部分，计算机要能够"发声"就必须配置声卡，要实现多人共享音乐或将声音辐射到较为广阔的空间，就必须配置音箱。本章主要介绍声卡和音箱的结构、分类、参数和相关的接口标准等知识。

声卡和音箱能够让计算机发出美妙的声音，其中声卡还可以实现音乐创作、声音录制、编辑等各种应用。多媒体计算机要获得较好的声音效果，必须合理地选择并搭配好声卡和音箱。

声卡（Sound Card）也叫音频卡，是多媒体技术中最基本的组成部分，是实现声音与数字信号相互转换的一种硬件。声卡的基本功能包括将数字声音信号转换成模拟信号，并驱动耳机、音箱、扩音机、录音机等声响设备，或将模拟声音信号转换为数字信号并传输到计算机，或通过音乐设备数字接口（MIDI）使乐器发声。

音箱是整个音响系统的终端，其作用是把音频电信号转换成相应的声波振动，并把它辐射到空间中去。音箱的品质对最终听到的声音效果影响非常大，是音响系统中非常重要的组成部分。

9.1 声　卡

目前，大多主流的计算机主板都已集成有 8 声道声卡，但有时为了获得更高的性能，或出于特殊需要，就需要选购独立声卡。独立声卡的外观如图 1-9-1 所示。

（a）PCI-E 声卡　　　　　　　　　　　　　（b）USB 声卡

图 1-9-1　独立声卡

9.1.1　声卡的分类和结构

1. 声卡的分类

声卡是构成多媒体设备的主要设备，是 PC 中必不可少的配件之一。声卡有以下多种不同划分方式。

① 按声卡是否为单独一块扩展卡可分为扩展卡型声卡（独立声卡）和板载（集成）声卡，其中板载声卡即集成在主板上的声卡。板载声卡又分为板载硬声卡和板载软声卡，板载硬声卡通过主板上的声音专用 DSP 芯片处理声音信号，而板载软声卡则需要 CPU 参与，系统资源占用比较高。目前，由于板载硬声卡成本越来越低，板载软声卡已逐步被淘汰。

② 按声卡的安装位置可分为安装在机箱内部的内置声卡和安装在机箱外部的外置声卡。

③ 按声卡与主板的总线接口方式可分为 ISA 声卡、PCI 声卡、PCI-E 声卡和 USB 声卡，其中 ISA 声卡已淘汰，内置声卡主要使用 PCI 接口和 PCI-E 接口实现，外置声卡主要用 USB 接口实现。

④ 按声卡采样频率位数可分为 8 位声卡、准 16 位声卡、真 16 位声卡、24 位声卡等。

⑤ 按声卡声道数量可分为单声道声卡、立体声声卡、5.1 声道声卡和 7.1 声道声卡等。

2．声卡的结构

（1）声音处理芯片

声音处理芯片很大程度上决定了声卡的性能和档次，其基本功能包括对声波采样和回放的控制、处理 MIDI 指令等，个别厂家在其中加入了混响、合声、音场调整等功能。

部分声卡上的声音处理芯片可能是由 3～6 块 IC 构成的芯片组。AC'97 规范为了保证声卡的信噪比（SNR）能够达到 80 dB（分贝）以上，要求声卡上的 ADC、DAC 处理芯片与数字音效芯片分离，因此，高档声卡上的芯片一般不止一块。

世界上主要的声音处理芯片有 SB、ESS、OPTI、AD、YMF、ALS、ES、S3、AU 等。

（2）功率放大芯片

由声音处理芯片处理后的声音信号非常微弱，无法直接推动扬声器发声，部分声卡主要通过功率放大模块实现声音信号的放大，但由于声卡特别是独立声卡安装在计算机主机中，电磁环境非常复杂，集成的功放在放大声音信号的同时也会放大噪声信号，所以这种类型的声卡音质很难提高，已很少见到。目前，绝大部分声卡都是通过提供 Line Out 端口与外部功放或有源音箱进行连接，实现声音信号的放大功能。

（3）总线接口

声卡与计算机主板连接的接口称为总线接口，它是声卡与计算机互相交换信息的"桥梁"。

（4）输入/输出端口

声卡具有录音和放音功能，所以与声音输入设备和声音输出设备之间具有相应的接口。

（5）MIDI 及游戏摇杆接口

几乎所有的声卡上均带有一个游戏杆接口来配合模拟飞行、模拟驾驶等游戏软件，这个接口与 MIDI 乐器接口共用一个 15 针的 D 型连接器（高档声卡的 MIDI 接口可能还有其他形式）。该接口可以配接游戏摇杆、模拟方向盘，也可以连接电子乐器上的 MIDI 接口，实现 MIDI 音乐信号的直接传输。

（6）CD 音频连接器

位于声卡的中上部，通常是 3 针或 4 针的小插座，与 CD-ROM 的相应端口连接实现 CD 音频信号的直接播放。不同 CD-ROM 上的音频连接器也不一样，因此大多数声卡都有两个以上的这种连接器。

9.1.2　声卡的主要参数

声卡的主要性能参数有采样频率、采样位数、声道数目、信噪比等。

1．采样频率

所有模拟的物理量包括声音信号，都必须转换成数字信号后才能保存到计算机中，采样频率是指录音设备在一秒钟内对模拟声音信号的转换次数，即采样次数。模拟量在转换成数字量的过程中是有损失的，采样频率越高损失越小，声音的还原就越真实自然。现在声卡采样频率一般有 22.05 kHz、44.1 kHz、48 kHz 和 96 kHz 几个等级，其中 22.05 kHz 是 FM 广播的声音品质，44.1 kHz 则是理论上的 CD 音质界限，而 48 kHz 则更加精确一些。现在有许多声卡可以实现 96 kHz 的录音品质。

2．采样位数

采样位数用来描述模拟声音信号转换为数字信号后的幅度精度。例如，8 位声卡可以将声音幅度划分为 256 个幅度值，16 位声卡可以将声音幅度划分为 65 536 个幅度值。可见，采样位数越高，声音就越细腻。目前，部分声卡可实现 24 位采样位数。

3．声道数目

声道数目就是声卡处理声音的通道数目。从最初的单声道开始，现在已经发展到立体声、5.1 声道、7.1 声道等。

单声道是早期声卡普遍采用的形式，由于声音缺乏位置感，目前已经很少采用。

立体声即采用两个独立的声道录制声音，并通过两路单独的放大器放大后回放的声音效果，即双声道。双声道能很好地实现声音的二维空间定位效果，临场感受好。立体声声卡已经非常普及了，双声道声卡特别适用于欣赏音乐。

尽管双声道立体声的音质和声场效果大大好于单声道，但在家庭影院应用方面，它的局限性还是非常明显的，因为家庭影院应用要求实现的是三维空间定位，在这种应用中，需要使用多声道技术。目前常见的多声道技术包括 5.1 声道和 6.1 声道。

5.1 声道即 Dolby Digital 环绕声系统，由 5 个全频域声道和 1 个超低音声道组成，5 个声道分别是左前、右前、前中置、左环绕和右环绕。超低音声道主要负责传送低音信息（＜120 Hz），其目的是为了补充其他声道的低音内容，使一些包含爆炸、撞击等低音场景的声效更好。这 6 个声道的信息在制作和还原过程中全部数字化，信息损失很少，全频段细节非常丰富。

1998 年 10 月，杜比实验室在美国亚特兰大举行的 Show East Film Exhibition 上宣布推出 Dolby Surround EX 系统，这是一种在 Dolby Digital 系统上进行扩充的系统，由原来的 5.1 声道升级为 6.1 声道，即在原有的 5 个主声道的基础上，又增加了 1 个独立的 Back Surround 声道（后环绕或称后中置），从而使后部声场的连贯性和声音的绵密度大大增强，有效地改善了原来的后部声场声音中空的缺陷。而市场上常见的 7.1 声道其实是将原有 6.1 声道的一只后环绕扬声器替换为一对后环绕扬声器实现的。杜比标识如图 1-9-2 所示。

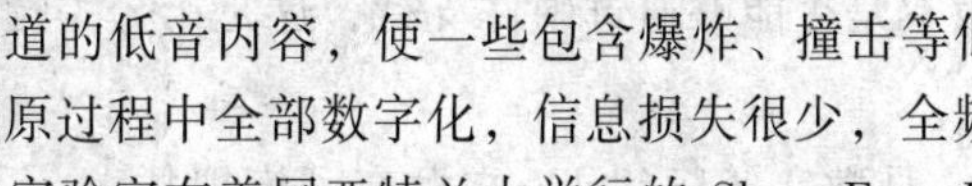

（a）杜比数字　　　　　　　　（b）杜比数字环绕

图 1-9-2　杜比标识

4. 信噪比

信噪比是声卡的一项非常重要的参数，是指声卡输出的有效信号电压与同时输出的噪声电压的比值，用 dB（分贝）标识。电子设备包括声卡不可避免地会产生各种噪声，声卡的信噪比越高表明它产生的杂音越少。一般来说，信噪比越大，说明混在信号中的噪声越小，声音回放的音质量越高，否则相反。信噪比一般不应该低于 70 dB，部分声卡的信噪比可以达到 116 dB。

5. 3D 音频中主要的 API

（1）Direct Sound 3D

Direct Sound 3D（DS3D）源自于 Microsoft DirectX 的老牌音频 API。它的作用在于通过 CPU 及一定的算法实现 3D 空间中的声音定位和声响，使得早期的声卡获得 3D 特效支持的能力。由于该 API 的实现是通过 CPU 运算实现的，非常耗费 CPU 资源，所以现在的声卡一般都具备"硬件支持 DS3D"的能力。

（2）A3D

A3D 是一项 3D 音效技术，由美国 Aureal 公司开发。A3D 的最大特点是能以精确定位的 3D 音效增加新一代游戏软件交互的真实感，也就是通常所说的 3D 定位技术，而且该效果只需要两个音箱就可以实现。目前 A3D 共有 1.0、2.0 和 3.0 这 3 个版本。其中 1.0 版特别强调在立体声硬件下就可以得到真实的声场模拟；2.0 版在 1.0 版的基础上加入了声波追踪技术，进一步加强了性能；3.0 版则增加了对多通道杜比数码重播的支持及其他高级声音特性的支持。由于 A3D 技术在 3D 定位及交互声音处理方面具有优势，加之支持 DS3D 硬件加速，所以许多游戏开发商都选择基于 A3D 进行 3D 游戏开发，但是由于硬件成本相对较高，所以有部分 PCI 声卡不支持。

（3）EAX

EAX（Environmental Audio Extension，环境音效扩展）是创新公司在推出 SB Live 声卡时所推出的 API 标准，主要是针对一些特定环境，如音乐厅、走廊、房间、洞窟等，做成声音效果器，当计算机需要特殊音效时，可以透过 DirectX 和驱动程序让声卡处理，可以展现出声音在不同环境下的反应，并且通过多件式音箱的方式，达到立体的声音效果。在定位能力方面，EAX 与 A3D 相比还有一定的差距.

目前，A3D 和 EAX 是 API 中的两大流派，在购买时，一定要清楚地了解选择的声卡具体支持哪些音效、所支持的版本是否能够通过硬件支持，这是十分关键的。

6. 杜比数字 AC-3

AC（Audio Coding）指的是数字音频编码，它抛弃了模拟技术，采用的是全新的数字技术，其正式英文名为 Dolby Digital，是由著名的美国杜比实验室（Dolby Laboratories）提出的一个标准。

杜比数字 AC-3 提供的环绕声系统由 5 个全频域声道加 1 个超低音声道组成，所以被称为 5.1 个声道。5 个声道包括前置的"左声道""中置声道""右声道"、后置的"左环绕声道"和"右环绕声道"。这些声道的频率范围均为全频域响应 3～20 000 Hz。第 6 个声道频率响应为 3～120 Hz，所以称".1"声道，也就是超低音声道，该声道包含了一些额外的低音信息，使得一些场景如爆炸、撞击声等的效果更好。

目前 AC-3 的实现主要通过两种方式：硬件解码和软件解码。其中硬件解码由声卡中的硬件解码器将声道分离并输出，软件解码则是通过播放软件（如 WinDVD、PowerDVD 等）来实现解码，当然，从效果上来看，这种方式并不是很好，而且会占用部分 CPU 资源。

9.1.3　声卡的接口

1．模拟输入/输出接口

① 线性输入（Line in）：用于将其他音频设备输出的模拟音频信号输入到计算机中，如可以使用该接口将磁带中的音频转录到计算机中。

② 线性输出（Line out）：向其他设备输出模拟音频信号，可以连接 2.1 声道音箱或直接连接耳机。

③ 麦克风输入（Mic in）：用于连接麦克风，接收麦克风输出的模拟信号。

模拟线性输入/输出接口大部分都是 3.5 mm 接口（小三芯接口），当然也有部分是 RCA 接口（莲花座接口），如图 1-9-3 所示。

（a）小三芯接口　　　　　　　（b）小三芯插头　　　　　　（c）RCA 模拟接口

图 1-9-3　线性输入/输出接口

2．S/PDIF 数字输入/输出接口

S/PDIF（Sony/Philips Digital InterFace，索尼和飞利浦数字接口）是由 SONY 公司与 Philips 公司联合制定的一种数字音频输出接口。利用该接口和解码器（或带解码器的音箱）可以极大地改善 PC 播放 CD 音频的能力。

目前声卡上常见的 S/PDIF 接口有 RCA 数字同轴、光纤（TOSLINK）、BNC 专业同轴几种。由于计算机内部的电磁环境非常复杂，如果采用模拟信号输入/输出会引入大量的干扰信号，而使用数字输入/输出方式可以避免模拟连接所带来的额外信号，减少噪声，并且可以减少模数、数模转换和电压不稳引起的信号损失，如图 1-9-4 所示。

（a）S/PDIF 同轴　　　　　　（b）S/PDIF 光纤接口　　　　（c）RCA 接头和 BNC 接头

图 1-9-4　声卡接口和接头

3．总线接口

声卡所使用的总线接口包括 ISA、PCI、PCI-E 和 USB 接口，由于声卡所需的总线带宽并不高，所以总线接口并不影响声卡性能。通常建议选择目前主流的接口形式，如内置声卡一般使用 PCI 和 PCI-E 接口，外置声卡一般使用 USB 接口。

4．其他接口

① 6.35 mm 接口（大三芯接口）：主要用于专业设备中，适合频繁拔插的场合使用，理论上其抗干扰性优于 3.5 mm 接口。

② 1/4 TRS 平衡接口：具有较高的信噪比，抗干扰能力强。一般在专业级声卡中才会配备。

③ XLR 非平衡/平衡接口（卡农口）：专业领域中使用的接口，它的特点是耐磨损，接触较好，且支持平衡输入/输出方式。

④ MIDI 乐器数字接口：专用于乐器的数字接口，一般在专业级声卡中才会配备。

其他声卡接口示意图如图 1-9-5 所示。

（a）5 针 MIDI 乐器数字接口

（b）卡农口

（c）大三芯

（d）TRS 平衡接口

图 1-9-5　其他声卡接口

9.1.4　声卡的选购和安装

1．声卡的选购

目前集成声卡已成为所有主板的标准配置，而且大多数集成声卡都达到了 8 声道标准，对于用户的一般应用需求已经完全足够满足，如果用户对声音有较高要求，则应该选择一款中高端独立声卡。声卡的档次一般由声音芯片决定，在选择时应考虑该声卡驱动程序对最新的操作系统的支持，总线接口方面可以考虑选择 PCI-E 接口，毕竟这是目前的主流插槽。

不同声卡有不同的音色及声场表现，应该根据自己的需要进行选择。如果要使用声卡欣赏音乐，最好选择立体声声卡，再配一款 2.0 音箱。如果主要用来玩游戏或看电影，最好选择多声道声卡，配合带有低音炮的音箱可以获得较好的 3D 效果。

2．声卡的安装

目前，主流内置声卡主要有两种接口，一种是 PCI 接口，另一种是 PCI-E 接口，下面以 PCI 接口声卡为例来讲解声卡的安装，安装过程如下。

① 关闭主机电源，打开机箱。为了尽量减少其他扩展卡对声卡的影响，在主板上选择一个离其他扩展卡较远位置的 PCI 插槽，去除机箱后与该插槽对应的铁皮挡板。

② 将声卡插入主板 PCI 插槽中，如图 1-9-6 所示，在插入的过程中，要把声卡以垂直于主板的方向插入 PCI 插槽中，用力适中并要插到底部，保证声卡金手指与插槽的良好接触。

③ 声卡插入插槽中后，用螺丝将声卡接口面板固定到机箱上，如图 1-9-7 所示。固定声卡前，要注意将声卡下端插入主机箱对应的方形固定孔中，否则将无法插到位。螺钉固定过程中应注意观察声卡和主板的状态，避免引起主板或声卡变形。

将声卡垂直插入 PCI 插槽

固定接口面板上的螺丝

图 1-9-6 去除机箱后面 PCI 插槽处的铁皮挡板   图 1-9-7 将声卡插入主板 PCI 插槽中

9.2 音 箱

音箱是整个音响系统的终端，它是音响系统中非常重要的组成部分，音箱的性能高低和档次对一个音响系统的放音质量起关键作用。

9.2.1 音箱的分类

计算机系统使用的音箱类型很多，较为常见的分类有如下几种。

① 按音箱是否需要连接电源可分为有源音箱和无源音箱。其中有源音箱中一般都设置有功率放大器，而无源音箱则需要专门配置功率放大器才可以使用。

② 按音箱的体积分为书架式音箱和落地式音箱。其中书架式音箱一般体积较小，可以放置在桌面上。落地式音箱体积一般都比较大，外观如图 1-9-8（a）所示。

③ 按声道数量可分为 2.0 音箱和 X.1 音箱。其中 2.0 音箱有两个音箱箱体，如图 1-9-8（b）所示。X.1 音箱形式较多，目前常见的有 2.1、5.1 和 7.1 音箱，外观如图 1-9-8（c）和图 1-9-8（d）所示。

（a）落地式音箱

（b）2.0 音箱

（c）2.1 音箱

（d）5.1 音箱

图 1-9-8 音箱

④ 按箱体内部结构和发声原理可分为密闭式音箱、倒相式音箱、迷宫式音箱和号筒式音箱等。

9.2.2　音箱的结构

音箱主要由箱体、扬声器、电源部分和功率放大和分频电路组成。

1．箱体

箱体的主要作用是容纳音箱各组成部件，合理导出声音并抑制共振、拓宽频响范围，减少失真。目前计算机使用的多媒体音箱箱体的主要材质有塑料和木质两种。塑料材质的箱体造型多变，外观比较时尚，且成本较低。而木质箱体外形则较为朴实，大多使用密度板生产，高档音箱箱体则由实木板加工而成，效果较好，但成本较高。

2．扬声器

扬声器即喇叭，声音最终是通过扬声器发出的，所以扬声器的品质对音箱的声音效果有非常重要的影响。按照换能方式，扬声器可分为锥盆扬声器、球顶扬声器和平板扬声器等。不同频段的扬声器体积大小、口径等都不相同，一般来说频率越低，扬声器口径越大，如图 1-9-9 所示。

（a）低音扬声器　　　　　　　　（b）中音扬声器　　　　　　　（c）高音扬声器

图 1-9-9　扬声器

3．电源部分

有源音箱需要外接电源才能正常工作。电源部分主要为功率放大电路提供稳定的电源。为了尽量避免引入噪声干扰音品质，大多数音箱不使用开关电源，而是使用线性变压器结合桥式整流滤波的方式实现将交流电转换成功率放大器所需的直流电。

4．功率放大和分频电路

声卡输出的信号一般都很小，不能直接推动扬声器发声，必须经过功率放大器放大。分频器的作用是将输入的声音信号分离成高音、中音、低音等不同的部分，然后分别送入相应的扬声器单元中重放。分频器可分为功率分频器和电子分频器两大类，其中功率分频器位于功率放大器之后，通过 LC 滤波网络，将功率放大器输出的功率音频信号分为中、高、低三路，分别送入各个扬声器。电子分频器位于功率放大器之前，分频后再用各自独立的功率放大器，把每一个音频频段信号给予放大，然后分别送到相应的扬声器单元。电子分频方式中，因电流较小，所以可用较小功率的电子有源滤波器实现，也较容易调整，减少功率损耗及扬声器单元之间的干扰，使得信号损失小，音质好。但电子分频方式每路要用独立的功率放大器，成本高，电路结构复杂，一般只用于较高档的音箱中。

9.2.3　音箱的性能参数

音箱的主要性能参数有标注功率、信噪比、声道数、频率范围与频率响应、阻抗、灵敏度等。

1．标注功率

功率决定音箱所能发出的最大声强。一般有两种标识方法，一种是用额定功率来标识，一种是用瞬间峰值功率来标识。额定功率是指功率放大器在额定失真范围内能持续输出的最大功率；瞬间峰值功率是音箱短时间内能承受的最大功率，这个功率值一般比额定功率要大得多。对于一般用户来说，额定功率为 60 W 以内的音箱就足够了。

2．信噪比

信噪比指音箱回放的正常声音信号与无信号时噪声信号（功率）的比值，用 dB 表示。信噪比值越小，噪声越严重，音箱的信噪比至少应在 80 dB 以上才值得购买。

3．声道数

音箱能够支持的声道数也是衡量音箱性能的一个重要参数。通常 2.0 音箱比较适合欣赏音乐，而 X.1 的音箱则比较适合电影或游戏应用。声道数越多，临场感受越强。

4．频率范围和频率响应

频率范围是指音响系统能够回放的最低有效回放频率与最高有效回放频率之间的范围；频率响应是指将一个恒电压输出的音频信号与音箱连接时，音箱产生的声压随频率的变化而发生增大或衰减、相位随频率而发生变化的现象，这种声压和相位与频率的相关联的变化关系（变化量）称为频率响应，单位为 dB。

5．阻抗

阻抗指扬声器输入信号的电压与电流的比值，单位为 Ω（欧姆）。音箱的输入阻抗一般分为高阻抗和低阻抗两类，高于 16 Ω 的是高阻抗，低于 8 Ω 的是低阻抗，音箱的标准阻抗是 8 Ω。一般推荐购买阻抗应为 8 Ω 的音箱。

6．灵敏度

灵敏度是指能产生全功率输出时的输入信号，单位为 dB。音箱的灵敏度每差 3 dB，输出的声压就相差一倍，一般以 87 dB 为中灵敏度，84 dB 以下为低灵敏度，90 dB 为高灵敏度。对于高保真音箱，要保证音色的还原程度与再现能力，应适当降低对灵敏度的要求，灵敏度与音箱的音质和音色无关。

9.2.4　音箱的选购和摆放

1．音箱的选购

音箱的选购首先要明确音箱的使用方式及档次定位。如果主要用来听歌则最好选择 2.0 的音箱，如果用来欣赏电影或用于游戏，则最好选择 X.1 的音箱。价格方面，不同的音箱差距也比较大，对于一般的应用，价格在 300 元以内的音箱已经完全可以满足要求，如果对音乐效果要求比较高，则建议买高端音箱并搭配一款好的独立声卡。

购买音箱时，除了关注音箱的性能指标外，还要注意音箱的材质、箱体材料、做工，并注意一定要具有防磁功能，好的音箱使用的材料和相关配件比较好，一般都比较厚重。购买时一定要当场试听，当然，试听时音源的选择、试听环境等对试听效果也会有比较大的影响。

2. 音箱的摆放

音箱摆放方式对声音的平衡性、环绕声效果和重低音效果影响较大。目前使用在 PC 上的多媒体音箱主要有 2.0 音箱、2.1 音箱、4.1 音箱、5.1 音箱和 7.1 音箱等几种，不同类型的音箱的个数不同，如 2.0 音箱有两个音箱，X.1 音箱有 X+1 个音箱，2.0 音箱有左右之分，X.1 音箱有前后左右之分，只有严格按照要求摆放才能发挥音箱的效果。

2.0 音箱主要用来听音乐，通常摆放在显示器的两边，距离 2 m 以内即可，但要注意左右声道的区别，具体可以查看音箱连接线，面对显示器，左边的音箱应为标识为 L 的音箱。

X.1 音箱一般有 X 个卫星音箱和 1 个低音炮。低音炮的位置要求不高，一般放在电脑桌下即可，但要注意倒相孔与墙面或电脑桌侧板的位置。卫星音箱的位置要求比较高，如果是 2.1 音箱，两个卫星音箱的摆放通常与 2.0 音箱的摆放方法相同即可。如果是 4.1 音箱，则需要将多出的两个环绕音响面对面摆放在听音位置的后方或侧面，以加强环绕效果。如果是 5.1 音箱则要将多出的中置音箱摆放在前置音箱（显示器两边的音箱）之间，并尽量与它们保持相同的高度。如果是 7.1 音箱，除两个前置音箱和一个中置音箱按照 5.1 音箱方式摆放外，其他 4 个音箱按照左前、右前、左后、右后方式摆放，并通过适当微调位置即可满足听音需要。

另外，摆放音箱还应考虑房间大小、音箱与墙面的距离等因素，才能真正发挥音箱的效果。

小　　结

声卡和音箱是多媒体技术中最基本的组成部分，多媒体计算机要获得较好的声音效果，必须合理地选择并搭配好声卡和音箱。由于计算机多媒体技术的广泛应用，声卡和音箱已成为计算机系统的标准配置。

声卡分类的方法包括按是否为单独的扩展卡分、按声卡安装的位置分、按声卡与主板的总线接口分和按采样频率或声道数量分等。由于目前主板都已集成了声卡，所以如果对音质和应用没有特殊要求，通常没有必要专门配置独立声卡。反之，如果要选配独立声卡应关注该声卡所使用的声音处理芯片及各个主要参数，这些参数应当与应用相匹配，由于计算机主机内部的电磁环境比较复杂，内置声卡受到的干扰比较大，要尽可能抑制这些噪声最好选择使用数字接口的声卡产品。

音箱分类的方法包括按是否需要连接电源分、按音箱的体积分、按声道数量和发声原理分等。音箱是整个音响系统的终端，它是音响系统中非常重要的组成部分，音箱与声卡的匹配和音箱的档次高低对计算机系统放声的质量起关键作用。

选购声卡和主板必须以实际的应用场合为依据，重点考虑声卡和音箱的匹配。

练　习　题

一、填空题

1. 声卡的_____越高表明它产生的杂音越少。

2. 按箱体内部结构和发声原理，可以分为_____、_____、_____和_____等。

3. 目前内置声卡的总线接口主要是_____接口和_____接口。

二、选择题

1. CD 音质的采样频率至少应为（　　　）。
　　A．22.05 kHz　　　　　　B．35 kHz　　　　C．40.1 kHz　　　　　D．44.1 kHz

2. 下列接口中，属于数字接口的是（　　　）。
　　A．Line in　　　　　　　B．S/PDIF　　　　C．Mic　　　　　　　D．1/4 TRS

3. 用来表示音箱声强大小的参数是（　　　）。
　　A．声道数　　　　　　　B．功率　　　　　C．阻抗　　　　　　　D．频率范围

三、判断题

1. 目前计算机主板都会集成声卡。　　　　　　　　　　　　　　　　　　（　　　）

2. 扬声器的口径越大，对应的频率越低。　　　　　　　　　　　　　　　（　　　）

3. 2.0 音箱更适合听音乐，而 X.1 音箱更适合看电影。　　　　　　　　（　　　）

4. 信噪比越低，噪声越小。　　　　　　　　　　　　　　　　　　　　　（　　　）

四、简答题

1. 市售的绝大部分耳麦一般使用什么插头？

2. 数字接口与模拟接口相比，有哪些优势？

3. 请说明声道数量与应用的一般对应关系。

4. 音箱分频器有什么用？

第 10 章
常用网络通信设备

随着微型计算机的普及和网络技术的迅速发展，"网络就是计算机"已成为人们的共识，现在越来越多的微型计算机通过网卡、调制解调器、路由器或网络电视机顶盒等接入 Internet。网卡等网络连接部件已成为微型机系统中的标准配置。本章介绍一般用户上网所需要的常用网络连接设备的知识。

10.1　ADSL 调制解调器

ADSL 调制解调器为 ADSL（非对称用户数字环路）提供调制数据和解调数据的设备，随着宽带服务进入家庭，ADSL 调制解调器的使用也越来越多。

10.1.1　调制解调器概述

ADSL 调制解调器（Modem）其实是调制器（Modulator）与解调器（Demodulator）的简称，根据 Modem 的谐音，称之为"猫"。

ADSL 调制解调器是在发送端通过调制将数字信号转换为模拟信号，而在接收端通过解调再将模拟信号转换为数字信号的一种装置。计算机内的信息是由"0"和"1"组成数字信号，而在电话线上传递的却只能是模拟电信号。于是，当两台计算机要通过电话线进行数据传输时，就需要一个设备负责数模的转换。这个数模转换器就是 Modem。计算机在发送数据时，先由 Modem 把数字信号转换为相应的模拟信号，这个过程称为"调制"。经过调制的信号通过电话载波传送到另一台计算机之前，也要经由接收方的 Modem 负责把模拟信号还原为计算机能识别的数字信号，这个过程称为"解调"。正是通过这样一个"调制"与"解调"的数模转换过程，从而实现了两台计算机之间的远程通信。

ADSL 技术采用频分复用技术把普通的电话线分成了电话、上行和下行三个相对独立的信道，从而避免了相互之间的干扰。用户可以边打电话边上网，不用担心上网速率和通话质量下降的情况。理论上，ADSL 可在 5 km 的范围内，在一对铜缆双绞线上提供最高 1 Mbit/s 的上行速率和最高 8 Mbit/s 的下行速率（也就是我们通常说的带宽），能同时提供话音和数据业务。最新的 ADSL2+技术可以提供最高 24 Mbit/s 的下行速率，和第一代 ADSL 技术相比，ADSL2+打破了 ADSL 接入方式带宽限制的瓶颈，在速率、距离、稳定性、功率控制、维护管理等方面进行了改进，其应用范围更加广阔。

目前市场上的 ADSL 调制解调器普遍具有无线功能、路由功能，有一个 RJ-11 电话线孔和一个或多个 RJ-45 网线孔。

10.1.2　ADSL 调制解调器的分类

按照不同的角度，ADSL 调制解调器有以下 3 种分类方法。

1．内置式和外置式 Modem

从形态和安装方式上看，可将 Modem 分为内置式 Modem、外置式 Modem、PCMCIA 插卡式 Modem。图 1-10-1 所示为内置式 Modem，图 1-10-2 所示为外置式 Modem。

图 1-10-1　内置式 Modem

图 1-10-2　外置式 Modem

① 内置式 Modem：又称卡式 Modem，它是直接插在主板相应插槽上使用，由主板的电源直接供电。内置的 Modem 本身包含了串行端口，不需要计算机提供串行端口，制造工艺也比较简单，成本低，所以售价相对于外置 Modem 来说比较便宜。但是它需要占用主板上的一个扩展槽，并且要对中断和 COM 端口进行设置，且安装比较麻烦。内置 Modem 按所采用的接口类型又可分为 ISA 接口、PCI 接口、PCMCIA 接口、AMR 接口、CNR 接口和 ACR 接口等。PCMCIA 接口是应用在笔记本式计算机上的，PCMCIA 卡除了轻巧、方便携带外，它也支持热插拔，所以 PCMCIA 规格的设备可在计算机开机状态下安装插入，并能自动通知操作系统做设备的更新，省去安装的麻烦。内置式 Modem 的优点是价格便宜，节省空间，不占用 COM 接口。

② 外置式 Modem：是将 Modem 的电路板封装在一个盒子中，外置式 Modem 的造型多种多样，由于它的成本较内置式 Modem 高，因此它的价格也比同类型的内置式 Modem 要高 30% 以上。外置 Modem 按所采用的接口不同又可分为串口 Modem 和 USB 接口 Modem。串口 Modem 有独立的电源进行供电，通过串行电缆与计算机的串行口（RS-232）相连接，不必对中断和 COM 端口进行设置，安装比较方便，外置式 Modem 的面板上一般有 8 个指示灯，可以显示 Modem 的工作状况。外置式 Modem 的优点是安装、使用及携带方便。

PCMCIA 插卡式 Modem，主要用在笔记本式计算机中，形状和 IC 卡差不多，可以连接手机，实现移动办公。

2．模拟式 Modem 和数字式 Modem

按照工作原理可将 Modem 分为模拟式 Modem 和数字式 Modem 两种。

① 模拟式 Modem：常用的 Modem 都属于模拟式 Modem。这种传统方式的 Modem 通过电话线路发送数据时，必须通过调制解调器将数字信号转换（调制）成可通过电话线传送的模拟信

号，接收时再将电话线传来的模拟信号转换（解调）为计算机可识别的数字信号。这样传送的数据将不得不被限制在电话线路所能接受的频宽范围内，不可避免地会导致在转换过程中出现数据丢失的现象，也将使传送速度大打折扣。

② 数字式 Modem：随着技术发展的需要，数字式 Modem 应运而生。这种 Modem 可以直接传送数字信号，传送数据快而准确，不容易产生数据丢失的现象。数字式 Modem 建立在数字通信线路的基础上。ISDN（Integrated Services Digital Net，综合服务数字网络）的出现，有效地解决了这一问题。ISDN Modem 使用的前提是要电信局的交换机提供 ISDN 功能，可在电话线上提供数字信号传送。

除此之外，各大通信厂商又开发出了很多种高速数字通信设备，它们都使用数字线路，不用再做调制和解调的转换，但仍然叫做 Modem。常见的还有 Cable Modem，它使用有线电视线路传送数据，速度可达 10 Mbit/s。CableModem 利用有线电视的电缆进行信号传送，不但具有调制解调功能，还集路由器、集线器、桥接器于一身，理论传输速度更可达 10 Mbit/s 以上。通过 CableModem 上网，每个用户都有独立的 IP 地址，相当于拥有了一条个人专线。目前，深圳有线电视台天威网络公司已推出这种基于有线电视网的 Internet 接入服务，接入速率为 2 Mbit/s～10 Mbit/s。

3. 软 Modem 和硬 Modem

Modem 通常由两大部分组成，一块 DSP 芯片用来完成调制解调任务，一块控制芯片用来提供 Modem 的属性，即协议，如硬件纠错、硬件压缩、通信协议 V.34、K56 flex 及 V.90 等。在 Modem 中，若这两部分由硬件芯片固化，该 Modem 就是硬 Modem。

Win-Modem 也称软 Modem，通常是用较少的芯片去完成传统 Modem 的工作。软 Modem 有两种：一种是只有 DSP（数字信号处理芯片），其控制器部分由软件来完成（也称半软 Modem）；另一种是 Win-Modem，连 DSP 都由软件完成（也叫全软 Modem），资源占用系统更多。Win-Modem 也有它独特的地方，例如可以进行软件升级和修改，传统的硬 Modem 只能通过更换芯片来实现升级和修改。

一般来说，外置的 Modem 都是硬 Modem，价格便宜的内置 Modem 很多是软 Modem。因 Win-Modem 缺少的芯片所担任的工作是靠 CPU 来完成的，所以完成的效果不是很完美，并且还要占用系统资源。也就是说，使用 Win-Modem 是以降低系统性能为代价的。

10.1.3 ADSL 调制解调器的主要性能指标

衡量一款 ADSL 宽带 Modem 的优劣，主要从以下几个性能指标来判断。

① 线路激活时间：ADSL 用户上网时，ADSL 宽带 Modem 加电后会先自检，然后与局端的 ADSL 宽带设备进行通信，检查用户到局端的线路是否正常，这一过程也被称为线路激活时间。ADSL 线路质量如果正常，宽带 Modem 的线路激活时间越短，ADSL 宽带 Modem 的性能也就越好。

② 散热性能：ADSL 宽带 Modem 在工作时也会产生一定的热量，温度越高，宽带 Modem 的性能也会随之降低。

③ 掉线率：众所周知，ADSL 是一种借助电话铜缆的宽带接入模式，这一特性也决定了 ADSL 的线路远不如光纤等接入模式稳定。一旦 ADSL 线路不稳定，一些宽带 Modem 将有可能会掉线。

④ 稳定性：宽带 Modem 的稳定性是一个相对空泛的概念，也是衡量一款宽带 Modem 性能的一个指标。从整体来说，宽带 Modem 的稳定性包含宽带 Modem 是否可以长时间工作，这里指的长时间工作是连续工作 48 小时以上；宽带 Modem 是否可以承受长时间大流量的数据传输等。

⑤ 传输距离：ADSL 宽带网络的信号是有一定传输距离的，目前，第一代 ADSL 网络的实际传输距离一般仅为 3 km 左右，二代 ADSL 既 ADSL2 的实际传输距离也不超过 4 km，而 ADSL2 + 的实际传输距离则可以在 6 km。

10.1.4　ADSL 调制解调器的安装

1. ADSL 调制解调器安装

① 安装分离器：将分离器上的 Line 口连接到墙壁上的电话接线盒上——两者之间的连接是通过普通电话线来实现的，分离器共有 3 个电话线端口，其中输入端（LINE）与电话市线相连，而输出端有两个接口，其中 Modem 口用来接 ADSL Modem，另一个 Phone 口用来接普通的电话机。然后将电话机连接到分离器上的 Phone 口，连接好之后，电话机就能正常工作——拿起电话，能够拨打电话，并且话筒中不应该有很大的噪声，否则可能是分离器没有连接好。

② 连接 ADSL Modem：利用 Modem 附送的电话线将 Modem 与分离器上的 Modem 口连接起来，将交叉网线（购买 Modem 时会附送该线）的任意一端插到 Modem 的 RJ-45 接口上，连接电源。

③ 连接网卡：将插在 ADSL Modem 上的那根交叉网线的另外一端插在网卡的 RJ-45 接口上。对于带语音功能的 Modem，还应把 Modem 的 SPK 接口与声卡上的 Line In 接口连接，也可直接与耳机等输出设备连接。

安装完毕以后，如图 1-10-3 所示。

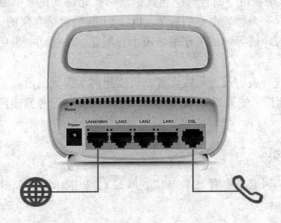

图 1-10-3　ADSL Modem 端口连接

2. 安装拨号软件

当硬件设备连接好后，开始安装 ADSL 拨号软件。打开拨号软件的程序组，在此操作前请确认 ADSL Modem 电源已经打开，双击 Create New Profile 选项，创建虚拟拨号连接（类似于拨号网络中建立新连接，因为电信给 ADSL 家庭用户均采用的是虚拟拨号，动态分配 IP 的接入方式。要获得静态 IP，需要另外申请），填写一个名称，然后单击"下一步"按钮，填写电信局所给的接入用户名和密码，单击"下一步"按钮，选择拨号服务器名称（由电信局提供），单击"下一步"按钮，选择所使用的网卡型号，单击"下一步"按钮，桌面上即出现 ADSL 宽带网的图标。

10.2　网卡和无线上网卡

计算机与外界局域网的连接是通过主机箱内插入一块网卡（或者是在笔记本式计算机中插入一块 PCMCIA 卡），网卡又称为通信适配器或网络适配器（Adapter）或网络接口卡（Network Interface Card，NIC）。无线上网卡指的是无线广域网卡，连接到无线广域网。

10.2.1　网卡概述

网卡是插在个人计算机或服务器扩展槽内的扩展卡，计算机通过网卡与网络交换数据，共享资源。网卡通过网络传输介质（双绞线、同轴电缆或光纤）与网络相连，Windows 和流行的网络操作系统均支持常见的网卡。

网卡的工作原理与调制解调器的工作原理类似，只不过在网卡中输入和输出的都是数字信号，传送速度比调制解调器快得多。网卡地址是指网卡在整个网络中的标识值，网卡地址是唯一的，由制造商在制造时设置，制造商对地址范围达成协议，每个制造商只能使用许可范围内的地址，这样可保证不重复使用地址。网卡有端口地址和中断号两个最重要的参数，必须正确设置才能使网卡正确地响应网络操作系统。

① 端口地址：端口地址常用的默认值是 300H。工作站的端口地址必须正确配置才能发送数据。如果硬件不配置，则数据将被发往其他地方（打印机、鼠标或根本不知道的地方），网络响应将失效，而工作站则可能被关闭。

② 中断号：工作站利用中断暂时中止数据流动而允许其他数据通过系统，从而避免了不同的数据流同时使用同一个物理电路的麻烦。PC 的中断数量是有限的，对有许多外围设备（如调制解调器、鼠标、打印机等）的工作站必须小心配置，以达到如果所有设备共享中断而不至于使整个系统崩溃。

有些网卡上有跳线开关，通过跳线设置，可以把网卡设置成所需要的工作环境。例如，设置使用不同的电缆（粗缆、细缆等），设置远程自举（从文件服务器或网络上的其他节点启动工作站）等。

10.2.2　网卡的分类

按总线类型分类，网卡主要有 ISA、PCI、PCI-X、PCMCIA 和 USB 几种总线类型。

1. ISA 总线接口网卡

这是早期网卡使用的一种总线接口，ISA 网卡采用程序请求 I/O 方式与 CPU 进行通信，数据传送以 16 位进行，速度较慢，CPU 资源占用大。这类网卡已不能满足现在不断增长的网络应用需求，目前在市面上已基本看不到 ISA 总线类型的网卡。

2. PCI 总线接口网卡

PCI 总线的主要特点是传输速度高，目前可实现 66 Mbit/s 的工作频率，在 64 位总线宽度下可达到突发传输速率 264 Mbit/s，是通常 ISA 总线的 300 倍，可以满足大吞吐量的外设的需求。

采用这种总线类型的网卡在当前的台式机上相当普遍，也是目前最主流的一种网卡接口类型。因为它的 I/O 速度远比 ISA 总线型的网卡快（ISA 最高仅为 33 Mbit/s，而目前的 PCI 2.2 标准 32 位的 PCI 接口数据传输速率最高可达 133 Mbit/s），这种总线技术出现后很快就替代了原来老式的 ISA 总线。它通过网卡所带的两个指示灯颜色初步判断网卡的工作状态，目前能在市面上买到的网卡基本上是 PCI 总线类型的网卡，一般的 PC 和服务器中也提供了好几个 PCI 总线插槽，可以满足常见 PCI 适配器（包括显示卡、声卡等，不同的产品利用金手指的数量是不同的）的安装。图 1-10-4 所示即为一款 PCI 网卡。

3．PCI-X 总线接口网卡

PCI-X 是 PCI 总线的一种扩展架构，它与 PCI 总线不同的是，PCI 总线必须频繁地在目标设备和总线之间交换数据，而 PCI-X 则允许目标设备仅于单个 PCI-X 设备进行交换，同时，如果 PCI-X 设备没有任何数据传送，总线会自动将 PCI-X 设备移除，以减少 PCI 设备间的等待周期。所以，在相同的频率下，PCI-X 将能提供比 PCI 高 14%～35%的性能。PCI-X 总线接口的网卡一般是 32 位总线宽度，有的用 64 位总线宽度，目前服务器网卡经常采用此类接口的网卡。

4．PCI Express 1X 总线接口网卡

PCI Express 1X 总线接口已成为目前主流主板的必备接口，它不同于并行传输，PCI Express 接口采用点对点的串行连接方式，根据总线接口对位宽的要求不同而有所差异，可分为 PCI Express 1X（标准 250 Mbit/s，双向 500 Mbit/s）、2X（标准 500 Mbit/s）、4X（1 Gbit/s）、8X（2 Gbit/s）、16X（4 Gbit/s）、32X（8 Gbit/s）。采用 PCI-E 接口的网卡多为千兆位网卡，如图 1-10-5 所示。

图 1-10-4　PCI 网卡　　　　　　　　　　图 1-10-5　PCI-E 网卡

5．PCMCIA 总线接口网卡

采用这种总线类型的网卡是笔记本式计算机专用的，它受笔记本式计算机的空间限制，体积远不可能像 PCI 接口网卡那么大。随着笔记本式计算机的日益普及，这种总线类型的网卡目前在市面上较为常见。PCMCIA 总线分为两类，一类为 16 位的 PCMCIA，另一类为 32 位的 CardBus。

CardBus 是一种用于笔记本式计算机的新的高性能 PC 卡总线接口标准，就像广泛地应用在台式计算机中的 PCI 总线一样，该总线标准与原来的 PC 卡标准相比，具有以下优势。

① 32 位数据传输和 33 MHz 操作。CardBus 快速以太网 PC 卡的最大吞吐量接近 90 Mbit/s，而 16 位快速以太网 PC 卡仅能达到 20～30 Mbit/s。

② 总线自主。使 PC 卡可以独立于主 CPU，与计算机内存间直接交换数据，这样 CPU 就可以处理其他的任务。

③ 3.3 V 供电，低功耗。提高了电池的寿命，降低了计算机内部的热扩散，增强了系统的可靠性。

④ 后向兼容 16 位的 PC 卡。老式以太网和 Modem 设备的 PC 卡仍然可以插在 CardBus 插槽上使用。图 1-10-6 所示即为 PCMCIA 总线接口的网卡。

6. USB 总线接口网卡

作为一种新型的总线技术，USB（Universal Serial Bus，通用串行总线）已经被广泛应用于鼠标、键盘、打印机、扫描仪、Modem、音箱等各种设备。USB 总线的网卡一般是外置式的，具有不占用计算机扩展槽和热插拔的优点，因而安装更为方便。这类网卡主要是为了满足没有内置网卡的笔记本式计算机用户。目前的 USB 网卡多为 USB 2.0 标准。图 1-10-7 所示为 USB 无线网卡，图 1-10-8 所示为 USB 网卡。

图 1-10-6　CardBus 网卡　　　　图 1-10-7　无线网卡　　　　图 1-10-8　USB 网卡

10.2.3　无线上网卡概述

无线上网卡是目前无线广域通信网络应用广泛的上网介质。无线上网卡的作用、功能相当于有线的调制解调器，也就是我们俗称的"猫"，它可以在拥有无线电话信号覆盖的任何地方，利用 USIM 或 SIM 卡来连接到 Internet，如图 1-10-9 所示。无线上网卡的作用、功能就好比无线化了的调制解调器（Modem），其常见的接口类型有 PCMCIA、USB、CF/SD 等。目前我国有中国网通的 WCDMA，中国移动的 EDGE、TD-SCDMA 和中国电信的 CDMA（1X）4 种网络制式，所以常见的无线上网卡就包括 WCDMA 无线上网卡、CDMA 无线上网卡和 EDGE、TD-SCDMA 无线上网卡 4 类。

图 1-10-9　PCMCIA 无线上网卡

无线网卡和无线上网卡是用户最容易混淆的无线网络产品，实际上它们是两种完全不同的网络产品。

① 无线网卡（无线网络适配器）指的是具有无线连接功能的局域网卡，它的作用、功能与普通计算机网卡一样，是用来连接到局域网上的。它只是一个信号处理设备，只有在找到进入 Internet 的出口时，才能实现与 Internet 的连接。所有无线网卡只能局限在已布有无线局域网的范围内，它与 Internet 的接入依靠与广域网相连的代理服务器或无线路由器等设备。而无线上网卡的作用、功能相当于有线的调制解调器，它可以在拥有无线电话信号覆盖的任何地方，利用手机的 SIM 卡来连接到 Internet。国内对它的支持网络是中国移动推出的 GPRS、中国联通推出的 WCDMA 和中国电信推出的 CDMA 1X 三种。

② 无线网卡的价格比较低，多在 70～160 元之间。无线上网卡通常在 200 元～700 元之间，甚至上千元。

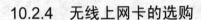

10.2.4　无线上网卡的选购

在选购无线上网卡前应该考虑中国网通、中国移动、中国电信 3 种网络，依在当地的覆盖情况选择网络运营商，确定网络运营商以后即可选购无线网卡，选购无线上网卡主要考虑以下几个方面因素。

1．接口

目前无线上网卡主要采用 PCMCIA、CF 以及 USB 接口，此外也有极少数产品采用 SD 接口或是 Express Card 接口。PCMCIA 的优势在于实际使用时可以让无线上网卡完全插入笔记本插槽的内部，基本不会有凸出的部分，这样无疑更加安全，不会因为一些意外情况而发生碰撞。并且 PCMCIA 得到几乎所有笔记本式计算机的支持，而且其接口带宽基于 PCI 总线，速度表现出色。CF 接口比 PCMCIA 接口更加小巧，而且通过一款几十元的转接器就能转换成 PCMCIA 接口，因此这也被誉为是无线上网卡的最佳接口。当然，选择 CF 接口并不是为了配合笔记本式计算机，而是给 PDA 以及 UMPC 等设备带来方便。如今，很多 Pda 都带有 CF 接口，而且支持数据传输功能，此时结合无线上网卡就能实现户外移动上网应用。USB 接口的无线上网卡，灵活兼容于台式机与笔记本式计算机，但配合笔记本式计算机应用时，会出现无法完全插入的情况，此时一旦意外的磕碰很容易对无线上网卡造成损坏。SD 接口的无线上网卡要求设备具有 SDIO 接口，只有少数 PDA 才支持该接口，而且价格高。Express Card 接口取代 PCMCIA 接口的长远趋势勿庸置疑，但目前价格太高。

2．天线

天线是大家在选购无线上网卡时容易忽视的细节，但它在实际使用中关系到网络的可靠性与稳定性。市场上的无线上网卡天线分为可伸缩式、可分离拆卸式以及固定式。毫无疑问，前者使用起来是最为方便的，在不使用时可以收起来，不仅不影响美观，而且不会在磕碰时损坏。可分离拆卸式是避免磕碰损坏的最佳方案，而且万一损坏也能很方便地买到备用天线。不过，可分离拆卸式天线最大的不便在于难以保管，且很容易丢失。当然，部分无线上网卡在信号较好的情况下即便不使用天线也能正常上网，这就显得比较灵活。至于固定式天线，一定要看看是软天线还是硬天线。软天线一般便于弯折，不容易损坏。如果是硬天线，就要小心保护。

3．传输稳定性与散热表现

对于无线上网卡而言，决定其传输速率和稳定性的关键在于发射芯片。由于目前全球发射模块被几大厂商所垄断，因此不同产品之间的差距实际上并不大。如同手机信号强弱一样，不同的无线上网卡在弱信号处的数据收发能力稍有区别，这与厂商不敢贸然加大发射功率有一定的关系。一般而言，厂商并不会公开无线上网卡的发射功率，因此大家只能根据产品的实际试用情况来选择。不过可以肯定的是，现在市面上流行的正规品牌产品中，发射功率基本都是相同的，毕竟厂商也需要遵循有关部门的相关标准。稳定性则是另外需要关注的焦点。由于驱动和应用软件方面造成的稳定性因素基本不存在，因为相关驱动的核心内容都是由发射芯片厂商统一提供的，而软件开发也不会抬高技术难度和瓶颈。相对来说，发热量才是我们应该关心的重点，在狭小的 PCMCIA 插槽中，无线上网卡如果连续长时间使用，那么其发热量必须足够小，否则就容易导致产品加速老化，甚至频繁掉线。

10.2.5 无线上网卡的安装

无线上网卡的安装步骤如下。

（1）申请无线上网服务

主要是到营业厅申请办理一张用于无线上网的 SIM 卡，此卡与手机用的 SIM 卡并无两样，并可办理相应的套餐；然后可以在营业厅选购一块无线上网卡，也可自己单独购买。

（2）插放 SIM 卡

首先要说明的是，适用于笔记本式计算机的无线上网卡主要是 PCMIA 卡和 USB 卡两种，因此插放 SIM 就分为两种情况。

① USB 接口的无线上网卡，其 SIM 卡插槽一般位于背部，与手机 SIM 插槽基本一致，安装也相对容易。

② PCMIA 接口的无线上网卡，其 SIM 卡插槽都在 PCMIA 卡的窄边一侧，打开后盖，按 SIM 卡的缺口位置对准插入即可。

（3）安装到笔记本式计算机

将无线上网卡安装到笔记本式计算机，稍微要注意的是 PCMIA 接口卡：应该将标有产品名称等标识的一面朝上，然后平稳推入笔记本式计算机的 PCMIA 口（与一般接口不一样，呈扁平状），当听到一声轻微卡紧的声音，才表示安装到位；还应注意拔下 PCMIA 接口的无线上网卡时，应先按一下笔记本式计算机 PCMIA 口旁边的按钮，此时无线上网卡会自动弹出。

USB 接口无线上网卡的安装与一般 USB 闪存盘的插入方法类似。

（4）安装驱动程序

先插入无线上网卡附带的驱动程序安装光盘。一般来说将安装光盘放入到光驱中，光盘会自动运行或者单击安装目录下的 setup.exe 文件，即可进行安装。其安装过程跟一般软件安装大同小异。在驱动程序安装中要注意，USB 接口的无线上网卡可以插入笔记本 USB 口后安装，而 PCMIA 接口的无线上网卡最好是先启动硬件驱动的安装程序，待提示插入 PCMIA 卡时，再插入无线上网卡，这可保证安装顺利完成。

10.3 宽带路由器

宽带路由器伴随着宽带的普及应运而生，集成了路由器、防火墙、带宽控制和管理等功能，具备快速转发能力、灵活的网络管理和丰富的网络状态等特点。

10.3.1 宽带路由器概述

路由器（Router）是用于连接多个逻辑上分开的网络，所谓逻辑网络，是代表一个单独的网络或者一个子网。当数据从一个子网传输到另一个子网时，可通过路由器来完成。因此，路由器具有判断网络地址和选择路径的功能，它能在多网络互连环境中建立灵活的连接，可用完全不同的数据分组和介质访问方法连接各种子网，路由器只接受源站或其他路由器的信息，属于网络层的一种互连设备。它不关心各子网使用的硬件设备，但要求运行与网络层协议相一致的软件。

路由器是互联网的主要结点设备。路由器通过路由决定数据的转发，转发策略称为路由选择（Routing），这也是路由器名称的由来（Router，转发者）。作为不同网络之间互相连接的枢纽，路由器系统构成了基于 TCP/IP 的国际互连网络 Internet 的主体脉络，也可以说，路由器构成了 Internet 的骨架，其处理速度是网络通信的主要瓶颈之一，可靠性则直接影响网络互连的质量。因此，在园区网、地区网乃至整个 Internet 研究领域中，路由器技术始终处于核心地位，其发展历程和方向成为整个 Internet 研究的一个缩影。

宽带路由器是针对中国宽带应用优化设计，可满足不同的网络流量环境，具备满足良好的电网适应性和网络兼容性。多数宽带路由器采用高度集成设计，集成 10/100 Mbit/s 宽带以太网 WAN 接口，并内置了多个 10/100 Mbit/s 自适应交换机，方便多台机器连接内部网络与 Internet。

宽带路由器有高、中、低档次之分，高档次企业级宽带路由器的价格可达数千，而目前的低价宽带路由器已降到百元内，其性能已基本能满足像家庭、学校宿舍、办公室等应用环境的需求，成为目前家庭、学校宿舍用户的组网首选产品之一。可以广泛应用于家庭、学校、办公室、网吧、小区接入、政府、企业等场合。具有无线功能的宽带路由器如图 1–10–10 所示。

图 1–10–10　无线宽带路由器

10.3.2　宽带路由器的主要功能

宽带路由器一般通过连接宽带调制解调器如 ADSL、Cable Modem 的无线宽带路由器的端口以太网口接入 Internet，也支持与运营商宽带以太网接入的直接连接，宽带路由器的主要功能有以下几个方面。

1．PPPoE 虚拟拨号

在宽带数字线上进行拨号，不同于模拟电话线上用调制解调器的拨号，其一般采用专门的协议 PPPoE（Point–to–Point Protocol over Etherne），拨号后直接由验证服务器进行检验，用户需输入用户名与密码，检验通过后就建立起一条高速的用户数字，并分配相应的动态 IP。宽带路由器或带路由的以太网接口 ADSL 等都内置有 PPPoE 虚拟拨号功能，可以方便地替代手工拨号接入宽带。

2．DHCP 服务器

动态主机配置协议（DHCP）是一种使网络管理员能够集中管理和自动分配 IP 网络地址的通信协议。在 IP 网络中，每件接入互联网的设备都需要分配唯一的 IP 地址。当计算机接入到网络的不同位置时，DHCP 使网络管理员能从中心结点监控和分配计算机的 IP 地址并自动发送其新的 IP 地址。DHCP 能自动将 IP 地址分配给登录到 TCP/IP 网络的客户工作站。动态主机配置协议功能能够提供安全、可靠、简单的网络设置，避免地址冲突。

3．NAT 功能

宽带路由器一般利用网络地址转换功能（NAT）以实现多用户的共享接入，NAT 比传统的采用代理服务器 Proxy Server 方式具有更多的优点。NAT（网络地址转换）提供了连接 Internet 的一种简单方式，并通过隐藏内部网络地址的手段为用户提供了安全保护。

内部网络用户（位于 NAT 服务器的内侧）连接 Internet 时，NAT 将用户的内部网络 IP 地址转换成一个外部公共 IP 地址（存储于 NAT 的地址池中），当外部网络数据返回时，NAT 则反向将目标地址替换成初始的内部用户的地址使内部网络用户接收。

4．MAC 地址功能

MAC 地址是固化在网卡上串行 EEPROM 中的物理地址，也叫硬件地址或链路地址，由网络设备制造商生产时写在硬件内部。MAC 地址与网络无关，在一定程度上与硬件一致，基于物理，便于具体标识。带有 MAC 地址功能的路由器可将网卡上的 MAC 地址写入，让服务器通过接入时的 MAC 地址验证，以获取宽带接入认证。

MAC 地址设置主要有两方面的用途，可以通过它来设定允许或者禁止哪些计算机能够访问路由器或者 Internet。另外，也可以利用 MAC 地址功能绑定 IP 地址，使某个用户每次登录网络都获得相同的 IP 地址。

5．防火墙功能

防火墙是指一种将内部网和公众访问网（如 Internet）分开的方法，它实际上是一种隔离技术。防火墙是在两个网络通信时执行的一种访问控制尺度，它能允许将“同意”的人和数据进入内部网络，同时将“不同意”的人和数据拒之门外，最大限度地阻止网络中的黑客来访问内部网络。如果不通过防火墙，内部网的人就无法访问 Internet，Internet 上的人也无法和内部网的人进行通信。

利用路由器的防火墙功能可以对流经路由器的网络数据进行扫描，从而过滤掉一些攻击信息，还可以关闭不经常使用的端口，减少黑客攻击的可能。另外，防火墙还能禁止特定端口流出信息，禁止来自特殊站点的访问。

10.3.3　宽带路由器的选购

选购宽带路由器的主要性能指标如下。

1．CPU

与计算机一样，路由器也包含了一个中央处理器，即所说的 CPU，是路由器最核心的组成部分。不同系列、不同型号的路由器，其中的 CPU 也不尽相同。处理器的好坏直接影响路由器的吞吐量（路由表查找时间）和路由计算能力（影响网络路由收敛时间）。

一般来说，处理器主频在 100 MHz 或以下的属于较低主频，这样的低端路由器适合普通家庭和 SOHO 用户的使用。100 MHz 到 200 MHz 属于中等主频，200 MHz 以上则属于较高主频，适合网吧、中小企业用户以及大型企业的分支机构。

2．内存

路由器中可能有多种内存，目前的路由器一般采用只读内存（ROM）、随机存取内存（RAM）、非易失性内存（NVRAM）以及闪存（Flash）4 种不同类型的内存，每种内存以不同方式协助路由器工作。内存用以存储配置、路由器操作系统、路由协议软件等内容。在中低端路由器中，路由表可能存储在内存中。通常来说路由器内存越大越好，不过高效的算法与优秀的软件也可以大大节约内存。目前的路由器内存中，1 MB 到 4 MB 属于低等，8 MB 属于中等，16 MB 或以上就属于较大内存了。

3．吞吐量

网络中的数据是由一个个数据包组成的，对每个数据包的处理都要耗费资源。吞吐量是指在不丢包的情况下单位时间内通过的数据包数量，也就是指设备整机数据包转发的能力，是设备性能的重要指标。路由器吞吐量表示的是路由器每秒能处理的数据量，是路由器性能的一个直观上的反映。

4．线速转发能力

所谓线速转发能力，就是指在达到端口最大速率时，路由器传输的数据没有丢包。路由器最基本且最重要的功能就是数据包转发，在同样端口速率下转发小包是对路由器包转发能力的最大考验，全双工线速转发能力是指以最小包长（以太网 64 KB、POS 口 40 KB）和最小包间隔（符合协议规定）在路由器端口上双向传输同时不引起丢包。

线速转发是路由器性能的一个重要指标。简单地说，就是进来多大的流量，就出去多大的流量，不会因为设备处理能力的问题而造成吞吐量下降。

5．带机数量

带机数量就是路由器能负载的计算机数量。在厂商介绍的性能参数表上经常可以看到标称自己的路由器能带 200 台计算机、300 台计算机，但很多时候路由器的表现与标称的值都有很大的差别，这是因为路由器的带机数量直接受实际使用环境的网络繁忙程度影响，不同的网络环境带机数量相差很大。

比如在网吧，几乎所有的人都同时在上网聊天、打游戏、看网络电影，这些数据都要通过WAN 口，路由器的负载很重。而企业网同一时间只有小部分人在使用网络，路由器负载很轻。因此把一个能带 200 台计算机的企业网中的路由器，放到拥有 50 台计算机的网吧都可能会因数据流量过大而经常掉线，估算一个网络每台计算机的平均数据流量也不能做到精确。

6．WAN 口数

WAN 口数决定路由器可以接入的进线数量，例如双 WAN 口路由器可以选择两条接入，如选择电信的 ADSL 接入后，还可以选择联通或者其他运营商的一条接入；而四 WAN 口路由器则可以选择 4 条接入。多 WAN 口的好处之一是可以在增加较少成本的情况下，大幅增加上网带宽，这一特点对于网吧尤显优势。但需要注意的是，一个路由器基础硬件和软件确定后，其处理能力或性能就确定了，不会随 WAN 口数的增减而有较大变化。如果路由器本身处理能力相对于 WAN 口出口带宽有富余，如路由器处理能力有 40 Mbit/s，WAN 口出口带宽每线10 Mbit/s，双 WAN 口路由器则能有 20 Mbit/s 的吞吐量。但反过来说，如果路由器本身处理能力只有 5 Mbit/s，不管是单 WAN 口还是双 WAN 口都只可能有 5 Mbit/s 的吞吐量，带机量也不可能随着 WAN 口的增加而增加。

10.3.4　宽带路由器的安装

用一条网线从宽带路由器的 WAN 口连接至 ADSL 的 ADSL/Cable Modem 口，另一条网线从宽带路由器的 LAN 口连接至 PC 的 RJ-45 口，电话外线连接至 ADSL 的 Line 口，连接完成后打开启动计算机，接着打开 ADSL、宽带路由器的电源，先检查 ADSL 的状态是否正常，然后检查宽带路由器的工作状态，若宽带路由器指示灯 M2 常亮，M1 熄灭表示工作正常；反之则为工作不正常。宽带路由器端口如图 1-10-11 所示。

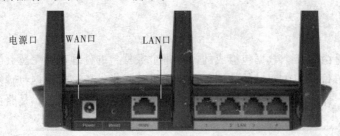

电源口　WAN口　　LAN口

图 1-10-11　宽带路由器端口

10.4　网络电视机顶盒

网络电视机顶盒（Network Tv-set Box）是信息家电中至关重要的技术设备。网络电视机顶盒的功能已从一个多频率的调谐器和解码器跃升为大量电影、多媒体事件、新闻等联机数据库的一个控制终端。

10.4.1　网络电视机顶盒概述

网络电视机顶盒是一种外形类似于家庭宽带猫似的设备，通过它可以把网络和电视联系起来，只要从家里的路由器分出一根网线插在此网络机顶盒上就可以在线点播，在线直播，在线搜索各种国内卫视台、加密台、海外电影台，观赏价值大，使用方便且价格便宜。

网络电视机顶盒里面内置了各大视频网站的地址，例如优酷网、土豆网、奇艺网、PPTV 等。可以在线看电影、电视，也可以自己下载喜欢的 apk 软件在电视上玩，如聊qq、玩游戏等。买电视时可购买带有这个功能的网络电视机，没有此功能的电视机买个网络电视机顶盒也可达到同样的效果。优酷网络电视机顶盒如图 1-10-12 所示。

图 1-10-12　优酷网络电视机顶盒

10.4.2　网络电视机顶盒的选购

网络电视机顶盒的选购品牌多，系统多，功能多，型号也多，其价格也相差很大，选购网络电视机顶盒主要考虑以下几个方面因素。

1. 硬件配置

目前市场上安卓主流芯片为全志、海思、瑞芯微、晶晨 4 家。芯片方案包括了全志的 A31、A31S；瑞芯微的 RK3166、RK3188 和将要问世的 RK3288；海思的 K3V2；晶晨的 S802 等。其中全志芯片以 GPU 能力、低成本见长，瑞芯微芯片以强大的 CPU 性能、相对低廉的成本为尊，海思芯片的解码能力出色，但成本高，晶晨芯片的综合素质高，几乎没有弱项，故成本最高。

CPU 是检验一个盒子性能强大与否的重要标准，系统响应速度、视频的解码速度、程序的运行速度等基本功能都跟 CPU 性能挂钩。目前市场上的盒子大多数都是配备的双核芯片，快播小方、华为秘盒搭配的是四核 CPU。

2．功能配置

目前的高清网络电视机顶盒都配有高清接口（HDMI 接口），目的是让观众能通过机顶盒欣赏到高清片源的节目。由于很多老式的电视机没有 HDMI 高清接口，所以在选购网络机顶盒时要特别注意：这台机顶盒能不能连接到自己的电视机。另外有些老型号的机顶盒 HDMI 接口是 1.1 或 1.2 的，如果需要次世代音频输出的话就不能支持，必须选择 HDMI1.3 版及以上的接口才行。购买网络电视机顶盒还要看是否支持内置硬盘，因为网络电视机顶盒是把电视电影输出到电视机上来观看，而内置硬盘能够最大限度地满足人们的观赏欲望和享受。

3．可操作性

由于网络电视机顶盒基本上都是家用，对于当下年轻人来说，再复杂的电子数码产品也容易攻克，而对于家里的老人小孩，可操作性的重要性就极大地体现出来了。目前比较常用的操作系统是 Android，安卓系统功能强大，升级简单，支持更多的网络应用，也有部分生产厂家是自己开发的操作系统。

4．媒体资源

网络电视机顶盒最重要的是直播和在线点播，好的网络电视机顶盒几乎可以涵盖国内外的所有媒体资源，而有的只能搜索到国内部分媒体资源。如果网络电视机顶盒媒体资源非常丰富，选择观看的资源则更多，观看的选择性也更全。点播包括相关的网络电视直播软件，如 PPS、PPTV 以及优酷、土豆、迅雷等在线视频软件，就像在计算机上看电视电影一样，因此资源非常丰富。

10.4.3　网络电视机顶盒的安装

网络电视机顶盒主要有 4 个接口，如图 1-10-13 所示。

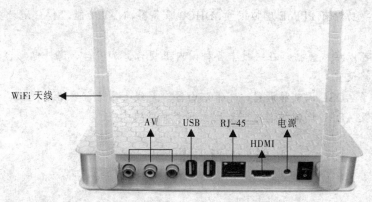

图 1-10-13　外置接口

① AV 音视频接口：此接口连接电视机的对应接口后可以收看普通标清电视节目，但不能观看高清电视节目，但是这一接口仅限于一些没有 HDMI 接口的老电视，现在很多液晶电视机基本不会用到这一接口。

② HDMI 接口：此接口连接电视机的对应接口后可以收看高清的电视节目，这是最佳网络机顶盒的连接方式，现在市面销售的新电视基本都配有此接口。

③ RJ-45 网络接口：此接口是连接宽带网络的，所以这里只需要用网线将接口与路由器连接即可。

④ WiFi 天线：网络电视机顶盒如果有此天线，就表示支持无线连接。如果家里有无线路由器，就不需要使用 RJ-45 网络接口。通过有线连接的 RJ-45 接口，用起来也不方便，在网络机顶盒中设置使用 WiFi 连接即可。

网络电视机顶盒的安装步骤如下。

① 根据自家的电视选择一条适合的附带连接线。如果家里用的是年代较早的电机，一般只能使用普通的 AV 连接线即可，就是具有红、黄、百 3 种颜色插头。把线的一端插到电视机 AV 输入 IN 插口中，一定要把颜色一一对应；另一端插到网络电视机顶盒上面的 AV 输出插口上，也要颜色一一对应。

② 如果电视机是液晶电视，一般还配备 HDMI 接口，用附带的 HDMI 接口线连接上即可，注意插 HDMI 线要看清插口的方向。

③ 用网线的一端插到网络电视机顶盒后面以太网插口，另一端插到网络路由器插口上。

④ 把网络电视机顶盒电源线和电视机电源线插到电源插座上并打开电源开关。用电视机遥控器切换一下输入方式为 AV 输入或者 HDMI 输入方式即可。

小 结

ADSL 调制解调器、宽带路由器、网卡和无线上网卡、网络电视机顶盒等网络连接部件使计算机能够接入 Internet，这些网络连接部件已成为微型机系统中的标准配置。

ADSL 调制解调器的类型有内置式和外置式 Modem、模拟式 Modem 和数字式 Modem、软 Modem 和硬 Modem。

网卡主要有 ISA、PCI、PCI-X、PCMCIA 和 USB 几种总线类型。无线上网卡包括 WCDMA 无线上网卡、CDMA 无线上网卡和 EDGE、TD-SCDMA 无线上网卡 4 类。

宽带路由器的主要功能有 PPPoE 虚拟拨号、DHCP 服务器、NAT 功能、MAC 地址功能、防火墙功能。

网络电视机顶盒可以在线直播，在线搜索各种国内卫视台、加密台、海外电影台，观赏价值大，使用方便且价格便宜。

本章也分别介绍了 ADSL 调制解调器、宽带路由器、无线上网卡、网络电视机顶盒等选购时要考虑的因素，以及 ADSL 调制解调器、无线上网卡安装的方法。

练 习 题

一、填空题

1. 从形态和安装方式上看，可将 Modem 分为_____、_____、_____。

2. 波特率又称为_____。

3. 按总线类型分类，网卡主要有_____、_____、_____、_____和_____几种总线类型。

4. 防火墙是指一种将_____和_____分开的方法。

二、选择题

1. 下列（　　）选项是按照工作原理对 Modem 进行分类的。

A. 内置式 Modem   B. 外置式 Modem

C. 模拟式 Modem   D. 数字式 Modem

2. 下列（　　）选项必须正确设置，才能使网卡正确响应网络操作系统。

  A.端口地址   B. 总线类型   C. 中断号   D. 跳线设备

3. USB 网卡有 10M 和 10/100 Mbit/s 自适应两种，它的一端是（　　）接口，另一端是 USB 接口。

  A. AUI   B. BNC   C. RJ-45   D. 两端都是 USB

4. Modem 的传输速率，指的是（　　）传送的数据量大小。

  A. 每秒钟   B. 每分钟   C. 每小时钟   D. 每次上网

三、判断题

1. 调制解调器只可以进行数据传输，不具有传真和语言传输功能。（　　）

2. ADSL Modem 的接口方式除了以太网卡接口外，还有 USB 和 PCI 两种。其中 USB、PCI 接口的 ADSL Modem 适用于家庭用户。（　　）

3. 使用 ADSL 上网时，因为 ADSL 上网并不占用电话线，所以除了包月的上网费用之外，并不收取上网时的电话费。（　　）

4. 调制解调器进行信号转换主要有调制和解调两个过程。（　　）

四、简答题

1. 什么是 Modem 的比特率？

2. 什么是宽带路由器？

第 **11** 章
电源和机箱

电源负责为主机内所有配件提供稳定的电源支持，电源的好坏直接影响计算机的稳定性和使用安全性；而计算机的各种配件都安装在机箱内，本章主要介绍电源和机箱的分类方法、结构、主要性能参数和选购方法等知识。

计算机主机内部所有的配件都要使用直流电，市电必须经过计算机电源转换为直流电后才能为各个配件供电。随着计算机主机内配件的发展，如 CPU 和显卡的发展、SATA 接口的普遍使用等，计算机电源的各种特性也在发生变化，电源的性能和稳定性对计算机各配件的寿命和整机稳定性影响非常大。

机箱作为承载计算机主机内部所有配件的容器，并不只是一个盒子这么简单，计算机内部数字电路的各种高频信号会产生大量的电磁辐射，机箱可以有效屏蔽电磁辐射，减少电磁辐射对人体健康的影响。另外，机箱的设计对主机散热性能也有非常重要的影响。

11.1　电　　源

计算机的性能越来越好，显卡的性能和功耗在不断增强，而主板、硬盘、光驱等也都是用电大户，一款好的电源可以为这些设备提供充沛、稳定的电源，对于计算机的稳定性起着举足轻重的作用。

11.1.1　电源的分类

按计算机电源标准规范分类，可分为 AT 电源、ATX 电源、Micro ATX 电源，外观如图 1-11-1 所示。

（a）Micro ATX 电源　　　　　　（b）静音风扇 ATX 电源　　　　　　（c）8cm 风扇 ATX 电源

图 1-11-1　电源

AT 电源的功率一般在 250 W 以下，主要用于早期的 AT 主板，现在已经淘汰。Micro ATX 电源大多用于小体积的品牌机。ATX 电源一般用于标准机箱，是目前最常用的电源。ATX 电源又分为 ATX 电源和 ATX 12 V 电源两种。ATX 电源一般用于较早期的 CPU 功耗较高的计算机。

目前主流的计算机配置通常使用 ATX 12 V 电源，主要包括 ATX 12 V 1.0 版、1.3 版、2.0 版、2.2 版和 2.3 版。ATX 12 V 1.3 版以后版本的电源都可以提供对 SATA 设备的支持，在 1.3 版电源中，+12 V 被设计为单路输出。2.0 版将+12 V 设计为双路输出，分别为 CPU 和显卡等设备供电，并将原有 20 Pin 主板电源接口变更为 24 Pin 接口。2.2 版提升了电源对 450 W 标准功率的支持，2.3 版则在 2.2 版的基础上增加了对电源转换效率的要求，使得电源更加节能，热损耗更小，同时优化了对高端显卡的支持。

11.1.2　电源的结构

电源主要由电源外壳、市电电源插口、电源插头、散热风扇和电源电路组成。

1. 电源外壳

电源外壳一般由钢板锻压制成，档次较高的电源其钢板的厚度一般较大，相同规格的电源其体积大小、安装孔的位置等都是标准的，主要起到承载内部电路及屏蔽作用，电源外壳上一般开有很多散热孔，可在电源工作时加大空气对流，提升散热效果。

2. 市电电源插口

市电电源插头主要通过电源线与 220 V 交流电源连接，为计算机提供电能。现在的电源一般在电源插口旁边都会设置一个电源开关，可以通过开关打开或关闭计算机电源。电源开关的外观如图 1-11-2 所示。

图 1-11-2　电源开关和电源插口

3. 散热风扇

电源在工作时发热较高，散热风扇可以提高空气对流速度，为电源及主机箱散热。目前的电源散热风扇直径主要有 8 cm、12 cm、13.5 cm 和 14 cm 等几种规格，风扇直径越大，在相同散热效果下，风扇转速越慢，静音效果越好。散热风扇开口外观如图 1-11-3 所示。

（a）8 cm 的风扇

（b）12 cm 的风扇

图 1-11-3　散热风扇

4. 电源插头

电源插头是用于连接主机内各种部件的电源插口，为各个部件提供电源，外观如图 1-11-4 所示。电源插头主要提供的直流电压值有+5 V、+12 V、+3.3 V 等。

电源插头的类型主要包括以下几种。

图 1-11-4　电源插头

（1）主板电源插头

主板电源插头用来给主板供电，标识为 P1。目前常见的主板电源插头包括 20 Pin 和 24 Pin 两种，ATX 2.0 版以后的电源都是 24 Pin 的插头，主板上的 24 Pin 插头同样支持早期的 20 Pin 的 ATX 电源插头，但要注意插入的方向。

（2）大 4 针电源插头

大 4 针电源插头是电源输出接头中数量最多的插头。该插头所连接的电源线通常为一红一黄两黑，插头上标识为 P4、P5，该插头主要用来给 IDE 设备供电，如 IDE 硬盘、IDE 光驱等。

（3）小 4 针电源插头

小 4 针电源插头标识为 P3、P8，一般用来给软驱供电，由于软驱已经很少使用，该插头已不多见。

（4）SATA 电源插头

随着 SATA 硬盘和 SATA 光驱的流行，目前电源都会提供多个 SATA 电源插头，一般为黑色，该插头插孔为 L 型，主要用来连接 SATA 硬盘和光驱。早期的电源没有 SATA 插头，但可以通过 IDE 转 SATA 转接线连接 IDE 电源插头实现。

（5）12 V 电源插头

12 V 电源插头为两行两列布局，共 4 个插孔，主要用于 Pentium 4 CPU 提供辅助电源。

5. 电源电路

电源电路的主要功能是将交流电转换为计算机内部所需要的直流电。电路主要包括输入电网滤波器、输入/输出整流滤波器、变压器控制电路和保护电路等，是决定电源转换效率、功率及稳定性的关键。电源内部电路如图 1-11-5 所示。

图 1-11-5　电源电路

11.1.3　ATX 电源的主要性能参数

ATX 电源的主要性能参数包括电源功率、转换功率、输出电压的稳定性、保护措施等。

1. 电源功率

电源功率是一个非常重要的参数，它决定了电源带负载的能力，如果选配的电源功率不足，会导致计算机运行不稳定，严重时会烧毁电源。市售的电源铭牌上通常会标识两种功率：峰值功率和额定功率。

峰值功率指电源短时间内能达到的最大功率，通常仅能维持 30 s 左右的时间。一般不作为选择电源的依据。用于有效衡量电源性能的参数是额定功率，即电源在稳定、持续工作条件下所能支持的最大负载。目前大部分计算机电源额定功率在 400 W 左右，高端电源可达到 1 500 W。

2．转换效率

转换效率是电源输出功率占电源输入功率的百分比。数值越大，电源的转换效率越高，电能损耗越小，更加节省电能。国际上，80Plus 认证标准对 ATX 12 V 2.3 版电源的转换效率要求为 80%，而我国的 3C 标准只要求达到 65%。

3．输出电压的稳定性

电源应能在输入电压波动时保证输出电压的稳定性。计算机电源使用的是开关电源，其输入电压在 220 V±20%范围内波动时都能正常工作，一般要求+5 V、+3.3 V、+12 V，输出直流电压的误差率要求在 5%以内，−5 V 和−12 V 电压的误差率要求在 10%以内，电源输出电压不稳定是造成计算机硬件损坏的主要因素。

4．保护措施

为保证计算机内各部件的安全和保护电源，电源内部一般都会设置一些保护措施，例如过压、过流、过载、过温、短路等保护功能。

5．可靠性

一般使用 MTBF（Mean Time Between Failure，平均故障时间）来作为衡量可靠性的标准，单位是小时。部分品牌电源已可达到 10 万小时。

6．认证标准

为确保电源的可靠性和安全性，各个国家和地区都制定了不同的安全标准。电源支持的标准越多，其可靠性和安全性越高。目前的认证标准主要有 FCC、UL、CSA、GS 和 CCC 认证等。其中 CCC（简称 3C）认证即中国国家强制认证，针对电源的 3C 认证为 CCC（S&E），该认证分别对用电安全、电磁兼容及谐波电流抑制等方面做了强制性要求。

7．PFC

PFC（Power Factor Correction，功率因数校正）指的是有效功耗与总的耗电量之间的关系，即有效功率与总耗电量的比值，目前主要有两种 PFC：主动式 PFC 和被动式 PFC。

被动式 PFC 一般采用电感补偿的方法减小交流电流与电压之间的相位差，提高功率因数，使用此种方式的电源，其功率因数只能达到 70%～80%。

主动式 PFC 由电感、电容及控制电路组成，通过专用的集成电路 IC 调整电流波形，对电流电压之间的相位进行补偿。主动式 PFC 体积小，可以达到较高的功率因数，一般可达到 98%以上，但成本较高。

11.1.4　电源的选购和安装

1．电源的选购

电源在计算机中起着举足轻重的作用，为保障主机设备安全、稳定性及用电安全，应慎重选择电源。选择电源首先必须确定所用电源的功率，一般来说，应在现有设备总功率的基础上预留 20%以上的余量，因为计算机开机时所需要的功率一般都比较大，而且也可以为后期添加配件打好基础，但没有必要一味追求大功率的产品，功率增大，价格往往升高，根据实际需要选择永远是选择配件的最大前提。如果是整合主板，或低端显卡的配置，建议选择额定功率为 300 W 以下的电源产品；如果主机内设备较多或有大功率设备如高性能显卡等，则应尽量选择功率较大的电源。

功率因数校正方式对于电力的利用率影响较大，建议如果预算宽松尽量选择主动式 PFC 的电源。

不要购买没有通过 3C 认证的电源，尽可能关注电源的转换效率及电压稳定性等参数，尽量选择具有较多认证的电源。另外，电源接口数量和类型决定了可连接的设备类型和数量，用户应根据自身情况选择合适的产品。

2．电源的安装

电源必须固定在机箱框架内右后方，先将电源对应放进机箱右上角的电源安装架上，如图 1-11-6 所示。安装过程中要注意电源放入的方向，有些电源有两个风扇，或者有一个排风口，则其中一个风扇或排风口应面向主板，放入后稍稍调整，让电源上的 4 个螺钉和机箱上的固定孔分别对齐，接着用 4 个螺丝将电源固定在机箱的后面板上，如图 1-11-7 所示。

安装好电源后的机箱如图 1-11-8 所示。

图 1-11-6 将电源装入机箱

图 1-11-7 用螺钉将电源固定

图 1-11-8 安装好电源后的机箱

11.2 机 箱

机箱与计算机的性能无关，它是计算机主机内主板、硬盘、光驱等配件的安装支架，对配件起固定和保护作用，同时机箱还有屏蔽电磁辐射的作用。

1．机箱的分类

按照机箱的外形分类，可分为立式机箱和卧式机箱。卧式机箱现在相对较少，只有 HTPC 或部分品牌机仍在使用，市场上最常见的是立式机箱。

按照所用主板的类型结构分类，可分为 AT 机箱、ATX 机箱、Micro ATX 机箱和 BTX 机箱，如图 1-11-9 所示。

AT 机箱内可以安装 AT 主板，目前 AT 主板已很少见到，这种机箱已被淘汰。ATX 机箱内可以安装 ATX 主板和 Micro ATX 主板，是最常见的机箱类型，如图 1-11-9（a）所示。Micro ATX 机箱体积比 ATX 机箱小得多，专用于安装 Micro ATX 主板，在许多品牌机中也经常见到，如图 1-11-9（b）所示。HTPC 通常比较关注机箱的外形，由于主要放置在客厅，所以大部分都是卧式机箱，如图 1-11-9（c）所示。BTX 专用于 BTX 主板，它改善了主机的散热性能，但目前还没有普及。

（a）立式 ATX 机箱　　　（b）Micro ATX 机箱　　　（c）HTPC 卧式机箱

图 1-11-9　机箱外观

2．机箱的结构

机箱主要由外壳和框架、各种支撑架和机箱面板组成。

（1）外壳和框架

机箱外壳和框架一般使用双层冷镀锌钢板锻压而成，钢板的厚度与机箱的强度、隔音能力和电磁辐射的屏蔽能力直接相关，钢板越厚，相关性能越好，当然使用较好材质的机箱，重量也会增加。

（2）支撑架

机箱内部的支撑架包括固定螺孔和主要用来安装硬盘、光驱、软驱等配件的导轨，各个配件的安装位置如图 1-11-10 所示。

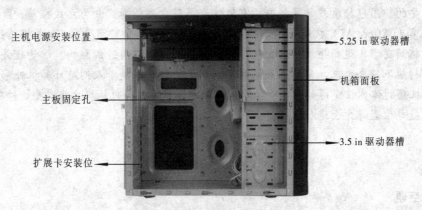

图 1-11-10　ATX 机箱各支撑位

（3）机箱面板

绝大部分机箱面板使用的材料为 ABS 工程塑料，较高档的机箱也有用金属或合金面板。面板上一般会提供电源按键、重启按键、USB 接口、耳机和话筒接口，它们一般设置在机箱的前面板上，有些机箱为了操作方便会将按键和接口设置在机箱侧面或机箱上部，如图 1-11-11 所示。

图 1-11-11　按键和接口面板

3．机箱的选购

机箱应根据主板类型、外观、材质、接口数量和接口位置等方面进行选择。Micro ATX 主板既可以使用 Micro ATX 机箱，也可以使用 ATX 机箱。通常小机箱体积小巧，但是散热性能较差。为了方便用户使用，有些机箱的设计比较人性化，如将按键设置在机箱面板的上部或侧面；

在机箱内部使用导轨和卡扣固定光驱、硬盘等部件，方便拆卸；专门针对 ESATA 移动硬盘在前面板上设置了 ESATA 接口等，用户可根据个人需要选择。

市面上有一种 38° 机箱，即满足 Intel 提出的 TAC 1.1 认证的机箱。这种机箱能够保证在 25℃室温下，机箱内部 CPU 散热器上方 2 cm 处平均温度不超过 38℃，如果用户对计算机的稳定性有特殊要求，或对超频比较热衷可以选择这类机箱。

另外，有些机箱没有设置重启按键，面板更简洁，但实际使用中计算机死机时操作非常不方便，选购过程中也要注意查看。

小　　结

电源负责为主机内所有配件提供稳定的直流电源支持，电源的好坏直接影响计算机的稳定性和使用安全性。机箱为计算机内所有的部件提供安装的空间，并能屏蔽电磁辐射，减少电磁辐射对人体健康的影响。

电源是计算机的心脏，目前使用最多的是 ATX 电源，这种电源包括 ATX 12V 1.0 版、1.3 版、2.0 版、2.2 版和 2.3 版等几个版本，新配置的计算机应尽可能选配最新版本的电源，因为这种电源优化了电源的转换效率，并针对当前 CPU、显卡等配件的特点做了电路优化，更加节能。电源功率的选择应以实际应用为基础，通常预留 20%以上的余量。另外，出于对人身安全和计算机安全的考虑，千万不要购买没有通过 3C 认证的产品。

机箱主要的作用包括承载计算机内所有配件和屏蔽电磁辐射，分为立式机箱、卧式机箱、ATX 标准机箱和 Micro ATX 机箱等。机箱可以为计算机配件提供安装支架，如果机箱强度不够，可能会导致机箱变形，进而导致电路短路，对计算机的正常使用造成影响。质量较差的机箱所使用的面板材质不符合要求，实际屏蔽电磁辐射的能力较差。随着人们对计算机外形的不断追求，计算机机箱的体积正变得越来越小，外观越来越美观，机箱应根据主板类型、外观、材质、接口数量和接口位置等方面进行选择。

练 习 题

一、填空题

1. ATX 12V 电源规范主要包括_____、_____、_____、_____和_____5 种。

2. 电源的可靠性可以通过_____衡量。

3. 机箱除了对主机内配件起固定和保护作用外，还具有_____的作用。

二、选择题

1. ATX 12 V 2.0 版后的电源其主板电源接口都是（　　　）。

    A. 20 Pin   B. 22 Pin   C. 24 Pin   D. 16 Pin

2. 机箱面板上不可能有的接口是（　　　）。

    A. USB 接口   B. Line out 接口   C. Mic 接口   D. PCI-E 接口

3. 要提高电能利用率，应关注电源的（　　　）。

    A. 功率   B. 转换效率

    C. 可靠性   D. 输出电压稳定性

4. Intel 提出的 TAC 1.1 机箱认证要求 25 ℃室温下,机箱内部 CPU 散热器上方 2 cm 处平均温度不超过 (   )。

    A. 28 ℃   B. 30 ℃   C. 38 ℃   D. 42 ℃

三、判断题

1. 电源散热风扇直径越大,同等排风量下噪声越小。   (   )

2. 在中国市场没有通过 3C 认证的电源是不允许销售的。   (   )

3. Micro ATX 主板,只能用在 ATX 机箱中。   (   )

四、简答题

1. ATX 12V 1.3 版电源相对于 ATX 12V 1.0 版电源主要做了什么升级,如何简单地区分这两种电源?

2. 如果电源没有提供 SATA 插头,怎么办?

3. 旧版本电源所使用的 20 Pin 主板电源插头可以用来连接新的使用 24 Pin 电源插槽的主板吗?

4. 机箱面板上一般都有哪些接口?

第 12 章

键盘和鼠标

键盘和鼠标是最常用的输入设备。一套手感舒适、做工精良、外形优美的键盘和鼠标，不仅能在使用时更加得心应手，还能充分保护用户的健康。鼠标、键盘和显示器是影响用户健康的 3 个关键配件。

12.1 键　　盘

键盘（Keyboard）是最常用的也是最主要的输入设备之一，通过键盘，可以将英文字母、数字、标点符号等输入到计算机中，从而向计算机发出命令、输入数据等。键盘是必备的标准输入设备，即使在大量使用鼠标的 Windows 下，键盘也仍是不可取代的文字输入设备。

12.1.1 键盘概述

早在 1714 年，就开始相继有英、美、法、意、瑞士等国家的人发明了各种形式的打字机，最早的键盘就是那个时候用在那些技术还不成熟的打字机上的。直到 1868 年，"打字机之父"——美国人克里斯托夫·拉森·肖尔斯（Christopher Latham Sholes）获打字机模型专利并取得经营权经营，于几年后设计出现代打字机的实用形式和首次规范了键盘，即现在的 QWERTY 键盘。

为什么要将键盘规范成现在这样的 QWERTY 键盘按键布局呢？这是因为最初打字机的键盘是按照字母顺序排列的，而打字机是全机械结构的打字工具，因此如果打字速度过快，某些键的组合很容易出现卡键问题，于是克里斯托夫·拉森·肖尔斯（Christopher Latham Sholes）发明了 QWERTY 键盘布局，他将最常用的几个字母安置在相反方向，最大限度放慢敲键速度以避免卡键。肖尔斯在 1868 年申请专利，1873 年使用此布局的第一台商用打字机成功投放市场。

键盘的工作原理是实时监视按键，将按键信息送入计算机。键盘包括发现按下键位置的键扫描电路、产生被按下键代码的编码电路，以及将产生的代码送入计算机的接口电路。

键盘是最常见的计算机输入设备，它广泛应用于微型计算机和各种终端设备上。计算机操作者通过键盘向计算机输入各种指令、数据，指挥计算机的工作，把运行情况输出到显示器，操作者可以很方便地利用键盘和显示器与计算机对话，对程序进行修改、编辑，以及控制和观察计算机的运行。

PC XT/AT 时代的键盘主要以 83 键为主，并且延续了相当长的一段时间，但随着视窗系统近几年的流行已经被淘汰。取而代之的是 101 键和 104 键键盘，并占据市场的主流地位。紧接着 104 键键盘出现的是新兴多媒体键盘，它在传统的键盘基础上又增加了不少常用快捷键或音量调节装置，使 PC 操作进一步简化，对于收发电子邮件、打开浏览器软件、启动多媒体播放器等都只需要按一个特殊按键即可，同时在外形上也做了重大改善，着重体现了键盘的个性化。

12.1.2 键盘的分类

1. 按键盘开关接触方式分类

（1）机械式结构键盘

这类键盘采用类似金属接触式开关的原理使触点导通或断开，从而获得通断控制信号。在实际应用中，机械键盘的结构形式很多，最常用的是交叉接触式，它的优点是结实耐用；缺点是不防水、敲击比较费力，而且打字速度快时容易漏字。目前，这类键盘已经被电容式键盘和塑料薄膜式键盘取代。20 世纪有许多都是机械键盘，直到后来因为成本高而被薄膜键盘所取代。不过，因为机械键盘的手感要比薄膜键盘好很多，所以现在一部分中高端玩家仍然在使用它们。

现在的机械键盘虽然品牌不同，但基本上按键的机械轴都是由德国 Cherry 生产的，有 MX 和 ML 两个系列，以 MX 为主。另外还有日本 ALPS 简易轴、中国台湾 ALPS 简易轴、中国台湾白轴等，不过数量很少。Cherry MX 系列机械轴中，又根据颜色分为黑轴、白轴、茶轴、青轴、红轴等，不同颜色的轴有不同的特点，如黑轴无任何段落感、压力克数较重、噪声小、寿命长。机械键盘与任何薄膜键盘相比，手感都要更好，寿命也更长，不过价格比较贵，图 1-12-1 所示为机械式键盘。

（2）电容式结构键盘

这类键盘的按键采用类似电容式开关的原理，通过按下按键改变电容器两电极间的距离而产生电容量的变化，形成暂时的允许振荡脉冲通过电容器的条件，从而获得通断控制信号。由于电容器无接触，所以这种键在工作过程中不存在磨损、接触不良等问题，耐久性、灵敏度和稳定性都比较好。

为了避免电极间进入灰尘，电容式按键开关采用了密封组装方式。按键平均寿命在 1 000 万～3 000 万次之间。但是一款真正的电容键盘价格是比较高的。因此目前市场上真正的电容式键盘并不多，如图 1-12-2 所示。

图 1-12-1　机械式结构键盘

图 1-12-2　电容式结构键盘

（3）塑料薄膜式键盘

这类键盘的按键通常由 4 层组成，最上层是中心有凸起的橡胶垫，下面 3 层都是塑料薄膜。其中，上、下两层塑料薄膜上用导电颜料印制出电路，并在按键位置正下方有一一对应的触点；中间的一层为隔离层，用来防止上、下两层的印制线路意外接触导致短路，而在上、下两层触点对应的位置打有直径约 5 mm 的小孔。按下按键时，按键推动橡胶垫的凸起部分向下，而橡胶垫的凸起部分又压迫第一层的触点部分向下变形，透过第二层——隔离层的小孔，接触第三层的触点，从而输出编码。

这种键盘无机械磨损，可靠性较高，同时成本也较低，目前在市场上的产品中占相当大的比重。塑料薄膜式键盘的内部结构如图 1-12-3 所示。

（4）导电橡胶式键盘

这类键盘按键信号是通过导电橡胶接通下方印制线路板上的触点产生的。其结构非常简单，上层是一层带有导电橡胶凸起的橡胶垫，只有凸起部分能够导电，而接触印制电路板的平面部分不导电，凸起部分对准每个按键；下层是一张印制线路板。按下键帽时，推动能够导电的凸起部分，接通下方正对的触点；放松键帽不按时，凸起部分依靠橡胶垫本身的弹性弹起，断开电路。这种键盘使用得也较多。导电橡胶式键盘的内部机构如图 1-12-4 所示。

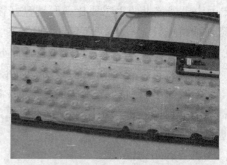

图 1-12-3　塑料薄膜式键盘的内部结构　　　　图 1-12-4　导电橡胶式键盘的内部结构

（5）夜光键盘

夜光键盘（见图 1-12-5）越来越受大家喜爱，市场上的背光键盘大致分为两种，一类是以 LED 发光二极管作为背光，另一类是电光板作为背光。

① 发光按键：前 LED 背光键盘又分为单色 LED 夜光键盘与变色 LED 夜光键盘（雷蛇品牌的一些变色键盘就属于这类），LED 键盘与电光板键盘相比，LED 由于它比较简单，所以它的价格通常比较便宜，但由于每个 LED 的亮度存在比较大的区别，所以它的背光均匀度难以确保，再加上一个 LED 键盘是由很多个 LED 发光管组成的，所以它的耗电也相对比较大。

② 电光板：光电板夜光键盘市场上比较少，主要由于它采用的是价格比较高的光电板，所以高端背光键盘或军用夜光键盘均采用此类键盘。优点是它亮度非常均匀、耗电极低、寿命长、质量稳定，而且光电板只有 0.5 mm 左右，还可以折叠，光电板的尺寸还可以任意剪裁；缺点是价格高，不能改变颜色，幽灵背光键盘就属于这类键盘。

图 1-12-5　夜光键盘

2．按代码转换方式分类

① 编码式键盘：通过数字电路直接产生对应于按键的 ASCII 码，这种方式目前很少使用。

② 非编码式键盘：将按键排列成矩阵的形式，由硬件或软件随时对矩阵扫描，一旦某一键被按下，该键的行列信息即被转换为位置码并送入主机，再由键盘驱动程序查表，从而得到按键的 ASCII 码，最后送入内存中的键盘缓冲区供主机分析执行。非编码式键盘由于其结构简单、按键重定义方便而成为目前最常用的键盘类型，如多媒体键盘。这些键盘通常出现在品牌机上，品牌机的"单键上网"键盘也是基于此原理的。

3．按按键数分类

计算机键盘发展历史上，以下几种键盘具有非常重要的地位，是相应时期的键盘规范。

① 84 键键盘：这种键盘上只有 84 个按键。最早的 XT 键盘就采用这种 84 键布局，这类键盘很早之前就被淘汰了。

② 101 键键盘：共有 101 个键，是在 84 键键盘的基础上独立建立了编辑控制键区，并增加了功能键区、小数字键区及其他一些按键，这类键盘也已经淘汰。

③ 104 键标准键盘：采用标准的 104 键台式机键盘、键体设计，比 101 键键盘多出了 3 个键，用于在 Windows 95 及以上的操作系统环境中快速调出系统菜单或鼠标右键菜单。目前市场上绝大多数键盘都为此种类型。常见的 104 键键盘如图 1-12-5 所示。

图 1-12-6　常见的 104 键盘

④ 104 键多媒体键盘：采用标准的台式机键盘、键体设计，添加了音量增减、Mail 等热键，热键数量较少的属于准多媒体键盘，应用也很广泛。

⑤ 104 键 Office 多媒体键盘：是真正可称得上多媒体键盘的 104 键键盘产品，具有丰富的热键，可自定义的功能，并附带其他如滚轮旋扭等扩展功能。

⑥ 107 键标准键盘：比 104 键键盘多出了"开/关机""睡眠""唤醒"电源管理方面的按键。顾名思义，这 3 个按键是用于快速开、关计算机及让计算机快速进入或退出休眠模式的。不过由于其多出的 3 个按键有时会造成误操作，所以现在厂商多以 104 键为基础进行设计。

⑦ 多媒体键盘：这类键盘目前非常流行，大多在 107 键键盘的基础上额外增加了一些多媒体播放、Internet 访问、E-mail、资源管理器方面的快捷按键，这些按键通常要安装专门的驱动程序才能使用，而且这类键盘中大多数都能通过驱动程序附带的调节程序让用户自定义这些快捷按键的功能。

⑧ 笔记本式键盘：由于笔记本键盘的键帽采用了先进的剪刀式 X 架构悬吊技术设计，使得它拥有比传统台式机键盘更好的弹性，以及轻盈柔和的手感，这种键盘可大大提高文字的录入速度，提高工作效率，所以键体和键帽仿照笔记本式的键盘在市场上大受欢迎。

4．按键盘的外观分类

① 普通键盘：平常见到的键盘是平直结构，价格便宜，市场占有量最大，主要用在学生

机房、办公场所。

　　② 人体工学键盘：所谓人体工学，在本质上就是使工具的使用方式尽量适合人体的自然形态，这样可以使使用工具的人在工作时在身体和精神上不需要任何的主动适应，从而尽量减少使用工具造成的疲劳。对于经常使用键盘的用户，建议使用人体工学键盘，以减轻对身体的损伤。微软多年来一直倡导人体工程学外设，图 1-12-7 所示是微软第五代人体工学键盘产品——人体工学键盘 4000（Natural Ergonomic Keyboard 4000）。

图 1-12-7　微软人体工学键盘 4000

5. 按有无连接线分类

　　按有无连接线，可将键盘分为有线键盘和无线键盘。一般的键盘都是有线键盘，通过线缆与主机连接。无线键盘主要是采用无线电传输（RF）方式与主机通信。

6. 按键盘的接口分类

　　早期的键盘接口是 AT 键盘接口，是一个较大的圆形接口，俗称"大口"。后来的 ATX 规格改用 PS/2 接口作为鼠标专用接口的同时，也提供了一个键盘专用的 PS/2 接口，俗称"小口"。但是要注意，虽然键盘和鼠标使用的都是 PS/2 接口，但两者之间不能互换。随着 USB 接口的广泛使用，很多厂商相继推出了 USB 接口的键盘。

12.1.3　键盘的结构

　　总的说来，键盘分为外壳、按键和电路板 3 部分。平时只能看到键盘的外壳和所有按键，电路板安置在键盘的内部，用户是看不到的。

1. 键盘的外壳

　　外壳主要用来支撑电路板和为操作者提供一个方便的工作环境。多数键盘外壳上有可以调节键盘与操作者角度的支撑架，通过这个支撑架，用户可以改变键盘的角度。键盘外壳与工作台的接触面上装有防滑减振的橡胶垫。许多键盘外壳上还有一些指示灯，用来指示某些按键的功能状态。

2. 按键

　　印有符号标记的按键有的安装在电路板上，有的直接焊接在电路板上，有的用特制的装置固定在电路板上，有的则用螺钉固定在电路板上。

　　对键盘而言，尽管按键数目有所差异，但按键布局基本相同，共分为 4 个区域，即主键盘区、编辑键区、功能键区、小键盘区。

　　所有按键依其功能可分为 3 类。

　　① 字符键：包括主键盘区的字母键 A～Z，数字键 0～9 和 "[" "," "]"、";" "/" "-" "=" "\" 等各种符号键。

　　② 功能键：包括功能键区的 F1～F12 共 12 个键，其功能由软件决定，对于不同的软件它

们可以有不同的功能。

③ 控制键：以上两类键以外的各键均为控制键，包括主键盘区的【Ctrl】【Shift】【Alt】【Tab】等键和编辑键区的光标控制键及其他特殊键。控制键的功能由软件决定。

3．电路板

电路板是整个计算机键盘的核心，主要由逻辑电路和控制电路组成。逻辑电路排列成矩阵形状，每一个按键都安装在矩阵的一个交叉点上。电路板上的控制电路由按键识别扫描电路、编码电路、接口电路组成。在一些电路板的正面可以看到由某些集成电路或其他一些电子元件组成的键盘控制电路，反面可以看到焊点和由铜箔形成的导电网络；而另外一些电路板上只有制作好的矩阵网络而没有键盘控制电路，它们将这一部分电路设计在计算机内部。

12.1.4　键盘的选购

很多人在购买键盘时似乎不够重视，其实键盘是除显示器、鼠标、机箱之外另一个与用户关系密切的部件。如果键盘质量不够好，轻则妨碍打字速度，重则造成手腕及指关节损伤。因此，对键盘一定要精挑细选，尽量选择名牌大厂的产品。在购买键盘时，可注意以下几点。

1．舒适度

微软发明的人体工程学键盘将键盘分成两部分，两部分呈一定角度，以适应人手的角度，使输入者不必弯曲手腕。另有一个手腕托盘，可以托住手腕，将其抬起，避免手腕上下弯曲。这种键盘主要适用于那些需要大量进行键盘输入的用户，价格较高，且要求使用者采用正确的指法，消费者应视自身情况选购。目前很多标准键盘也增加了手腕托盘，也能一定程度地保护手腕。这些键盘也往往自称人体工程学键盘，要注意区分。

2．操作手感

键盘按键的手感是键盘对于使用者的最直观体验，也是键盘是否"好用"的主要标准。按键的结构分为机械式和电容式两种，这两种结构的按键手感不同，要视自己的习惯选择。好的键盘按键应该平滑轻柔，弹性适中而灵敏，且按键无水平方向的晃动，松开后立刻弹起。好的静音键盘在按下、弹起的过程中应该是接近无声的。

3．做工

做工质量也是选购过程中主要考察的对象。对于键盘，要注意观察键盘材料的质感，边缘有无毛刺、异常突起、粗糙不平，颜色是否均匀，键盘按钮是否整齐合理、是否有松动。键帽印刷是否清晰，好的键盘采用激光蚀刻键帽文字，这样的键盘文字清晰且不容易褪色。还要注意反面的底板材料及铭牌标识。某些优质键盘还采用排水槽技术来减少进水可能造成的损害。

4．接口的类型

目前市面上常见的键盘接口有两种：PS/2 接口和 USB 接口。购买时须注意主板支持的键盘接口类型，目前的主板大多应选择 PS/2 接口。

5．是否"锁键盘"

有些键盘在同时按下几个键时，有些键就失去了作用，这给需要用键盘玩游戏的用户造成了极大不便，在购买时应注意测试。

12.2 鼠 标

12.2.1 鼠标概述

鼠标的历史比键盘短得多，它于 1968 年 12 月 9 日诞生在美国加州斯坦福大学，发明者是 Douglas Englebart 博士。Douglas Englebart 博士设计鼠标的初衷就是为了使微型机的操作更加简便，来代替键盘那烦琐的指令操作。鼠标外形一般是一个小盒子，通过一根导线与主机连接起来，由于其外形像老鼠，故名为鼠标。

其工作原理是由它底部的小球带动枢轴转动，并带动变阻器改变阻值来产生位移信号，信号经计算机处理，屏幕上的光标就可以移动。它通常作为微型机系统中的一种辅助输入设备，可增强或代替键盘上的光标移动键和其他键（如【Enter】键）的功能，使用鼠标可在屏幕上更快速、更准确地移动和定位光标，如图 1-12-8 所示。

1983 年，苹果公司在推出的 Lisa 机型中首次使用了鼠标，这也是鼠标的第一次商业化应用，尽管 Lisa 机型并未获得多大的成功，苹果公司也开始走下坡路，但鼠标对于计算机的影响开始体现。紧接着，微软在 Windows 3.1 中也对鼠标提供支持，而到了 Windows 95 时代，鼠标已经成为 PC 不可缺少的操作设备。在此之后，鼠标得到了迅速普及。

图 1-12-8 早期鼠标

12.2.2 鼠标的分类

1. 按鼠标的接口分类

鼠标与微机连接的接口一般有 3 种：串行接口鼠标、PS/2 接口鼠标、USB 接口鼠标。

一般使用老式 AT 结构的微机都只能通过串行接口连接鼠标。串行接口鼠标通过串行接口与计算机相连，有 9 针和 25 针之分。

ATX 结构主板上提供了一个标准的 PS/2 鼠标接口和一个 PS/2 键盘接口。使用 PS/2 接口鼠标时，主板上必须有一个 PS/2 鼠标接口。值得注意的是，PS/2 鼠标不可以带电插拔，而串行接口鼠标则无所谓。

随着 PS/2 接口的淘汰，目前市场上的鼠标多为 USB 接口。

2. 按有线无线分类

为了取消连接线，还有采用红外线、激光、蓝牙等技术的无线鼠标。这类鼠标本身的工作原理与普通鼠标一样，只不过采用无线技术与微机通信。

无线鼠标具有不需要连线的优点，可以在几米范围内操纵。但是，无线鼠标也有致命的缺点，就是容易受到干扰，传输延时比较严重，时常会出现无法移动鼠标指针的现象。目前的无线鼠标都需要电池来供电，配合无线接收器才可以正常工作。无线电接收器类似于 U 盘，采用

USB 接口。

3．按鼠标的工作原理分类

（1）机械鼠标

机械鼠标主要由滚球、辊轴和光栅信号传感器组成，是通过移动鼠标带动胶球，胶球滚动又磨擦鼠标内分管水平和垂直两个方向的栅轮滚轴，驱动栅轮转动。栅轮轮沿为格栅状。紧靠栅轮格栅两侧，一侧是红外发光管，另一侧是红外接收组件。红外接收组件为一三端器件，其中包含甲、乙两个红外接收管。在水平和垂直栅轮夹角正对方向有一压紧轮，它使胶球无论向何方向滚动都始终压紧在两个栅轮轴上。

鼠标内控制芯片通过此脉冲相位差判知水平或垂直栅轮的转动方向，通过此脉冲的频率判知栅轮的转动速度，并不断通过数据线向主机传送鼠标移动信息，主机通过处理使屏幕上的光标同鼠标同步移动。

显而易见，这种机械鼠标的精度受到了桌面光洁度、采样精度等多方面因素的制约，因此并不适合在高速移动或者大型游戏中使用。不过，由于这种第一代机械鼠标出现时，大部分 PC 的系统软件和操作软件都只是刚刚开始使用 GUI，因此这个矛盾并不突出。

机械鼠标由于鼠标内的滚球很容易脏，导致鼠标丢帧，因此需要经常清理，而且鼠标的 DPI 较低且是固定的，很不便于用户使用。图 1-12-9 所示为机械鼠标内部构造。

（2）光电鼠标

机械鼠标的推出使得众多计算机外设发明家将鼠标的研究作为重点工程，而机械鼠标在发展到一定时期，其诸多缺陷使得专家们开始寻求突破点，1999 年，微软生产出世界上第一个光电鼠标产品，其中包括 Intel Mouse Explorer、Intel Mouse Optical 和 Wheel Mouse Optical。光电鼠标的诞生也成为自 20 世纪 60 年代鼠标诞生以来，在鼠标技术上取得的最大进步，如图 1-12-10所示。

光电鼠标的工作原理是：在光电鼠标内部有一个发光二极管，通过该发光二极管发出的光线照亮光电鼠标底部表面，然后将光电鼠标底部表面反射回的一部分光线，经过一组光学透镜，传输到一个光感应器件（微成像器）内成像，从而完成光标的定位。

图 1-12-9　机械鼠标内部构造

图 1-12-10　光电鼠标内部构造

（3）激光鼠标

2004 年，世界第一款激光鼠标诞生了，它便是罗技推出的 MX1000 激光无线鼠标，至此，激光鼠标的风潮开始兴起。由于罗技 MX1000 同时也是一款无线鼠标，因此，无线鼠标在 2004 年后开始频繁进入市场。激光鼠标其实也是光电鼠标，只不过是用激光代替了普通的 LED 光，好处是可以通过更多的表面。市面上新的普通光电鼠标的 DPI 值绝大部分能达到 800 以上，用好一点的传感器能支持到 1 200 DPI 到 1 600 DPI 左右，而激光鼠标最高能支持到 8 200 DPI，最低档次的激光鼠标也能支持到 1 600 DPI。激光鼠标如图 1-12-11 所示。

（4）蓝影鼠标

2004 年，首款激光引擎鼠标问世至今，已经有长达 11 年的时间，虽然是所谓激光引擎的极盛时期，但微软全新推出的 Blue Track 蓝影技术也闪亮问世，且力图超越激光鼠标，如图 1-12-12 所示。

图 1-12-11　激光鼠标

图 1-12-12　微软蓝影鼠标

蓝影技术并不是光学引擎和激光引擎的简单综合，而是提高鼠标表面适应能力的高效解决方案。首先，蓝色光属于短波光线，虽然无法同激光引擎发射出的非可见光相比，但是蓝色光的短波优势让它同样具备了优秀的反射效果，通过反射让物体细节得到了更细致的反映。

将传统光学引擎与激光引擎相结合的蓝影技术，让微软鼠标产品具备了超强的表面适应能力以及精确无比的定位能力，使采用 LED 可见光源的鼠标产品具备了超越激光引擎产品的整体实力。而在成本方面，由于 LED 光源相对于激光二极管具有更加低廉的成本，所以采用蓝影技术的鼠标产品的实际成本反而会比激光引擎的产品更低。

（5）多点触控鼠标

多点触控（又称多重触控、多点感应、多重感应）是采用人机交互技术与硬件设备共同实现的技术，能在没有传统输入设备（如鼠标、键盘等。）下进行计算机的人机交互操作。多点触摸技术能构成一个触摸屏（屏幕、桌面、墙壁等）或触控板，都能同时接受来自屏幕上多个点进行计算机的人机交互操作。MP3、手机的触摸屏已经深入大家的生活。

2009 年苹果公司推出了全球首款多点触控鼠标，2010 年国内外设厂商雷柏推了国内第一款多点触控式鼠标——雷柏 T1 鼠标，这预示着多点触控鼠标将会成为未来的主流。多点触控技术是一项新的鼠标技术，触控技术的发展势头近几年可以说是非常迅猛，但由于存在操作延迟、工作效率低等根本问题，短期内还不能起到替代键鼠产品的作用，但已经有键鼠外设厂商行动起来，开发出了结合触控技术的新产品，如图 1-12-13 所示。

从机械鼠标、光电鼠标、激光鼠标到现在多点触控式鼠标，鼠标经历过了几十年的发展历程，如今，2.4 GHz 无线技术俨然成为最主流、最受人欢迎的无线技术，而 2.4 GHz 无线鼠标成为越来越多的笔记本用户的首选对象。至此，鼠标格局已经出现转变，厂商在鼠标市场推广方面已经根据用户开始进行市场细分化，游戏鼠标、办公鼠标、笔记本鼠标均有了新定义和新的市场范畴，其性能和功能都发生着巨大变化。从目前的情况来看，越来越多的采用蓝牙技术和多点触控技术的鼠标产品出现在外设市场中，不过由于存在一些根本问题，短期内多点触控式技术还不能起到替代键鼠产品的作用。相信在不久的将来它们都会成为外设的主流产品。

图 1-12-13　多点触控鼠标

12.2.3 鼠标的主要性能参数

鼠标的性能涉及多个参数，其主要参数如下。

1．分辨率

光学机械鼠标的主要技术参数为 DPI（Dots Per Inch，每英寸像素），光学鼠标的主要技术参数则是类似 DPI 的 CPI（Count Per Inch，每英寸的测量次数）。

DPI 用来表示光电鼠标在物理表面上每移动 1 英寸时其传感器所能接收到的坐标数量。CPI 是光电鼠标引擎厂商安捷伦提出的单位标准。DPI 和 CPI 都是表示鼠标分辨率的标准，只是 CPI 的表达方式更加精准，因此目前广泛使用 CPI 标识，DPI 这种说法已成为历史。

分辨率越高，在一定的距离内可获得越多的定位点，鼠标将更能精确地捕捉到玩家的微小移动，尤其有利于精准的定位。另一方面，CPI 越高，鼠标在移动相同物理距离的情况下，鼠标指针移动的逻辑距离会越远。

光学机械鼠标的采样率多为 200～400 CPI，而光学鼠标的采样率则是 400～800 CPI。

2．刷新率

刷新率又称内部采样率、扫描频率、帧速率等，它是对鼠标光学系统采样能力的描述参数，即发光二极管发出光线照射工作表面，光学二极管以一定的频率捕捉工作表面反射的快照，交由数字信号处理器（DSP）分析和比较这些快照的差异，从而判断鼠标移动的方向和距离。

3．像素处理能力

像素处理能力这一指标能够更加直观地说明光学鼠标的性能，其单位为 pixel/s，计算公式为像素处理能力=每帧像素数×帧速率（即刷新率）。

罗技 MX 引擎的像素处理能力为 4.7×106 pixet/s，而通过换算，微软 IntelliEye 光学引擎像素处理能力为 2.9×106 pixel/s。

在提高处理能力的途径上，罗技与微软走的是两条道路，微软是单纯提高帧速率（高达 6 kHz），而罗技则在提高帧速率（提高至 5.2 kHz）的同时提高了像素数。

4．接口采样率

现在的鼠标大多采用 USB 接口，按照理论，接口采样率应该达到 125 Hz。目前大多数鼠标都采用光学引擎+接口芯片的双芯片设计模式，这就要求接口芯片的采样率要尽量高，避免性能瓶颈出现在接口电路上。接口采样率一般在 60～124 Hz 之间。接口采样率对鼠标性能影响较大，越大越好。

12.2.4 鼠标的选购

一般而言，选购一款鼠标主要考虑以下几个方面因素。

1．鼠标分辨率的大小

鼠标的内在性能与分辨率有着密切的关系，分辨率低的鼠标在拖动时会明显感觉比较迟钝。鼠标分辨率越高，精确度就越高，光标在屏幕上移动定位就越准确且移动速度快。目前，市面的鼠标大都提供的是 1 000 DPI 以上的分辨率。不过高端的鼠标如 Razer Naga 那伽梵蛇，采用的就是 5 600 DPI 的分辨率。

2．刷新率

刷新率也是鼠标的一个重要参数，刷新率在一定程度上甚至比分辨率更重要。刷新率越高的鼠标每秒所能传回的成像次数越多，所形成的图像也就越精准。目前的鼠标都是 6 000 次/秒的光学扫描率，专用游戏鼠标达到 9 000 次/秒，只要大于 6 000 次/秒光学扫描率的鼠标已经能够应付需要精准定位指针的游戏了。

3. 鼠标的手感

除了注重鼠标的内在性能之外，比较关键的一点是看是否符合人体工程学设计，好的鼠标应该是具有人体工程学原理设计的外形，符合人体工程学设计的鼠标握起来手感很好，握时感觉舒适、体贴，按键轻松而有弹性，在工作、学习、娱乐中不容易疲劳。

4. 外观

外观上的挑选主要以个人的喜好为选择标准，挑选适合自己的鼠标，一般鼠标颜色最好跟机箱、键盘、显示器的搭配相和谐。造型漂亮、美观的鼠标能给人带来愉悦的心情。

5. 接口

鼠标的接口与键盘类似，目前市面上主要有 PS/2 和 USB 两种，有些品牌机已经不支持 PS/2接口了，因此购买鼠标时要注意所用主机支持的接口类型。在价格上，USB 接口鼠标要稍高于PS/2 接口的鼠标。

小　结

键盘和鼠标是最常用的输入设备。

键盘的分类方式有按键盘开关接触方式分类、按键盘的外观分类、按代码转换方式分类、按按键数分类、按键盘的外观分类、按有无连接线分类、按键盘的接口分类；键盘的结构分为外壳、按键和电路板 3 部分；在购买键盘时，应注意以下几点：舒适度、操作手感、做工、接口的类型、是否"锁键盘"。

键盘的分类方式有按鼠标的接口分类、按有线无线分类、按鼠标的工作原理分类；鼠标的主要参数包括分辨率、刷新率、像素处理能力、接口采样率；选购一款鼠标主要考虑鼠标分辨率的大小、刷新率、鼠标的手感、外观、接口几个因素。

练　习　题

一、填空题

1. 按键盘开关接触方式分类，键盘可分为＿＿＿＿＿＿、＿＿＿＿＿＿、＿＿＿＿＿＿和＿＿＿＿＿＿ 4 种。

2. 按键盘接口划分，可将键盘分为＿＿＿＿＿＿接口键盘、＿＿＿＿＿＿接口键盘、＿＿＿＿＿＿接口键盘。

3. 键盘分为 4 个区，即＿＿＿＿＿＿区、＿＿＿＿＿＿区、＿＿＿＿＿＿区和＿＿＿＿＿＿区。

4. 按鼠标的工作原理分类，可分为＿＿＿＿＿＿鼠标、＿＿＿＿＿＿鼠标、＿＿＿＿＿＿鼠标和＿＿＿＿＿鼠标。

二、选择题

1. 常见的输入设备是（　　　）。

    A. 键盘　　　　　B. 打印机　　　　　C. 液晶显示器　　　　　D. 鼠标

2. 鼠标不可能有的接口是（　　　）。

A. USB 接口　　　B. COM 接口　　　C. PS/2 接口　　　D. PCI-E 接口

3. 常见键盘由下列（　　）构成。

    A. 外壳　　　　　B. 按键　　　　　C. 电路板　　　　D. 滚轮

4. 键盘所有按键依其功能可分为（　　）。

    A. 字符键　　　　B. 方向键　　　　C. 功能键　　　　D. 控制键

三、判断题

1. 我们把带滚轮的鼠标，称为网际鼠标。　　　　　　　　　　　　　　（　　）

2. USB 键盘是随着 USB 接口的流行而出现的新产品，除接口之外，其键盘结构与 AT 和 PS/2 键盘是基本一样的，目前市场上流行的 ATX 主板都提供这种接口，但需要在主板 BIOS 中启用 USB 接口设置才能使用。　　　　　　　　　　　　　　　　　　　　　（　　）

3. 鼠标主要技术参数有分辨率、刷新率、像素处理能力、接口采样率。　　（　　）

四、简答题

1. 简述选购键盘应考虑的因素。

2. 简述鼠标按工作原理的分类及其选购原则。

第 **13** 章

打印机和扫描仪

在前面的章节中介绍的配件都是组装微机不可缺少的部分，而打印机和扫描仪则属于选配的外设部件。随着家庭计算机拥有量的迅速增长和办公自动化的日益普及，作为计算机外围设备的打印机、扫描仪已经走入了寻常百姓家，更是现代化办公领域不可或缺的重要配套外设。

13.1 打印机概述

打印机是计算机的输出设备之一，用于将计算机处理结果打印在相关介质上。打印机的发展经历了传统打字机、字模打印机、高性能打印机等几个不同的发展阶段。

1. 传统的打字机

世界上最早的打字机诞生于 1808 年，它是由意大利人佩莱里尼·图里发明的。第一台实用即真正的打字机是由一位美国人克里斯托夫·拉森·肖尔斯于 19 世纪 60 年代发明的。最初的打印技术是采用各种单独的字模打字机进行打印工作，如图 1-13-1 所示。打字员在打字机上按动按键，把手写的文字转换成标准的印刷体。一旦打印完成，印刷品的样式被固定下来，再也不能被更改。

图 1-13-1 传统的打字机

2. 字模打印机

第一代微型机打印技术是最初的办公室打字机的翻版，它的工作原理和当时普通的打字机相同。打印机上排列了许多字锤，当打印时，字锤敲击一条浸满墨水的色带上，将颜料印在纸上形成文字和各种符号。每一个字母或符号都有一个对应的字锤。这种打印机有一个明显的缺点：只能打印字符或字母，不能打印图形，因此被称为面向字符的打印机。

3. 高性能打印机

由于实际应用迫切需求能够打印图形的打印机，这就发明了点阵打印机。点阵打印机是模仿显示器的显像原理而成的。被打印的字符或图形由许多细小的点构成，这些点之间紧密排列，给人的感觉是字符或图形是连续的。点是最基本的打印单位，一幅图像或一个符号最终都可表示为若干点，这些组成图像或字符的点阵列称为点阵。点阵式打印机可以打印出复杂的图形，最早发明并投入应用的点阵式打印机是针式打印机。

针式打印机具有相对低廉的价格、极低的打印成本和很好的易用性。因此，在过去的几十年间牢牢占据最重要的位置。过去，针式打印机几乎成了所有打印机的代名词，没有任何一种打印机技术取得如此成就。但随着打印技术的进步，尤其是喷墨打印机与激光打印机的普及，针式打印机与生俱来的缺点被暴露无遗。它的低打印质量、高工作噪声等原理性缺陷，使它无法适应高质量、高速度的商用打印需要。因此正逐步淡出打印机市场，现在只有在银行、车站售票处、超市等使用票据打印的地方还可以看见它的踪迹。

彩色喷墨打印机能够实现廉价的彩色图形输出，具有较高的性能价格比。此外，还具有灵活的纸张处理能力，而且打印介质选择范围很广，既可以打印普通打印纸介质，还可以打印各种胶片、照片纸、卷纸等特殊介质。近几年来，随着彩色喷墨打印技术的不断成熟，越来越多的普通用户把目光投向了彩色喷墨打印。把数码照相机与彩色喷墨打印机结合在一起，使人们可以对照片进行美化、渲染后再进行输出。

激光打印机则一直是打印机产品中的贵族，分为黑白和彩色两种。激光打印机具有较快的打印速度和较高的打印质量，但是价格一直很昂贵，因此应用范围较窄，是打印机中的高端产品。随着打印机技术的发展，尤其是一些关键技术的突破性进展，激光打印机价格呈不断下降趋势，低端黑白激光打印机的价格已经降到普通用户可以接受的水平。虽然价格要比喷墨打印机昂贵，但从单页的打印成本上讲，激光打印机则相对要便宜很多。而彩色激光打印机的价位很高，几乎都要在万元上下，限制了其应用范围，很难被普通用户接受。

在打印机的发展历史中，还有各种类型的其他打印机，它们的打印原理及应用领域不尽相同。现在，除以上 3 种最为常见外，还有热转印打印机和大幅面打印机等各种专业打印机。

13.2　打印机的分类

打印机的分类有很多种。如果按工作原理分类，打印机可分为击打式打印机和非击打式打印机两大类；按颜色的种类分类，可分为彩色打印机和黑白打印机；按工作方式分类，可分为针式打印机、喷墨式打印机和、激光打印机。

1．击打与非击打式打印机

现在人们所使用的打印机基本都属于点阵式打印机，目前点阵打印机可分为击打式和非击打两大类。

（1）击打式打印机

击打式打印机是利用机械作用击打活字载体上的字符，使之与色带和打印纸相撞而印出字符，或者利用打印钢针撞击色带和打印纸打出点阵组成的字符或图形。

击打式打印机中最典型的是针式打印机。针式打印机结构简单，技术成熟，性价比高，消耗费用低。在条形码打印、快速跳行打印和多份复制制作方面，有非击打式打印机所无法取代的特点。针式打印机由打印头完成打印工作。打印头由打印针构成，由打印机微电路控制打印针敲击色带，在纸上印出字符。

（2）非击打式打印机

非击打式打印机打印时不是依靠机械的击打动作，而是利用各种物理、化学的方法打印字符和图形。非击打式打印机按照其印字原理可分为激光式、喷墨式、热敏式、热转印式等。

2．彩色与黑白打印机

按照可打印出的颜色，打印机分为彩色打印机与黑白打印机两大类。针式打印机一般只能打印黑白文稿,特殊的彩色针式打印机可以打印 16 色彩色文本和图形,但其彩色打印能力极差。喷墨打印机一般都能进行彩色打印；普通激光打印机只能打印黑白颜色，彩色激光打印机打出的彩色极为亮丽逼真，但价格昂贵。

3．专用与通用打印机

按照打印机的用途，还可以分为通用打印机和专用打印机等。

（1）通用打印机

通用打印机具有打印效果清晰、打印速度较高、消耗费用低、维护方便等优点，具有打印多份复制功能，同时具有多种规格纸张打印的能力，在办公室环境中得到了充分的应用，其良好的性能致使还没有任何一种打印机能够替代它在办公事务处理中的地位。

（2）专用打印机

专用打印机包括商用打印机、票据打印机、便携式打印机和网络打印机等。

① 商用打印机一般打印商业文档，商业文档一般包括商业信函、建议书、报告、协议书等标准格式的印刷文件等，由于打印质量较好，此类打印机的价格较高。

② 票据打印机一般用于银行、商业出纳、自选市场、公路、铁路、民航等处的售票单位，由于出示的票据等具有格式统一、处理业务量大等特点，可以应用票据打印机。

③ 便携式打印机体积小、重量较轻、耗电少、便于携带，一般与便携式笔记本式计算机、卫星通信技术结合在一起可形成小型的移动办公系统。

④ 网络打印机应用于批量用户打印服务。在一些大中规模公司中，一般都配有网络连接的打印机，通过网络操作系统可方便地实现集中打印和打印管理服务。

4．按接口分类

打印机接口有并行接口、USB 接口以及 RS-422 串行接口等类型。

13.3　针式打印机

本节主要介绍针式打印机的工作原理和主要性能参数。

13.3.1　针式打印机的工作原理

针式打印机是一种特殊的打印机，和喷墨、激光打印机都存在很大的差异，而针式打印机的这种差异是其他类型的打印机不能取代的，正是因为如此，针式打印机一直都有着自己独特的市场份额，适用于有专门要求的专业应用场合，如财务、税务、金融机构等。

针式打印机由于采用的是机械击式的打印头，因此穿透力很强，能打印多层复写纸，具备复制功能,另外还能打印不限长度的连续纸。针式打印机通过打印头中的 24 根针击打复写纸，从而形成字体，在使用中，用户可根据需求来选择多联纸张，一般常用的多联纸有 2 联、3 联、4 联纸，其中也有使用 6 联的打印机纸。多联纸一次性打印只有针式打印机能够快速完成，喷墨打印机、激光打印机无法实现多联纸打印。针式打印机使用的耗材是色带，在 3 种打印机中是最廉价的一种。

针式打印机是由微型机、精密机械和电器设备构成的精密设备，基本可分为机械装置与打印电路两大部分。

1. 打印机械装置

针式打印机的机械装置包括打印头、字车机构、输纸机构、色带机构与机架外壳，如图 1-13-2 所示。

打印头是打印机的最重要部分，由其支持的打印针撞击色带而形成字符。

打印头采用电磁铁作为动力源，为打印针提供动力，迫使打印针撞击打印染色媒介（如打印机色带）和打印纸形成字符。

字车机构是打印机实现串行连续打印的重要机

图 1-13-2　针式打印机

构，字车机构中装有字车，采用电机作为动力源，字车在动力作用下左右往复移动，使固定在字车上的打印头能形成一行文字。

输纸机构用输纸电机作为动力源，在电机驱动下输纸机构使打印纸做纵向移动，就形成了打印头的换行打印功能。

色带机构借助电机的动力实现单向循环，避免打印针撞击色带的固定位置，使色带得到均匀利用。色带是首尾连接的长条形，大部分封装于色带盒中，小部分环绕在打印头周围。

2. 打印电路

针式打印机的打印电路包括控制电路、驱动电路、打印机状态检测电路及传感器、DIP 开关、操作面板、电路接口等。

控制电路是打印机的大脑，负责收集微型机发送的信号，经过处理后，发送给驱动电路，控制打印头、字车、输纸、色带机构的动作，完成打印任务。打印机控制电路由打印机微机系统与机械控制电路两大部分组成。

驱动电路包括打印头驱动电路、字车电机驱动电路和输纸电机驱动电路，分别用于实现对字车和进纸电极的运动控制。

接口包括接口电路和接口电路协议两部分。微型机和打印机的数据传输是通过接口来实现的。

检测电路用于检测打印机的工作部分状态，例如检测字车的初始位置，打印机是否已进纸等。

操作面板电路包括两部分，一部分是操作控制面板开关，由用户进行控制直接实现某些特定的功能，如联机/脱机、换行、换页等；另一部分是面板指示灯，用来表示用户当前所设定的开关功能。

DIP 开关全称为双列直插式组件开关，被用来设置某些打印功能。用户可查阅打印机的使用说明来了解 DIP 开关的使用。

13.3.2　针式打印机的主要性能参数

针式打印机的技术参数包括打印头、打印速度、行距、接口、最大缓冲容量、输纸方式、纸宽及纸厚度等。

1. 打印头

目前绝大多数的打印机都采用 24 针的打印头，这种打印头具有打印速度快，打印质量好的特点，其性能参数主要是针的寿命，如 2 亿次/针。另外，在选择打印机时要注意打印机的打印点密度，点密度定义为在水平方向上每英寸打印的点数，用 DPI 表示。打印质量较高的打印机其点密度可以达到 360 DPI。

2．打印速度

这是点阵打印机重要的性能指标，它反映出打印机的综合性能指标，一般只给出打印一行西文字符或中文汉字时的打印速度。标准的说明应是在草稿方式下，按照每英寸打印 10 个西文字符（10 CPI）的方式，每秒钟能打印字符的数目。现在打印速度较快的打印机其打印速度一般在 200 字/秒以上。

3．行距

行距是说明输纸操作精度和性能的重要指标，尤其是最小输纸距离（如 1/360 in 或 n/368 in）更能反映出其输纸组件的控制能力和精密程度。

4．接口

大多数打印机均标准配置 Centronics 并行接口，其他标准的接口一般是作为附件而另需购置。

5．最大缓冲容量

最大缓冲容量表明了打印机在打印时，对计算机主机工作效率的影响。缓冲容量越大，一次输入数据就越多，打印机处理和打印所需的时间就越长，因此，与计算机通信的次数就可以减少，主机效率提高。

6．输纸方式

对于输纸方式来说，一台好的打印机应具备多种输纸功能，这反映出其机构设计是否合理及全面。一般情况下应有连续纸输送的链轮装置，以保证输纸的精度和避免输纸过程中的偏斜；另外是否具备单页纸和卡片纸的输送能力，以及是否具备平推进纸的能力，对票据打印十分重要。

7．纸宽及纸厚度

纸宽指标反映出打印机最大打印宽度，目前通用打印机的该项指标一般为 9 in（窄行）和 13.6 in（宽行）；纸厚度则反映出打印头的击打能力，这项指标对于需要复制的用途很重要。一般用"正本＋复制份数"来表示。

13.4　喷墨打印机

喷墨打印机打印精度高，通常都能打印彩色图像，而且体积及重量都可以做得非常小巧，甚至能随身携带打印，打印时的噪声也很小，价格低。但使用的消耗材料——墨水，是 3 种打印机中相对来说是最为昂贵的。而且，想要打印精美的图像，还要使用同样昂贵的专用打印纸才能有很好的打印效果。因此喷墨打印机的使用成本高。同时，也不具备复制和打印连续纸功能。适合对打印质量要求高但数量较小的场合，如家庭、小型办公室等。

13.4.1　喷墨打印机的工作原理

喷墨打印机在打印图像时，需要进行一系列的繁杂程序。当打印机喷头快速扫过打印纸时，它上面的无数喷嘴就会喷出无数的小墨滴，从而组成图像中的像素。打印机头上，一般都有 48 个或 48 个以上的独立喷嘴喷出各种不同颜色的墨水。例如 Epson Stylus Photo 1270 的 48 个喷嘴分别能喷出 5 种不同的颜色：蓝绿色、红紫色、黄色、浅蓝绿色和淡红紫色，另外还有喷出黑色墨水的 48 个喷嘴。一般来说，喷嘴越多，打印速度越快。不同颜色的墨滴落于同一点上，形成不同的复色。

图 1-13-3　喷墨打印机

喷墨打印机（见图 1-13-3）按工作原理可分为固体喷墨和液体喷墨两种(现在以后者更为常见)，而液体喷墨方式又可分为气泡式（Canon 和 HP）与液体压电式（Epson）。

气泡技术（Bubble Jet）是通过加热喷嘴，使墨水产生气泡，喷到打印介质上的。与此相似，HP 采用的热感应式喷墨技术（Thermal InkJet Technology）是利用一个薄膜电阻器，在墨水喷出区中将小于 0.5% 的墨水加热，形成一个气泡。这个气泡以极快的速度扩展，迫使墨滴从喷嘴喷出。气泡在继续成长便消逝，当气泡消失，喷嘴的墨水便缩回。接着表面张力会产生吸力，拉引新的墨水去补充到墨水喷出区中，热感应式喷墨技术便是由这样一个整合的循环技术程序所架构出来的。而在压电式喷墨技术中，墨水是由一个和热感应式喷墨技术类似的喷嘴所喷出，但是墨滴的形成方式是由缩小墨水喷出的区域形成。而喷出区域的缩小，是由施加电压到喷出区内一个或多个压电板来控制的。由于墨水在高温下易发生化学变化，性质不稳定，所以打出的色彩真实性就会受到一定程度的影响；另一方面由于墨水是通过气泡喷出的，墨水微粒的方向性与体积大小不好掌握，打印线条边缘容易参差不齐，一定程度地影响了打印质量，这都是它的不足之处。

微压电打印头技术是利用晶体加压时放电的特性，在常温状态下稳定的将墨水喷出。它有着对墨滴控制能力强的特点，容易实现 1 440 DPI 的高精度打印质量，且微压电喷墨时无须加热，墨水就不会因受热而发生化学变化，故大大降低了对墨水的要求。

目前，Epson、HP、Canon 这 3 家公司生产的液态喷墨打印机代表了市场的主流产品，而它们在技术方面的特色也是各有所长。

13.4.2　喷墨打印机的主要性能参数

喷墨打印机的技术参数包括分辨率、最大幅面、打印速度、内存、色彩数目等。

1．分辨率

分辨率实际就是每平方英寸点的个数，分辨率越高，图像精度就越高，打印质量也就变得越好。300 DPI 是人眼分辨打印文本与图像的边缘是否有锯齿的临界点，加上其他一些因素，至少 360 DPI 分辨率的打印效果才能基本令人满意。现在有相当一部分的喷墨打印机都是采用 360 DPI 的分辨率，激光打印机的分辨率基本都是 600 DPI。

2．最大幅面

最大幅面就是指打印机所能打印的最大纸张的大小。这项指数对一些有比较高要求的家庭用户、商业用户和专业人士显得较为重要。现在多数打印机的最大幅面都是 A4，这已能够满足多数用户的要求。

3．打印速度

看一台打印机的性能不光看质量，还要看打印速度。打印机的打印速度是用每分钟打印多少页纸来衡量的。一般在喷墨打印机的宣传广告上都可以看到两个打印速度：黑色和彩色。

4．内存

这项指数用于描述打印机工作时能将打印内容存储在打印机中的容量。一般家庭使用可能感觉不到内存大的好处，当作为网络打印机时，内存大、缓冲区大的打印机的优势将变得非常明显，打印速度将明显加快。

5．色彩数目

现在喷墨打印机所能提供的色彩数目越来越多，由 3 色到 4 色，到 6 色，直至高端的 9 色打印机。对一般家庭而言，3 色和 4 色打印机所能提供的色彩效果已经足够，应该是选择的主要对象；而对图形要求比较苛刻的商业用户和专业工作人员，就可以考虑使用 6 色甚至 9 色的打印机。

6．接口

早期使用的打印接口是一种名为 SPP（Standard Parallel Port）的并行接口，一直到 486 微机时代，这种使用多年的接口才被 EPP（Enhanced Parallel Port，增强型并行接口）所取代。EPP的传输速率是 1 Mbit/s。现在大部分打印机都提供了 USB 接口，它的最大传输速率为 12 Mbit/s，并支持热插拔功能。

7．打印介质

喷墨打印机打印介质选择范围很广，既可以打印普通打印纸，还可以打印各种胶片、照片纸、卷纸等特殊介质。一般需要打印的介质，喷墨打印机基本都能满足。

8．墨盒寿命

这项指标说明打印机的墨盒正常打印能够打印的最大页数。一般来说，不同档次的喷墨打印机能够打印的最大页数也不太一样，当然打印图像比打印文档更加耗费墨水。

13.5 激光打印机

激光打印机的打印精度高，基本上与喷墨打印机无太大区别，它使用的耗材——硒鼓，其成本介于针式打印机和喷墨打印机之间。同样能打印彩色图像，且对打印介质的要求没有喷墨打印机那么高。打印的速度是 3 种打印机中最快的，而且噪声也很小。但体积和重量相对喷墨打印机要大，也只能逐页打印，无复制和打印连续纸功能。适合打印数量大，任务重的场合，如大型商务机构及设计、印刷领域等。

13.5.1 激光打印机的工作原理

激光打印机脱胎于 20 世纪 80 年代末的激光照排技术，流行于 20 世纪 90 年代中期。它是将激光扫描技术和电子照相技术相结合的打印输出设备，其基本工作原理是由计算机传来的二进制数据信息，通过视频控制器转换成视频信号，再由视频接口/控制系统把视频信号转换为激光驱动信号，然后由激光扫描系统产生载有字符信息的激光束，最后由电子照相系统使激光束成像并转印到纸上。较其他打印设备，激光打印机有打印速度快、成像质量高等优点，但使用成本相对高昂，如图 1-13-4 所示。

彩色激光打印机的关键技术是色彩的合成。虽然理论上黄、品、青、黑 4 种基色可以合成出成千上万种缤纷的色彩，但固体的墨粉进行色彩混合却不像两种颜色的光束汇到一起那么简单。早期的彩色激光打印机采用半色调技术，在处理每一点的颜色时，一种墨粉只有"有"和"无"两种状态，由于墨粉颗粒非常细微，打印点可以比像素点小很多，由不同打印点的色彩组合来决定"像素点"最终的颜色，这样一个彩色的像素点可能是由许许多多的黄、品、青、黑"打印点"排列填充的。

　　由于眼睛的分辨能力有限，各种颜色的点在视觉上合成一种颜色，这和喷墨打印机的成色原理是一样的，优点是容易实现，缺点是实际的打印结果只是四色的墨点，丰富的色彩只在视觉上合成，并不是连续的色相。

图 1-13-4　激光打印机

　　随着技术不断进步，如今的彩色激光打印机不但可以控制墨粉的有无和多少，而且可以控制着色点的大小和浓淡。在一个点上施墨粉的多少由激光在该点照射时间的长短决定，每一种单色都可以有 256 级浓度，并且可以在同一个位置叠加不同颜色的墨粉，最后在固化时熔融在一起，从而形成真正彩色的点，打印出连续的色相。

13.5.2　激光打印机的主要性能参数

　　激光打印机的技术参数包括打印质量、打印速度、打印内存、打印接口、耗材价格等。

1．打印质量

　　打印质量是指分辨率的大小，而分辨率是指激光打印机在一定的区域内所能打出的点数，现在市面上的激光打印机多半为 600 DPI，即这台激光打印机能在每平方英寸内打出 600×600 个点。

2．打印速度

　　激光打印机的速度是以 PPM（Pages Per Minute，每分钟打印的页数）为计量单位的。一般个人用的激光打印机一般在 6 PPM 左右，而小型工作组用的打印速度为 12 PPM。如果一台打印机共享的人数达到 30 个人时，应考虑购买打印速度在 24 PPM 的打印机，这样保证打印作业处理的快速性。

3．打印内存

　　激光打印机和计算机一样拥有一定量的内存，内存的大小决定了打印速度和内容的多少。现在主流的激光打印机最小为 2 MB，可以通过扩展达到 10 MB 以上。

4．打印接口

　　以前的激光打印机通过并口（LPT）与计算机相连，现在新型的打印机大多具有 USB 接口，通常这两种接口适合于数据打印量不多的个人及小型工作组使用。由于某些用户要求快速和更稳定的效果，一些工作组级激光打印机都留有网络打印共享口（10/100 Mbit/s 网卡式接口），可直接将 RJ-45 网线连接到打印机上，而不必通过微型机连接实现网络共享打印，这样大大地加快了传送速度。因此，具有网络打印接口的激光打印机为大打印量的工作组和追求稳定的企业所使用。

5．耗材价格

激光打印机使用硒鼓作为打印介质，硒鼓的单价、可打印张数直接影响到单张成本。一般硒鼓的价格和每个硒鼓能打印的张数成正比，也就是说，一般单张打印成本在 0.1 元左右。

6．幅面大小与存储纸张容量

主流的激光打印机均为 A4，少数则为 A3。一些面向个人用户的激光打印机具有 100 页输入纸匣，配有单页优先级送纸槽。

7．附加功能

某些个人用户需要同时使用如打印、扫描、复印、传真等功能，在选购激光打印时也要将这些考虑进去，如 HP1100 A 就提供了集打印、扫描、复印功能为一体，大大减少了用户的多次投资。这些具有附加功能的激光打印机，其销售价格只比普通同档次的激光打印机贵 20%～30%。

13.6 多功能一体打印机

办公、家庭用户在选购打印设备时一般都偏向于选购多功能一体打印机，因为多功能一体打印机可以轻松实现打印、复印、扫描、传真等功能。在早期，多功能一体打印机的价格偏贵导致用户有限的购买量，但当它的价格越来越接近单功能打印机时，多功能一体打印机开始在办公、家庭用户中普及。

13.6.1 概述

目前多功能一体打印机（见图 1-13-5）分别有传真、复印二合一一体机；打印、复印、扫描三合一一体机；打印、复印、扫描、传真四合一一体机。多功能一体打印机虽然有多种的功能，但是打印技术是多功能一体打印机的基础功能，因为无论是复印功能还是接收传真功能的实现都需要打印功能支持才能完成。因此多功能一体打印机可以根据打印方式分为"激光型产品"和"喷墨型产品"两大类。并且同普通打印机一样，喷墨型多功能一体打印机的价格较为便宜，同时能以较低的价格实现彩色打印，但是使用时的单位成本较高；而激光型多功能一体打印机的价格较贵，并且在万元以下的机型

图 1-13-5 多功能一体打印机

中都只能实现黑白打印，而它的优势在于使用时的单位成本比喷墨型低许多。

13.6.2 分类

除了可以根据打印技术来进行分类之外，多功能一体打印机还可以根据产品的功能性进行分类。虽然都是集打印、复印、扫描、传真为一体的产品（有的产品可能没有传真功能），但是绝大多数的产品在各个功能上是有强弱之分的，是以某一个功能为主导的，因此它的这个功能便特别出色，一般情况下可以分为打印主导型、复印主导型、传真主导型，而扫描主导型的产品还不多见。当然也有些全能性的产品，它的各个功能都非常强，不过价格上也相对贵一些。

13.6.3　功能

理论上多功能一体打印机的功能有打印、扫描、传真，但对于实际的产品来说，只要具有其中的两种功能就可以称之为多功能一体打印机。较为常见的产品在类型上一般有两种，一种涵盖了 3 种功能，即打印、扫描、复印，典型代表为爱普生 Stylus CX5100；另一种则涵盖了 4 种，即打印、复印、扫描、传真，典型代表为 Brother MFC-7420。

多功能一体打印机除常规的功能之外，还有自身的独到之处，如爱普生 Stylus Photo RX510 为代表的数码照片型多功能一体打印机可以支持存储卡直接打印。在标准配置之外，可以增强产品功能，提升产品性能的部件，是需要另外进行购买的。和标准配置不同，不使用可选配件不会影响到产品的基本功能的使用。可选配件的种类很多，不同的产品支持的可选产品也是不同的，因此在选购可选配件时应该事先查阅产品的说明，比较常见的可选配件有扩展内存、大容量进纸盒、双面打印装置等。

13.7　打印机的选购

在选购打印机时通常可以从以下几个方面进行考虑。

1．打印质量

衡量图像清晰程度最重要的指标是分辨率（每平方英寸多少个点 DPI），分辨率越高，图像精度就越高，打印质量自然就越好。300 DPI 是人眼分辨打印文本与图像的边缘是否有锯齿的临界点，再考虑到其他因素只有 360 DPI 以上的打印效果才能令人满意。

针式打印的分辨率是 180 DPI；喷墨打印机的分辨率可以达到 360～720 DPI；目前激光打印机的分辨率多数为 600 DPI，高档激光打印机的分辨率可达 1 200 DPI。

2．打印速度

评价一台打印机，不仅要看打印图像的品质，还要看它是否有良好的打印速度，这一点对商业用户可能更为重要。打印机的打印速度是用每分钟打印多少页纸来衡量的。厂商在标注产品的技术指标时，通常都会用黑白和彩色两种打印速度进行标注。而在打印图像和文本时，打印机的打印速度也有很大不同。另一方面打印速度还与打印时设定的分辨率有直接的关系，打印分辨率越高，打印速度自然也就越慢，所以对衡量打印机的打印速度必须进行综合评定。

3．噪声

打印机的噪声要小，否则会影响他人的工作。非点阵打印机的噪声很小，这是它们的突出优点之一。所有的点阵打印机在打印时都会产生令人讨厌的噪声，这已成为污染机房和办公室的公害之一。不同型号、不同厂家的产品，其噪声指标有所差别，较好的点阵打印机的噪声可低于 55 dB。

4．打印纸的种类和幅面

喷墨打印机和激光打印机应能使用普通的复印纸。如果只能使用专用打印纸的话，打印成本高。

5．整机价格及打印成本

打印机不是一次性资金投入的硬件设备，所以打印成本自然也成为购买打印机时必须考虑的因素之一。

对于激光打印机，打印成本主要包括硒鼓与打印纸；对于喷墨打印机，打印成本主要包括墨盒与打印纸；对于针式打印机，打印成本主要包括色带与打印纸。这 3 种打印机，针式打印机的打印成本最低，其次是激光打印机，而喷墨打印机的打印成本最高。所以在购买时应该考虑到打印成本。从长远的眼光看，打印成本也是一笔不小的投入，所以应该作为衡量打印机的一个标准。

6．技术支持、销售服务

打印机属于消耗型的硬件设备，使用过程中难免会出现一些问题，如换墨盒、堵喷嘴等，良好的售后服务与技术支持对于非专业用户是极为重要的，所以购买打印机应注意厂家是否能提供至少一年的保修期、易耗配件的价格是否合理、占整机价格的比例等方面。

针打、喷墨和激光这 3 种打印机各有所长，可以根据自己的需要购买相应的打印机。比如，需要用复写纸或压感纸一次打印多份，需要打印腊纸，或用连续走纸来打印较长的表格等，只能购买点阵打印机；如果对打印的精度要求很高，或需要无噪声的办公环境，则只能购买激光打印机；如果要打印彩色图形，则可购买彩色激光或喷墨打印机。

13.8　打印机的安装

对于针式打印机、喷墨打印机、激光打印机的安装完全一样，分为连接数据线电缆、电源线和安装打印机驱动程序 3 个步骤。

针式打印机以并行口为标准输出接口，并口打印机电缆的两端不相同，有插针并有两颗固定螺钉的一端接主机上的并口，有卡槽的一端接打印机，如图 1-13-6 所示。

喷墨打印机、激光打印机一般使用 USB 接口，一端较小的口连接打印机接口，另一端是接计算机的 USB 接口，如图 1-13-7 所示。

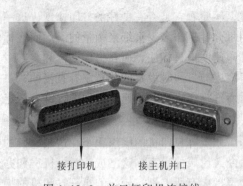

接打印机　　接主机并口

图 1-13-6　并口打印机连接线

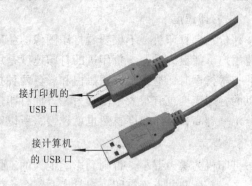

接打印机的
USB 口

接计算机
的 USB 口

图 1-13-7　USB 口打印机连接线

1．安放位置

① 将打印机放在水平、稳定的表面上。

② 将打印机放在容易连接计算机或网络接口电缆的地方，且能较易切断电源的地方。

③ 留出足够的空间以便于操作和维护；在打印机前方留出足够大的地方以便于出纸。

④ 避免在温度和湿度骤变的地方使用和放置打印机，打印机应远离阳光直射，强光源以及发热装置。

⑤ 避免将打印机放置在有震动的地方。

2. 电缆连接

① 确认计算机、打印机都处于关机状态，并切断电源。

② 按随机附带的《打印机说明书》连接好与计算机或网络接口电缆的连线。

③ 检查打印机背面标签上的电压值，以确认打印机要求的电压与插入插头的插座电压相匹配。

④ 确认以上 3 步操作无误后，再连接电源。

⑤ 按使用说明安装打印驱动程序，并在安装打印驱动程序的过程中打印测试页，若测试页正常，则安装完毕。

13.9　扫　描　仪

扫描仪是光机电一体化的设备，是继键盘和鼠标之后的又一代计算机输入设备。人们通常将扫描仪用于各种形式的计算机图像、文稿的输入，从最直接的图片、照片、胶片，到各类图纸图形以及各类文稿资料，都可以用扫描仪输入到计算机中，进而实现对这些图像形式的信息进行处理、管理、使用、存储、输出等。目前扫描仪已广泛应用于图形图像处理、出版、印刷、广告制作、办公自动化、多媒体、图文数据库、图文通信、工程图纸输入等许多领域。

13.8.1　扫描仪的分类

扫描仪（见图 1-13-8）的种类较多，按可扫描的颜色可分为黑白扫描仪、灰度扫描仪和彩色扫描仪；按接口可分为 SCSI、EPP、USB、IEEE 1394 接口；按应用场合不同可分为平板式、胶片、专业滚筒、手持扫描仪。

图 1-13-8　扫描仪

1. 平板式扫描仪

这是最常见的一种扫描仪，它的扫描区域是一块透明的玻璃，幅面从 A4～A3 不等，将扫描件放在扫描区域之内，扫描件不动，光源通过扫描仪的传动机构做水平移动。发射的光线照在扫描件上经反射（0 正片扫描）或透射（负片扫描）后，由接收系统接收并生成模拟信号，再通过 A/D 转换装置转换成数字信号后传送给计算机，再由计算机进行相应的处理，从而完成扫描过程。

2. 胶片扫描仪

由于诸如幻灯片之类的物体在扫描时，需要光源经过物体而不是物体将光源进行反射，并且由于一般物体尺寸较小，并需要高分辨率进行扫描，从而导致专业胶片扫描仪的诞生。

3. 专业滚筒扫描仪

滚筒扫描仪以一套光电系统为核心，通过滚筒的旋转带动扫描件的运动从而完成扫描工作，分高档滚筒扫描仪和小型台式滚筒扫描仪。

4. 手持扫描仪

手持扫描仪是最低档的扫描仪，其外观很像一只大的鼠标，一般只能扫描 4 in 宽。手持扫描仪多采用反射式扫描，它的扫描头较窄，只可以扫描较小的稿件或照片。其分辨率也较低，一般在 600 DPI 以内。

平板式扫描仪作为目前的主流机型得到了广泛的应用。下面以平板扫描仪为例介绍扫描仪的结构及工作原理。

13.8.2　扫描仪的基本工作原理

从最基本的原理讲，扫描仪是把模拟数据转化为数字数据。感光元件一般是电荷耦合器（CCD）并排列成横行，电荷耦合器中的每一个单元对应一行中的一个像素。在扫描一幅图像时，光源照射到图像反射回来，光学系统根据稿件不同地方亮暗程度的不同，形成强弱不等的反射光线，反射光线穿过透镜聚焦在镜头另一端的感光元件 CCD 上，CCD 将光学信号转换为相应的电信号，这些信号最终通过 A/D 转换器转换为计算机所能识别的数字信号，然后经不同的接口（EPP、USB 或 SCSI 接口）输送到计算机中。

机械传动机构在控制电路的控制下带动装有光学系统和 CCD 的扫描头与图稿进行相对运动，将图稿全部扫描一遍，一幅完整的图像就输入到计算机中。整个扫描过程涉及光学、机械、电子等不同方面，任何一个部件的设计都会影响到最终的数字化结果。不同级别的扫描仪的构造基本一样，但所使用的部件和技术却大不相同。

扫描仪主要由扫描头（光学成像部分）、机械传动部分和转换电路部分组成，这几部分相互配合，将反映图像特征的光信号转换为计算机可接受的电信号。

扫描头是扫描仪中实现光学成像的重要部分，它包括以下主要部件：灯源（光源）、反光镜、镜头以及扫描仪的核心——电荷耦合器件（CCD）。

13.8.3　扫描仪的主要性能参数

选购扫描仪首先要看扫描仪的主要技术指标：分辨率、灰度级、色彩位数、扫描速度、接口方式等。

1．光学分辨率

光学分辨率是扫描仪最重要的性能指标之一，它直接决定了扫描仪扫描图像的清晰程度。扫描仪的分辨率通常用每英寸长度上的点数，即 DPI 来表示。现在市场上的主流扫描仪的光学分辨率通常为 600×1200 DPI。

2．色彩深度、灰度值

就像显卡输出图像有 16 bit、24 bit 色一样，扫描仪也有自己的色彩深度值，较高的色彩深度位数可以使扫描仪反映的图像色彩与实物的真实色彩尽可能一致，而且图像色彩会更加丰富。扫描仪的色彩深度值一般有 24 bit、30 bit、32 bit、36 bit 几种。一般光学分辨率为 600×1200 DPI 的扫描仪的色彩深度值为 36 bit，最高的有 48 bit。灰度值是指进行灰度扫描时对图像由纯黑到纯白整个色彩区域进行划分的级数，主流扫描仪通常为 10 bit，最高可达 12 bit。

3．感光元件

目前扫描仪使用的感光器件有 3 种：电荷耦合器（CCD）、光电倍增管、接触式感光器件（CIS 或 LIDE）。目前市场上主流扫描仪主要采用 CCD 感光元件。另外还有 CIS 做感光元件的扫描仪。CIS 的生产成本只有 CCD 的 1/3，所以得到了广泛应用，但是就性能而言，接触式感光器件存在严重的先天不足，首先由于不能使用镜头，只能贴近稿件扫描，其实际清晰度远远达不到标称指标，而且没有景深，不能扫描立体物体，选购时要特别注意。

4．扫描仪的接口

扫描仪的接口是指与微机主机的连接方式，通常分为 SCSI、EPP 和 USB 3 种接口，USB 接口是最新的接口，使用更方便（支持热插拔）。对于 EPP 接口，如果已进入系统再打开扫描仪，会造成系统不能发现扫描仪，从而需要重启，十分不便。所以对于一般个人用户，推荐使用 USB 接口的扫描仪。

13.8.4　扫描仪的安装

扫描仪的安装分为硬件安装和软件安装两部分。

硬件安装根据接口类型的不同，方法也有所不同，总体上，扫描仪的硬件安装非常简单。对于 SCSI 接口的扫描仪，要先打开机箱安装 SCSI 卡，然后用扫描仪附带的电缆将扫描仪与 SCSI 卡连接。对于并口接口，将附带的电缆与计算机并口（打印机接口）连接起来。对于 USB 接口，更加简单，用附带的 USB 接口电缆线将扫描仪与计算机的 USB 接口相连即可。硬件连接好后，检查扫描仪的电源指示灯是否正确亮起来。

接下来安装驱动程序。启动 Windows 操作系统，这时系统会报告发现新硬件，插入扫描仪驱动程序光盘，按照提示向导，一步一步操作即可安装完成。

另外，在安装扫描仪驱动程序前，最好先安装 Photoshop 之类的图像处理软件，这样扫描仪的插件将自动插入图像处理软件中，在图像处理软件中可直接扫描图像。

小　结

作为计算机外围设备的打印机、扫描仪是现代家庭、办公领域不可或缺的重要配套外设。

打印机的发展经历了传统打字机、字模打印机、高性能打印机等几个不同的发展阶段。打印机如果按工作原理分，可分为击打式打印机和非击打式打印机两大类；按颜色的种类分，可分为彩色打印机和黑白打印机；按工作方式分，可分为针式打印机、喷墨式打印机和、激光打印机。打印机的选购应考虑打印质量、打印速度、噪声、打印纸的种类和幅面、整机价格及打印成本、技术支持及销售服务等几方面。

扫描仪可扫描的颜色可分为黑白扫描仪、灰度扫描仪和彩色扫描仪；按接口可分为 SCSI、EPP、USB、IEEE 1394 接口；按应用场合不同可分为平板式、胶片、专业滚筒、手持扫描仪。选购扫描仪的主要技术指标有分辨率、灰度级、色彩位数、扫描速度、接口方式等。

练　习　题

一、填空题

1．打印机分辨率是指_____。

2．按打印机原理分类，打印机主要有_____、_____、_____几种。

3．扫描仪的主要参数有_____、_____、_____、_____和_____。

4．在针式、喷墨、激光 3 类打印机中，在打印效果方面，_____打印机效果最好，_____打印机其次，_____打印机最差；在耗材成本方面，_____打印机最低，_____打印机其次，_____打印机最高；在噪声方面，_____打印机和_____打印机的噪声都很小，而_____打印机的噪声相对较大。

5. 激光打印机从打印颜色上分为_____激光打印机和_____激光打印机。

二、选择题

1. 液体喷墨方式可分为气泡式和（　　）两种。

   A. 液体压电式　　　B. 激光　　　　　　C. 彩色　　　　　　　D. 黑白

2. 将各种图像或文字输入计算机的外围设备一般是（　　）。

   A. 打印机　　　　　B. 扫描仪　　　　　C. 绘图仪　　　　　　D. 摄像头

3. 打印速度指的是每分钟打印机所能打印的（　　）。

   A. 字数　　　　　　B. 行数　　　　　　C. 页数　　　　　　　D. 段落数

4. 打印机本身就是一个微型计算机系统，全机的工作都由（　　）控制。

   A. CPU　　　　　　B. 打印头　　　　　C. 控制电路　　　　　D. 驱动电路

5. 衡量喷墨打印机的最主要的一个指标是（　　）。

   A. 墨盒的多少　　　　　　　　　　　　B. 打印机的纸张的大小

   C. 颜色数目的多少　　　　　　　　　　D. 价格的高低

三、判断题

1. 灰度级表示灰度图像的亮度层次范围，它表示扫描仪扫描时由亮到暗的扫描范围大小。

   （　　　）

2. 打印机是计算机系统的主要输出设备之一，分为喷墨式和非击打式两大系列产品。

   （　　　）

3. 扫描仪是一种光机电一体化的设备。　　　　　　　　　　　　（　　　）

4. 针式打印机可以分为机械装置与打印电路两大部分。　　　　　（　　　）

四、简答题

1. 针式打印机的机械装置包括那几部分？

2. 简述扫描仪的主要技术参数。

实 验 指 导

实验 **1**
计算机硬件的安装

一、实验目的

通过本实验，掌握计算机各部件的安装方法及安装注意事项，了解各部件参数的作用。

二、实验准备

1. 工具的准备

需要准备的工具主要有尖嘴钳、散热膏、带磁性的十字螺丝刀、一字螺丝刀、镊子等，图 2-1-1 所示依次为尖嘴钳、散热膏、镊子、十字螺丝刀、一字螺丝刀。

2. 材料的准备

① 装机所用的配件有 CPU、主板、内存、显卡、硬盘、光驱、机箱电源、键盘、鼠标、显示器、各种数据线、电源线等，如图 2-1-2 所示。

图 2-1-1　装机之前需要准备的工具

图 2-1-2　装机所用的配件

② 电源插座：准备一个万用多孔型插座，以方便测试机器时使用。

③ 器皿：计算机在安装和拆卸的过程中有许多螺钉及一些小零件需要随时取用，所以应该准备一个小器皿，用来盛装这些动西，以防止丢失。

④ 工作台：为了方便进行安装，准备一个高度适中的工作台以满足安装的需要。

三、实验内容

安装计算机的工作有以下主要内容。

① 将 CPU、内存条和 CPU 风扇等安装在主板上。

② 将主板装入主机箱，拧紧主板的固定螺钉。

③ 把电源固定在机箱的相应位置，并接好主板电源线。

④ 安装显卡、网卡等内置板卡。

⑤ 安装好硬盘和光驱等部件。

⑥ 检查并确认安装正确无误。

⑦ 连接好显示器、键盘和鼠标后，开机测试。

⑧ 能正常启动后，请关机、断电并按相反顺序将各部件拆卸开放回原来位置。

⑨ 记录所拆装的各种部件的型号与参数，了解各部件参数的作用。

四、实验步骤

计算机的安装过程如下。

1. 拆卸机箱、安装底板和挡片

① 从包装箱中取出机箱以及内部的零配件（螺钉、挡板等），将机箱两侧的金属挡板去掉，平放在桌子上，如图 2-1-3 所示。机箱中都附带有许多螺钉及其他附件，这些在安装过程中都可能会用到。

② 根据主板接口情况，将机箱背后 I/O 挡板接口上的铁片去掉，如图 2-1-4 所示。

 注意

这些挡板与机箱是直接连接在一起的，需要先用螺丝刀将其顶开，然后用尖嘴钳将其扳下，外加插卡位置的挡板可根据需要决定，而不要将所有的挡板都取下。

图 2-1-3 准备一个空的机箱

去除 I/O 挡板上的铁片

图 2-1-4 去除 I/O 挡板上的铁片

③ 将主板的 I/O 接口（键盘接口、鼠标接口等）一端试着对应机箱后部的 I/O 挡板，再将主板与机箱上的螺丝孔一一对准，看看机箱上哪些螺丝孔需要栓上螺钉。每一块主板四周的边缘上都有螺钉固定孔，这是用于固定主板用的，可以根据具体的位置来确定上螺钉的数量，如

图 2-1-5 所示。

图 2-1-5 机箱上的螺丝孔

④ 把机箱附带的金属螺柱或塑料钉旋入与主板上的螺钉孔相对应的机箱螺钉孔内，然后用钳子再进行加固，如图 2-1-6 所示。

将金属螺柱或塑料钉旋入机箱底板螺钉孔内

图 2-1-6 将金属螺柱或塑料钉旋入机箱底板螺钉孔内

2. 安装电源

先将电源对应放进机箱右上角的电源安装架上，如图 2-1-7 所示。安装过程中要注意电源放入的方向，有些电源有两个风扇，或者有一个排风口，则其中一个风扇或排风口应对着主板，放入后稍稍调整，让电源上的 4 个螺钉和机箱上的固定孔分别对齐。接着用 4 个螺钉将电源固定在机箱的后面板上，如图 2-1-8 所示。安装好电源后的机箱如图 2-1-9 所示。

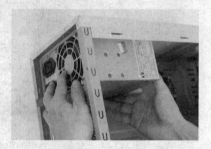

图 2-1-7 将电源装入机箱

图 2-1-8　用螺丝将电源固定

图 2-1-9　安装好电源后的机箱

3. 安装 CPU 及散热器风扇

目前,计算机 CPU 接口主要有 Intel 公司所使用的 LGA 接口与 AMD 公司所使用的 Socket 接口两大类,其中主流的 LGA 接口为 LGA 1150 接口,主流的 Socket 接口为 AM3 接口,不同的 CPU 对应的主板也不相同,但是安装的方法大同小异,都是先把主板中 CPU 插座的拉杆拉起,把 CPU 放进去,然后再把拉杆压下去。

下面分别介绍 LGA1150 接口和 AMD 的 AM3 接口 CPU 和风扇的安装方法。

（1）LGA 1150 接口 CPU 的安装

① 取出主板 CPU 插座上的塑料保护盖,如图 2-1-10 所示。

② 稍向外、向上轻轻拉起 CPU 插座侧面的金属杆,如图 2-1-11 所示。

图 2-1-10　取出主板 CPU 插座上的塑料保护盖

图 2-1-11　拉起 CPU 插座侧面的金属杆

③ 掀开 CPU 插座上面的金属框,如图 2-1-12 所示。

④ 掀开 CPU 插座上面的金属框，把金属框掀开至与插座大概呈 120° 的位置，让 CPU 插座完全展现出来。注意手千万不要碰到 CPU 插座里面的"触须"，如图 2-1-13 所示。

图 2-1-12　打开 CPU 插座上面的金属框　　图 2-1-13　掀开金属框后的 CPU 插座

⑤ 将 CPU 放入 CPU 插座中，注意：放入时要把处理器上的半圆形凹槽与插座上的半圆形凸起对准，这样方向就不会搞错，如图 2-1-14 所示。对准后将 CPU 轻轻放在 CPU 插座上面即可，如图 2-1-15 所示。

图 2-1-14　对准后放入 CPU　　图 2-1-15　将 CPU 轻轻放在 CPU 插座上面即可

⑥ 把 CPU 插座上的金属框放下，然后将 CPU 插座旁边的金属杆扣下，直到金属杆能卡至 CPU 插座凸起的下面为止，如图 2-1-16 所示。

⑦ 接着在 CPU 的上面涂上散热硅膏然后把 CPU 配套的散热器和风扇轻轻安放在 CPU 上面，放入风扇时注意把散热器旁边的 4 个塑料扣具对准 CPU 插座旁边的 4 个插孔，如图 2-1-17 所示。

图 2-1-16　金属杆最终压到的位置　　图 2-1-17　把 CPU 散热器和风扇放在 CPU 插座上面

⑧ 注意 4 个塑料扣具上都有方向箭头，此时需要按照箭头方向（逆时针方向）旋转扣具，然后再将扣具按下，如图 2-1-18 所示。安装时可以按照对角顺序按下扣具以保证散热器与 CPU 紧密连接。

⑨ 把扣具按下后，再按照与箭头相反的方向即顺时针方向将扣具旋转，如图 2-1-19 所示的位置。

图 2-1-18 将扣具按箭头方向逆时针旋转后用力按下　　图 2-1-19 按照与箭头相反的方向旋转扣具

⑩ 将 CPU 风扇的电源接头接在主板标有 CPU FAN 的电源插座上，连接时注意把电源接头上的凹口对准电源插座上凸起的挡板，如图 2-1-20 所示。至此，CPU 安装完成。

（2）AM3 接口 CPU 风扇的安装

AM3 接口 CPU 的安装方法与 LGA 接口 CPU 的安装方法类似，但散热风扇的安装方法不太一样，这里简单讲解其散热风扇的安装方法。

① 将散热器垂直于 CPU 上方慢慢放下，切忌不要用力。由于主板上大大小小的电容经常会影响 CPU 散热器的安装，所以建议在安装散热器时，将没有金属扣具的一端往里安装。当散热器底部的金属与 CPU 接触完全后，用力将散热器卡扣与 CPU 插槽连接在一起，如图 2-1-21 所示。

图 2-1-20 连接 CPU 风扇的电源接头　　　　图 2-1-21 将散热器卡扣与 CPU 插槽扣好

② 在确定散热器扣具卡扣已经与 CPU 插槽凸起扣在一起后，慢慢将扣具上的扳手沿顺时针方向旋转，让散热器与 CPU 充分接触，如图 2-1-22 和图 2-1-23 所示。

③ 安装风扇后，给风扇接上电源。将电源插头有凹槽的一端对准主板上电源插针有挡片的一端，然后往下插到位即可，如图 2-1-24 所示。

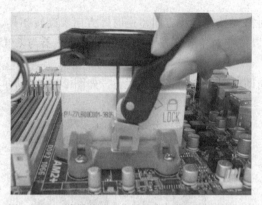
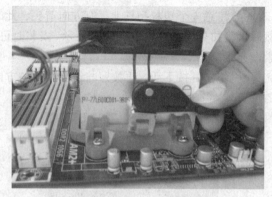

图 2-1-22 将散热器另一端的卡扣与 CPU 插槽扣好　图 2-1-23 将金属扣具缓缓的顺时针方向旋转至另一端

图 2-1-24 将电源插头有凹槽的一端对准电源插针有挡片的一端

4. 安装内存

（1）两端带卡子内存插槽安装内存条的方法

① 扳开内存条插槽两边两个白色的固定卡子（保险栓），使内存条能够插入，如图 2-1-25 所示。

② 将内存条引脚上的缺口对准内存插槽内的凸起，如图 2-1-26 所示。

图 2-1-25 扳开内存条插槽两端的固定卡子　图 2-1-26 将内存条引脚的缺口对准内存插槽的凸起

③ 垂直的两边同时用力将内存条插到内存插槽中，直到内存插槽两头的卡子自动卡住内存条两侧的缺口为止，如图 2-1-27 所示。

图 2-1-27　将内存条插入内存插槽中

（2）只有一端带卡子内存插槽安装内存条的方法

① 掰开内存插槽靠主板边缘一侧的固定卡子，使内存条能够插入，如图 2-1-28 所示。

图 2-1-28　掰开内存插槽一端的固定卡子

② 将内存条引脚上的缺口对准内存插槽内的凸起位置，如图 2-1-29 所示。

图 2-1-29　将内存条引脚的缺口对准内存插槽的凸起位置

③ 垂直的两边同时用力将内存条插到内存插槽中，直到内存插槽的卡子自动卡住内存条的缺口为止，如图 2-1-30 所示。

图 2-1-30　内存条安装完成

5. 安装主板

① 将主板轻轻地放入机箱中，并检查一下金属螺柱或塑料钉是否与主板的定位孔相对应，如图 2-1-31 所示。

> **注意**
>
> 放入主板时主板的 I/O 接口要对准机箱后面相应的位置，而且主板要与底板平行，决不能碰在一起，否则容易造成短路。

② 一一对应后，用螺丝刀将金属螺钉旋入金属螺柱内，如图 2-1-32 所示。

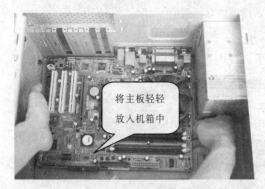

将主板轻轻放入机箱中

用螺丝刀将螺钉旋入金属螺柱内

图 2-1-31　将主板轻轻放入机箱中　　　图 2-1-32　将螺钉旋入金属螺柱内

6. 连接电源线

固定主板后，接着给主板插上供电接头。

① 从机箱电源输出线中找到电源线接头，如图 2-1-33 所示。

② 把电源插头插在主板的电源插座上，并使两个塑料卡子互相卡紧，如图 2-1-34 所示。

图 2-1-33　电源上为主板供电的接口　　　图 2-1-34　将电源插头插入主板的电源插座

③ 连接给 CPU 单独供电的电源接头，如图 2-1-35 所示。

7. 连接机箱内部信号线

在机箱面板内还有许多线头，主要是电源开关、重启开关、电源指示灯、硬盘指示灯、PC 音箱和前置 USB 接口的连线，如图 2-1-36 所示。它们都需要接在主板上，这些信号线的连接，在主板的说明书上都会有详细的说明。

这些接线的功能如下：

① POWER SW：连接计算机电源开关。2 芯的接头通常为白棕两种颜色，如图 2-1-37 所示。

图 2-1-35　CPU 电源接头插入相应的接口

图 2-1-36　机箱内部的各种连线

② RESET SW：连接机箱的 RESET 键，2 芯的接头通常为白蓝两种颜色，如图 2-1-38 所示。它要接到主板的 RESET 插针上。RESET 键是一个开关，按下它时短路，松开时恢复开路，瞬间的短路可以使计算机重新启动。

图 2-1-37　电源开关接头

图 2-1-38　重启开关接头

③ POWER LED：连接电源指示灯。一般为 2 芯或 3 芯接头，其中 1 线通常为绿色，2 线或者 3 线为白色，如图 2-1-39 所示。在主板上，插针通常标记为 PLED，连接时注意绿色线对应第 1 针（+）。连接好后，微机在开机状态时，电源一直亮着，指示计算机已经通电。

④ H.D.D LED：连接硬盘指示灯。两芯的接头，1 线为红色，2 线为白色，如图 2-1-40 所示。硬盘指示灯可以标明硬盘的工作状态，此灯在闪烁，说明硬盘正在存取。在主板上，通常有 IDE LED 或 HDD LED 的字样，连接时红色要对第 1 针（+）。

⑤ SPEAKER：连接 PC 音箱。一般是 4 芯的接头，实际上只有 1、4 两根线，1 线为红色，4 线为黑色，如图 2-1-41 所示。它接在主板 SPEAKER 插针上。

图 2-1-39　电源指示灯接头

图 2-1-40　硬盘指示灯接头

图 2-1-41　PC 音箱接头

主板上的机箱面板连线插针一般都在主板左下端靠近边缘的位置，一般是双行插针，一共有 10 组左右。也有部分主板的机箱面板连线插针采用的是单行插针。不管机箱面板连线插针如何排列，它们的连接方法都是一样的。

① 电源开关的连接：连接电源开关连线时，先从机箱面板连线上找到标有 POWER SW 的两针插头，然后插在主板上标识有 PWR SW 或 PWR 字样的插针上即可，不必注意插接的正反。

② 重启开关的连接：连接重启开关时，先从机箱面板连线上找到标有 Reset SW 的两针插头，然后插在主板上标识有 Reset 或 RST 字样的插针上即可，不必注意插接的正反。

③ 电源指示灯的连接：连接电源指示灯连线时，先从机箱面板连线上找到标有 Power LED 的插头，然后插在主板上标识有 PWR LED 或 P LED 字样的插针上。由于电源指示灯是采用发

光二极管，所以连接是有方向性的。有些主板上会标识 P LED+和 P LED−，要将绿色一端对应连接在 P LED+插针上，白线连接在 P LED−插针上。

④ 硬盘指示灯的连接：连接硬盘指示灯连线时，先从机箱面板连线上找到标识有 H.D.D. LED 的两针插头，然后插在主板上标示识有 HDD LED 或 IDE LED 字样的插针上。硬盘指示灯的连接也是有方向性的。有些主板上会标识 HDD LED+和 HDD LED−，要将红色一端对应连接在 HDD LED+插针上，白线连接在 HDD LED−插针上。

提示

> 由于发光二极管是有极性的，如果连接之后指示灯不亮，不必担心接反会损坏设备，关闭计算机，将相应指示灯的插线反转连接即可。

⑤ 扬声器的连接：连接扬声器连线时，先从机箱内部找到标识有 S 的四针插头，然后插在主板上标识有 SPEAKER 或 SPK 字样的插针上。扬声器从理论上是区分正负极的，红色插正极，黑色插负极，但实际上接反也可以发声。

⑥ 机箱前置 USB 的接线的连接：目前，大部分主板都提供了高达 8 个的 USB 接口，一般背部的面板中提供 4 个，剩余的 4 个需要安装到机箱前置的 USB 接口上，以方便使用。现在很多主板的前置 USB 接口，都采用标准的九针接口（第九针是空的）比较容易判断，如图 2-1-42 所示。

同样，机箱前面板也提供了前置 USB 的连接线，如图 2-1-43 所示。

图 2-1-42 主板上提供的前置 USB 接口

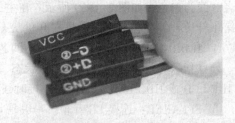

图 2-1-43 机箱前面板前置 USB 的连接线

USB 各个接线的定义如下。

红线：电源正极（接线上的标识为+5V 或 VCC）。

白线：负数据线（标识为 Data−或 USB Port −）。

绿线：正数据线（标识为 Data+或 USB Port +）。

黑线：接地（标识为 GROUND）。

主板 USB 接口的连接方法如图 2-1-44 所示。

图 2-1-44 主板与 USB 接口的详细连接方法

注意

　　每个 USB 接口能够向外设提供 + 5 V、500 mA 的电流，连接前置 USB 接线时，一定要严格按照使用说明书进行安装。绝对不能出错，否则将烧毁主板或者外设。

8. 安装驱动器

完成跳线设置后，便可将硬盘安装到机箱内，并连接数据线和电源线。

（1）SATA 硬盘的安装

① 在机箱内找到硬盘驱动器的位置，然后将硬盘轻轻推入驱动器舱内，并使硬盘侧面的螺丝孔与驱动器舱上的螺丝孔对齐，然后拧紧螺钉，如图 2-1-45 所示。

② 连接硬盘的数据线和电源线。SATA 硬盘上有两个插口，分别是反 L 型的 7 针数据线插口和 L 型的 15 针电源线插口，如图 2-1-46 所示。这两个插口都是扁平形状并具有防呆设计，连接起来十分简便，方向反了根本无法插入。连接时，只要对准方向用力插到位即可，如图 2-1-47 和图 2-1-48 所示。

图 2-1-45　放入硬盘并拧紧螺丝

图 2-1-46　SATA 硬盘的接口

图 2-1-47　连接 SATA 硬盘的数据线

图 2-1-48　连接 SATA 硬盘的电源线

（2）安装光盘驱动器

① 取下机箱前面的用于安装光驱位置的挡板，然后将光驱从外向内推入机箱，确认光驱的前面板与机箱对齐平整，如图 2-1-49 所示。

② 在光驱的每一侧用两颗螺钉初步固定，先不要拧紧，这样可以对光驱的位置进行细致的调整，然后再把螺钉拧紧，这一步是考虑面板的美观，等光驱面板与机箱面板平齐后再拧紧螺钉，如图 2-1-50 所示。

图 2-1-49　将光驱装入机箱

图 2-1-50　固定光驱

③ 依次安装好 SATA 数据线和电源线。

9. 安装显卡

现在的显卡一般都是 PCI-E×16 接口的,所以只要插到主板相应的 PCI-E×16 插槽中即可。

① 关闭主机电源,打开机箱,找到主板中间位置的 PCI-E×16 插槽,去除机箱后面该插槽处的铁皮挡板,如图 2-1-51 所示。

② 将显卡插入主板 PCI-E 插槽中,如图 2-1-52 所示,在插入的过程中,要把显卡以垂直于主板的方向插入 PCI-E 插槽中,用力适中并插到底部,保证卡和插槽的良好接触。

图 2-1-51　去除机箱后面 PCI-E 插槽处的铁皮挡板

图 2-1-52　将显卡插入主板 PCI-E 插槽中

③ 显卡插入插槽中后,用螺钉固定显卡,如图 2-1-53 所示。固定显卡时,要注意显卡挡板下端不要顶在主板上,否则无法插到位。插好显卡,固定挡板螺钉时要松紧适度,不要影响显卡插脚与 PCI-E 槽的接触,更要避免引起主板变形。

至此主机内部的硬件安装完毕。安装后的主机内部如图 2-1-54 所示。

图 2-1-53　用螺钉固定显卡

图 2-1-54　安装后的主机内部

10. 整理机箱内部的连线

整理机箱内部连线的具体操作步骤如下。

① 面板信号线的整理。面板信号线都比较细，而且数量较多，平时都是乱作一团。整理时，只要将这些线用手理顺，然后折几个弯，再找一根常用来捆绑电线的捆绑绳，将它们捆起来即可。

② 电源线和数据线的整理。先用手将电源线理顺，将不用的电源线放在一起，这样可以避免不用的电源线散落在机箱内，妨碍日后插接硬件，如图 2-1-55 所示。

整理好机箱内部连线后，就可以盖上机箱盖了。

11. 连接主机外围设备

（1）连接显示器

① 连接信号线。显卡的输出端目前常见的主要有 VGA 和 DVI 两种，它们的连接方法类似，下面以 VGA 接口为例进行介绍。

显卡的 VGA 输出端是一个深蓝色的 15 孔三排插座，为了防止插反，中间一排针与另外两排针的位置错开，插座呈梯形，此外，为了信号线的更好连接，插座的旁边一般有用于固定插头用的螺丝孔，如图 2-1-56 所示。同样，VGA 信号线也是相应的深蓝色梯形接头，如图 2-1-57 所示，不会担心接反。连接时只要把插头对准插座插入然后拧紧插头上的两颗固定螺栓即可，如图 2-1-58 所示。

图 2-1-55 整理好机箱内部连线

图 2-1-56 显卡或主板上的 VGA 插座

图 2-1-57 电脑 VGA 信号线接头

图 2-1-58 连接 VGA 信号线

DVI 信号线的连接与 VGA 类似，在此不再赘述。

② 连接电源线。显示器电源线的连接相对而言就简单多了，只要把 3 芯的电源线连接到显示器 3 针的插座上即可。

（2）连接键盘和鼠标

现在大部分键盘和鼠标采用的是 PS/2 接口，它们的形状是一样的，但是颜色不同，鼠标接口为绿色，键盘接口为紫色。同样，主板上的 PS/2 键盘和鼠标插孔也用不同的颜色进行区分，如图 2-1-59 所示，连接时一定要看清楚。

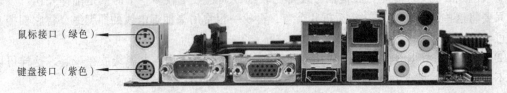

鼠标接口（绿色）

键盘接口（紫色）

图 2-1-59 主板上的键盘、鼠标接口

键盘和鼠标的安装很简单，只需将其插头对准缺口方向插入主板上的键盘/鼠标插座即可。如果键盘和鼠标接口插错了也不会损坏设备，关机再重新插过即可。

如果是 USB 接口的键盘或鼠标，则更容易连接，把该连接口对着机箱中相对应的 USB 接口插进去即可。

12. 通电测试

到此，所有的设备都已安装好了，最后是连接主机电源通电测试。把电源线一端连接到主机的电源插头上，另一端连接到交流电的插座上。连接后即可启动计算机开机测试。

实验 2
Windows 7 操作系统的安装

一、实验目的

通过本实验掌握计算机开机启动顺序设置方法及 Windows 7 操作系统的安装方法，学会安装驱动程序，并能自行更新驱动程序。

二、实验准备

准备一台计算机、一张 Windows 7 操作系统（32 位中文旗舰版）光盘。

三、实验内容

① 设置计算机开机启动顺序为光盘、硬盘 C 区。
② 安装 Windows 7 操作系统（以 32 位中文旗舰版为例）。
③ 安装硬件驱动程序。

四、实验步骤

1. 设置开机启动顺序

未安装操作系统的计算机是不能正常运行的，需要在计算机上安装 Windows 等操作系统后才能使用和操作计算机。所以，首要的工作是设置系统启动时默认从光盘启动，这样计算机才能正确读取系统安装光盘中的安装文件并开始安装。计算机系统的启动顺序需要在 CMOS 中设置。

不同主板的 CMOS 设置界面选项可能会有一些差别，但大部分选项都是相同的。这里以 Award CMOS 的设置界面为例，设置步骤如下。

① 进入 Award CMOS 设置主界面。开启计算机，在屏幕显示 Waiting……并提示 Press DEL to enter SETUP 时，按【Del】键进入 Award CMOS 的主设置界面，如图 2-2-1 所示。进入后的 CMOS 设置界面如图 2-2-2 所示。

② 按【↑】和【↓】键选择 BIOS FEATURES SETUP 选项，按【Enter】键进入详细设置界面，如图 2-2-3 所示。选择 Boot Sequence 对应选项，利用【Page Up】【Page Down】键将启动顺序设置为 "CDROM，C，A"，表示光盘为第一启动项，接着是硬盘 C 区，然后是软驱。

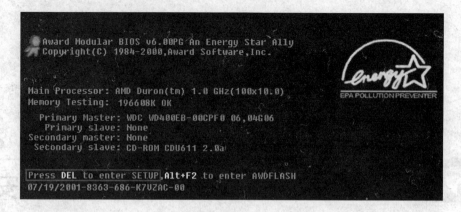

图 2-2-1　开机启动提示进入 CMOS 的界面

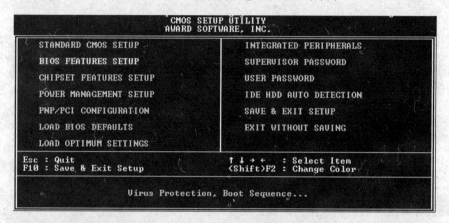

图 2-2-2　AWARD CMOS 的主设置界面

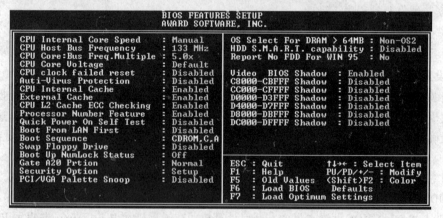

图 2-2-3　标准 CMOS 设置界面

③ 在计算机光驱中放入 Windows 7 安装光盘。按【F10】键，在提示界面中按【Y】键，如图 2-2-4 所示。按【Enter】键保存并退出 CMOS 设置，完成后系统会自动重新启动。

2. Windows 7 操作系统的安装

① 设置光盘为第一启动项后，计算机重新启动，显示界面如图 2-2-5 所示。如果系统安装光盘没有问题，则操作系统安装前将自动载入文件。

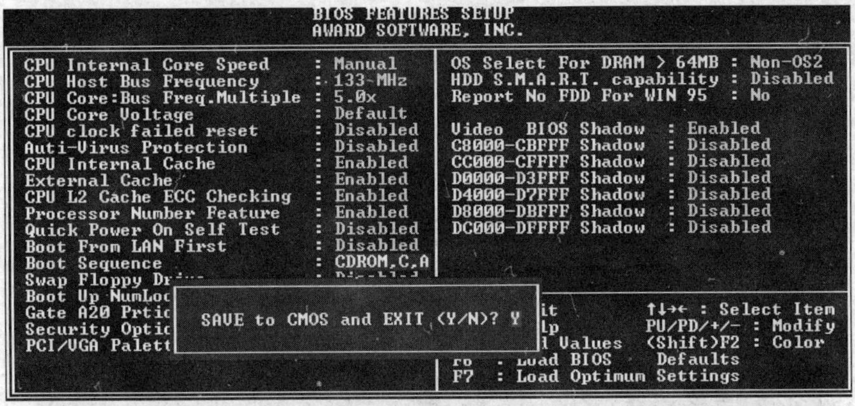

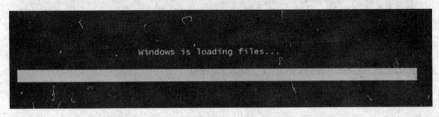

图 2-2-4　CMOS 提示界面

图 2-2-5　安装启动界面

　　② 文件载入完成后，出现图 2-2-6 所示的界面，选择语言、时间和输入方式后，单击"下一步"按钮继续。

图 2-2-6　安装界面

　　③ 在图 2-2-7 所示的界面中单击"现在安装"按钮。

　　④ 出现图 2-2-8 所示的界面，查看许可后选择"我接受许可条款（A）"复选框，单击"下一步"按钮继续。

图 2-2-7　提示是否同意安装许可协议

⑤ 出现图 2-2-9 所示的界面，此处提供两种安装方式，如果选择升级安装，则原分区中曾经安装过的早期版本的 Windows 文件将自动保存在名为 windows.old 的文件夹中。如果是全新安装应当选择自定义安装方式。此处，选择"自定义（高级）"进行安装。

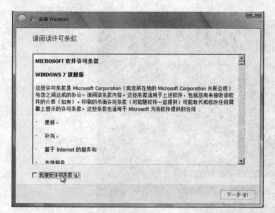

图 2-2-8　许可条款

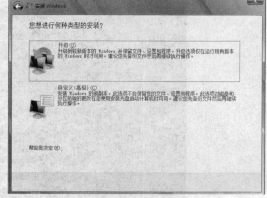

图 2-2-9　选择系统安装的类型

⑥ 如果是未划分分区的新的硬盘，会出现图 2-2-10 所示的对话框。单击"驱动器选项（高级）"超链接后，出现图 2-2-11 所示的对话框，单击"新建"超链接，然后在"大小"输入框中输入第一个分区的大小（注意：这里分区大小的单位为 MB，如果想把第一个分区分成 50 GB的话，则输入大约 50 000 MB 即可，如图 2-2-12 所示），然后单击"应用"按钮，出现图 2-2-13所示的创建额外分区的对话框，单击"确定"按钮，即可建立分区。采用同样的方法，继续选择未分配的空间划分分区。

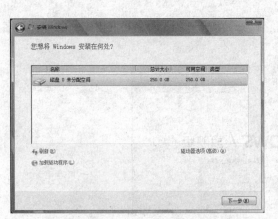

图 2-2-10　提示安装的位置

图 2-2-11　选择"驱动器选项（高级）"选项后

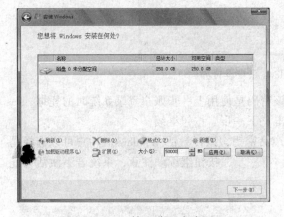

图 2-2-12　输入分区大小置

图 2-2-13　为系统文件创建分区

⑦ 分好区后，选择磁盘 0 分区 2（注意：磁盘 0 分区 1 为系统保留分区，只是保存临时安装文件，不能安装操作系统），单击"下一步"按钮开始安装系统，如图 2-2-14 所示。

⑧ 出现图 2-2-15 所示的正在安装 Windows 的提示，安装程序将自动完成整个安装过程，安装期间系统将多次重启，整个过程不需要人工干预。根据计算机性能，耗时大概在 20 min 到 30 min 以内，请耐心等待。

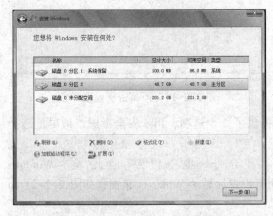

图 2-2-14　选择安装系统的分区

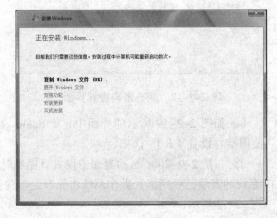

图 2-2-15　正在安装 Windows 的提示

⑨ 安装完成后出现图 2-2-16 所示的界面，输入一个用户名及一个在网内唯一的计算机名称后单击"下一步"按钮继续。

图 2-2-16 Windows 账户设置界面

⑩ 在图 2-2-17 所示的界面中输入密码，该密码是使用上一步账户登录系统时的凭据，一定要牢记。如果不想设置密码，可以留空。单击"下一步"按钮继续。

⑪ 在图 2-2-18 所示的界面中，要求输入产品密钥，以便激活 Windows。用户可以选择马上输入密钥也可以选择安装完成后激活。单击"下一步"按钮继续。注意，系统若不激活只能免费使用 30 天。

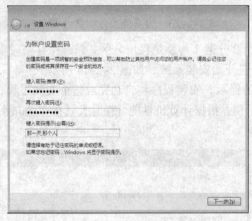

图 2-2-17 账户密码设置界面   图 2-2-18 产品密钥设置界面

⑫ 如图 2-2-19 所示的界面中，Windows 7 提供了 3 个选项，出于安全考虑，请尽量选择"使用推荐设置（R）"选项。

⑬ 在图 2-2-20 所示的界面中设置日期和时间，单击"下一步"按钮继续。至此，整个 Windows 7 系统的安装已经完成，操作系统将保存之前的所有设置后显示 Windows 桌面，如图 2-2-21 和图 2-2-22 所示。

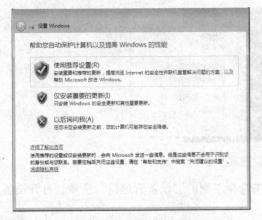

图 2-2-19　安全设置界面

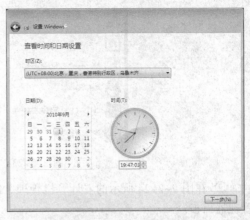

图 2-2-20　设置日期和时间

图 2-2-21　完成设置

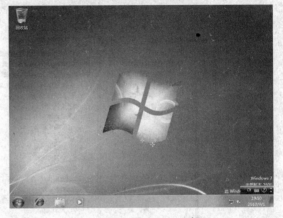

图 2-2-22　Windows 7 桌面

3. 驱动程序的安装

Windows 7 操作系统安装完成后，接下来就要安装硬件的驱动程序。不同配置的计算机，硬件不同，所以需要安装的驱动程序也不同，但是驱动程序的安装步骤是一样的。

Windows 7 包含了大部分硬件的通用驱动程序，所以部分硬件可以不用特别安装驱动即可使用，但是只有对应型号和版本的驱动才能最大限度地发挥硬件性能。一般需要安装的硬件驱动包括主板芯片组驱动程序、显卡驱动程序、网卡驱动程序、声卡驱动程序和其他通用驱动。驱动程序的安装必须注意驱动程序之间的依存关系，特别要注意必须先安装主板的芯片组驱动，否则一些板载设备可能无法被找到。另外，如果驱动程序安装后提示需要重新启动，请重新启动后再安装其他驱动。

目前，绝大部分驱动光盘都有自动运行功能，将驱动安装光盘放入计算机光驱，然后按照安装程序提示安装即可。

驱动程序安装完成后，如果某个设备的驱动程序没有被正确安装或要更改某个硬件的驱动程序，可直接运行驱动安装文件，替换原有驱动，或通过以下步骤更新驱动。

① 右击"开始"菜单中的"计算机"命令，在弹出的快捷菜单中选择"管理"命令，如图 2-2-23 所示。

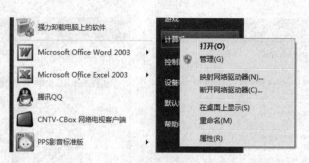

图 2-2-23 选择"管理"命令

② 在图 2-2-24 所示的"计算机管理"窗口中选择左侧的"设备管理器"选项，打开设备管理器面板。

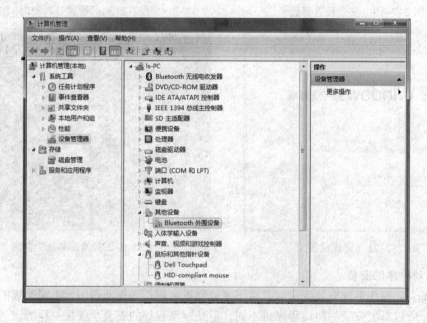

图 2-2-24 计算机管理窗口

③ 在设备管理器面板中没有被正确安装驱动的设备图标前会有一个黄色的三角形图标，如图 2-2-24 所示的"Bluetooth 外围设备"，在其项目上右击，在弹出的快捷菜单中选择"更新驱动程序软件"命令，如图 2-2-25 所示。

④ 在图 2-2-26 所示的"更新驱动程序软件"对话框中，可先尝试选择"自动搜索更新的驱动程序软件（S）"选项，Windows 会自动实现驱动程序的安装。如果计算机不能自动更新，可以选择"浏览计算机以查找驱动程序软件（R）"选项。

⑤ 在图 2-2-27 所示的对话框中单击"浏览"按钮，定位驱动程序所在的文件夹，并单击"下一步"按钮，完成驱动程序的安装。

图 2-2-25 选择"更新驱动程序软件"命令

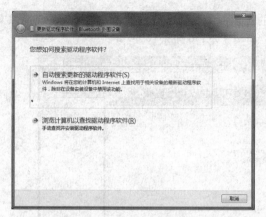　　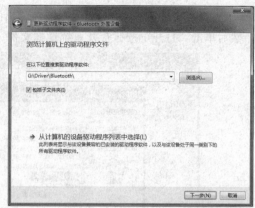

图 2-2-26　"更新驱动程序软件"对话框　　　　图 2-2-27　选择驱动程序位置

4．用 U 盘安装 Windows 7 操作系统

现在很多用户的计算机都不配置光驱，在这种情况下可以通过 U 盘来安装操作系统。

（1）准备工作

用 U 盘来安装 Windows 7 操作系统，必须做好下面的准备工作。

① 一台带 Windows 7 或者 Windows XP 系统的计算机（制作启动盘用）。

② 一个 4 GB 以上的 U 盘。

③ Windows 7 系统包（可到微软的官方网站下载）。

④ 制作启动盘软件，如 UltraISO 软件等。

（2）制作 U 盘系统盘

① 打开 UltraISO 软件并插上 U 盘，UltraISO 软件的操作界面如图 2-2-28 所示。

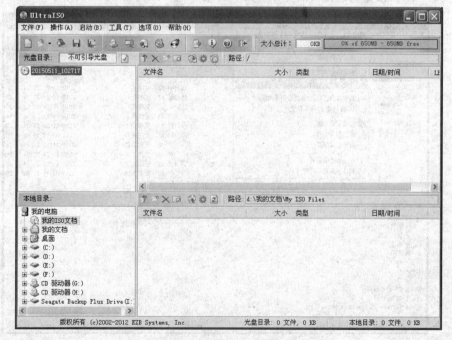

图 2-2-28　UltraISO 软件的操作界面

② 选择"文件"→"打开"命令，在弹出的对话框中找到下载好的 Windows 7 系统镜像文件，然后单击"打开"按钮打开系统镜像文件，如图 2-2-29 所示。

图 2-2-29　打开系统镜像文件

③ 选择"启动"→"写入硬盘映像"命令，如图 2-2-30 所示，在弹出的对话框中，单击"硬盘驱动器"下拉按钮，选择要制作系统启动盘的 U 盘，如图 2-2-31 所示。

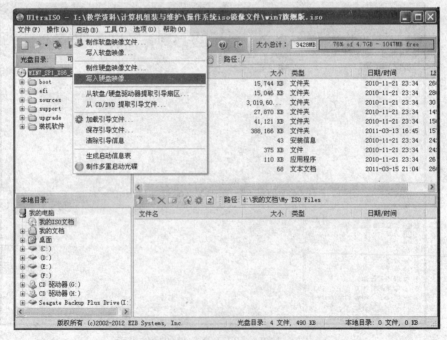

图 2-2-30　选择"启动"→"写入硬盘映像"命令

图 2-2-31　选择要制作系统启动盘的 U 盘

④ 选择好 U 盘后，单击"写入"按钮，在出现的对话框中单击"是"按钮，UltraISO 软件开始制作 U 盘系统启动盘。系统启动盘制作大约需要 10 min 左右，耐心等待。制作完成后，单击"返回"按钮即可。

（3）安装系统

制作好系统启动盘后，把计算机的第一启动设备设为 U 盘，即可安装操作系统。下面以联想 G470 笔记本为例讲解如何设置第一启动设备。

① 重启或者开机，出现"Lenovo"字样的联想公司标志时根据屏幕下方的提示迅速按【F12】键，如图 2-2-32 所示，进行启动项选择。

图 2-2-32　按【F12】键，选择启动项

> **注意**
>
> 不同品牌的笔记本，启动项的进入快捷键也不同，具体可以在各个品牌的官方网站查找，也可以逐个从【Esc】键、【F1】键到【F12】键进行尝试。

② 按【F12】键后，出现图 2-2-33 所示的窗口，通过按上、下箭头键移动到 "USB HDD" 项目，如图 2-2-34 所示，然后按【Enter】键，即可把第一启动设备从原来的硬盘改为 U 盘。

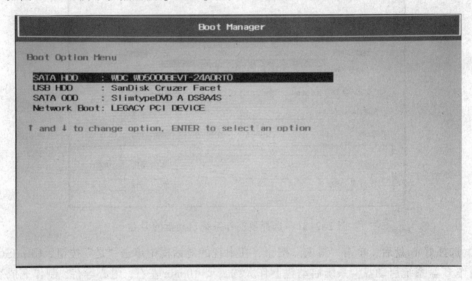

图 2-2-33　选择启动项窗口

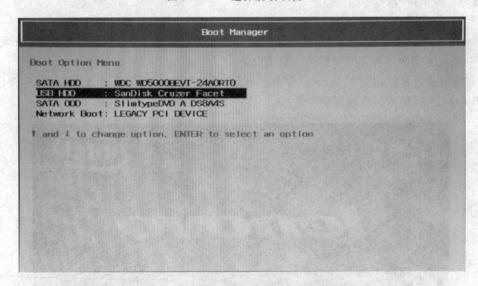

图 2-2-34　选择 "USB HDD" 启动项

③ 接着计算机开始进入 Windows 7 安装界面，开始安装操作系统，如图 2-2-35 和图 2-2-36 所示。后续的安装步骤可参考前面的内容，这里不再讲解。

图 2-2-35　开始准备安装操作系统

图 2-2-36　开始准备安装操作系统

实验 **3**

Ghost 系统备份软件的使用

Ghost（General Hardware Oriented Software Transfer，面向通用型硬件系统传送器）是美国赛门铁克公司推出的一款出色的硬盘备份与还原工具软件，可以实现 FAT16、FAT32、NTFS、OS2 等多种硬盘分区格式的分区及硬盘的备份与还原。Ghost 软件在计算机维护中具有举足轻重的作用。

一、实验目的

Ghost 是一个最常用的系统工具软件，它具有备份系统分区、还原系统分区的功能。通过本实验，掌握计算机备份软件 Ghost 的使用方法。

二、实验准备

一台已经安装了 Windows 系统的计算机；一份 Ghost 8.0 工具软件。

三、实验内容

① 使用 Ghost 软件对系统进行备份。

② 使用 Ghost 软件对系统进行还原。

四、实验步骤

1. 使用 Ghost 软件备份系统

① 运行 Ghost，进入操作主界面，如图 2-3-1 所示。

② 在主菜单中用【→】移至 Local→Partition→To Image 菜单项上，如图 2-3-2 所示，然后按【Enter】键。

③ 在打开的选择硬盘窗口中，选择备份分区所在的硬盘（这里以 60 GB 硬盘上的 C 分区为例），按【Enter】键确认，如图 2-3-3 所示。然后再按【Tab】键将光标定位到【OK】按钮上（此时 OK 按钮变为白色），再按【Enter】键。

④ 在打开的选择源分区（源分区就是要把它制作成镜像文件的那个分区）窗口中，用【↑】【↓】键将蓝色光条定位到源分区（这里为第一个分区，即 C 区）上，按【Enter】键确认，再按【Tab】键将光标定位到【OK】按钮上（此时【OK】按钮变为白色），再按【Enter】键，如图 2-3-4 所示。

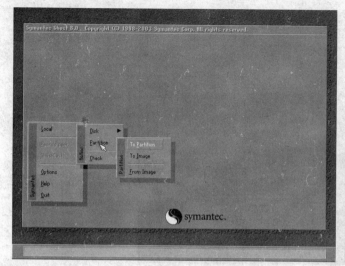

图 2-3-1　Ghost 的操作界面

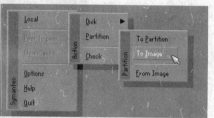

图 2-3-2　选择 To Image 菜单

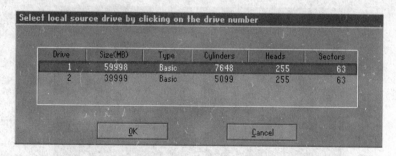

图 2-3-3　选择本地硬盘

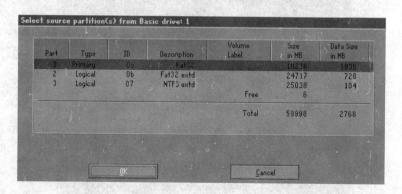

图 2-3-4　选择源分区

⑤ 在打开的镜像文件存储目录窗口中，选择存放 Ghost 文件的路径，然后在 File name 文本框中输入镜像文件的文件名，按【Enter】键，如图 2-3-5 所示。

⑥ 在弹出的是否要压缩镜像文件对话框中，用【→】键移动到【Fast】按钮上，按【Enter】键确定，如图 2-3-6 所示。

⑦ 在弹出的提示对话框中，用【Tab】键移动到【Yes】按钮上，如图 2-3-7 所示，按【Enter】键确定，Ghost 开始备份系统，如图 2-3-8 所示。

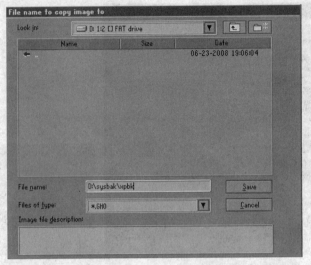

图 2-3-5 选择镜像文件的保存路径并输入镜像文件名

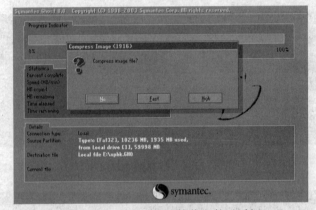

图 2-3-6 是否要压缩镜像文件对话框

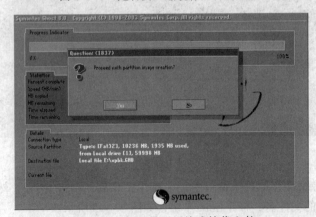

图 2-3-7 提示是否压缩成镜像文件

整个备份过程一般需要 5～10 min（时间长短与所备份分区的大小、数据多少、硬件速度等因素有关），完成后会出现提示创建成功窗口，如图 2-3-9 所示，按【Enter】键回到 Ghost 主界面。至此，系统备份完毕。

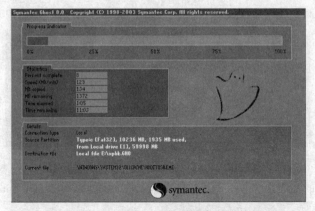

图 2-3-8 Ghost 开始进行备份系统

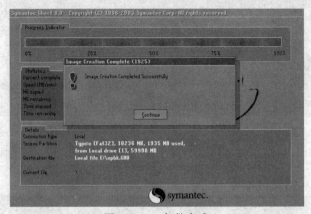

图 2-3-9 备份完成

2．使用 Ghost 软件还原系统

一旦在 Windows 系统运行时出现故障，无法正常启动系统或者重新需要系统时，不必重新安装 Windows 系统，而是利用备份的 Ghost 镜像文件进行快速恢复，这样可以节省大量的系统安装时间。使用 Ghost 软件还原系统的过程如下。

① 运行 Ghost，出现主菜单后，用【→】移至 Local→Partition→From Image 菜单项上，如图 2-3-10 所示，然后按【Enter】键。

② 在打开的镜像文件还原位置界面中，找到镜像文件后按【Enter】键，如图 2-3-11 所示。

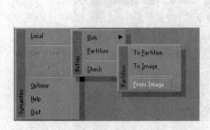

图 2-3-10 选择 From Image 项

图 2-3-11 找到镜像文件

③ 在出现的界面中显示镜像文件的信息，如图 2-3-12 所示，直接按【Enter】键。

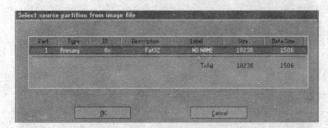

图 2-3-12　镜像文件的信息

④ 在选择硬盘的界面中，选择要还原的分区所在的硬盘，然后按【Enter】键，如图 2-3-13 所示。

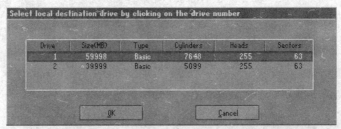

图 2-3-13　选择要还原的分区所在的硬盘

⑤ 在选择目标分区窗口中选择目标分区（即要还原的那个分区），如图 2-3-14 所示，然后按【Enter】键。

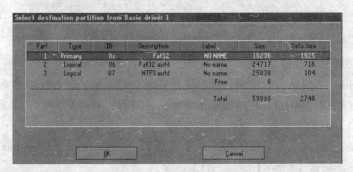

图 2-3-14　选择目标分区

⑥ 在出现的提示界面中，按【Yes】按钮，如图 2-3-15 所示，按【Enter】键确定，Ghost 开始还原分区信息，如图 2-3-16 所示。

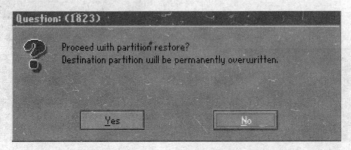

图 2-3-15　选择 Yes

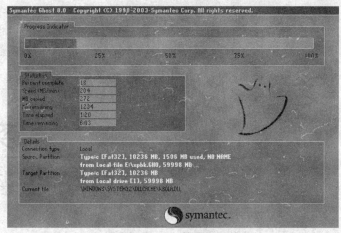

图 2-3-16　开始还原系统

⑦ 还原结束后，按【Reset Computer】按钮，如图 2-3-17 所示，再按【Enter】键重启计算机。至此，系统恢复结束。

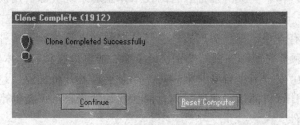

图 2-3-17　按【Reset Computer】按钮

 注意

选择目标分区时一定要选对，否则目标分区原来的数据将全部消失。

实验 4
杀毒软件的安装与使用

　　360 杀毒是完全免费的、国内用户量最大的杀毒软件，它无缝地整合了国际知名的 BitDefender 病毒查杀引擎，以及 360 安全中心领先的云查杀引擎。双引擎智能调度，为计算机提供了完善的病毒防护体系。360 杀毒独有的技术体系对系统资源占用极少，对系统运行速度的影响微乎其微。

　　360 安全卫士拥有查杀木马、清理插件、修复漏洞、电脑体检等多种功能，并独创了"木马防火墙"功能，依靠抢先侦测和云端鉴别，可全面、智能地拦截各类木马，保护用户的账号、隐私等重要信息。360 安全卫士自身非常轻巧，同时还具备开机加速、垃圾清理等多种系统优化功能，可大大加快计算机的运行速度，内含的 360 软件管家还可帮助用户轻松下载、升级和强力卸载各种应用软件。

　　360 杀毒和 360 安全卫士配合使用，是安全上网的黄金组合。

一、实验目的

　　360 是永久免费、性能超强的杀毒软件。通过本实验，掌握 360 杀毒、360 安全卫士的安装方法，以及 360 杀毒、360 安全卫士各主要功能的使用方法。

二、实验准备

　　360 杀毒正式版，360 安全卫士正式版，下载地址：http://www.360.cn。

三、实验内容

① 360 杀毒软件的安装方法。
② 360 杀毒软件的使用方法。
③ 360 安全卫士的安装方法。
④ 360 安全卫士的使用方法。

四、实验步骤

1. 360 杀毒软件的安装与使用

（1）360 杀毒软件的下载与安装

① 到 360 安全中心下载 360 杀毒安装程序：http://www.360.cn，如图 2-4-1 所示。

图 2-4-1 360 网站

② 单击 360 杀毒的"下载"按钮，得到安装程序 360sd_std_5.0.0.5104F.exe。

③ 双击 360sd_std_5.0.0.5104F.exe，开始安装 360 杀毒。

④ 安装完成，在出现的界面中可以选择"快速扫描"只扫描关键部位，也可以选择"全盘扫描"扫描整个硬盘，如图 2-4-2 所示。

图 2-4-2 360 杀毒界面

⑤ 扫描完成后发现病毒的结果如图 2-4-3 所示。

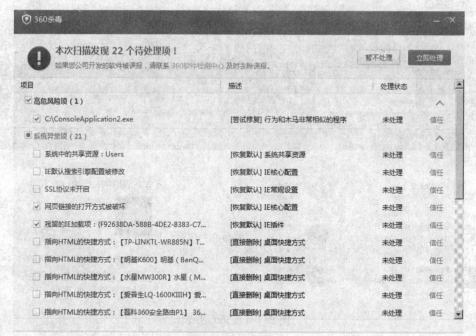

图 2-4-3 发现病毒

（2）360 杀毒软件的使用

① 单击任务栏中的 360 杀毒图标，如图 2-4-4 所示。

② 出现 360 杀毒主界面，如图 2-4-2 所示。

③ 可以选择"快速扫描""全盘扫描"或"自定义位置扫描"，"快速扫描"只扫描电脑的关键位置，"全盘扫描"扫描整个硬盘。"自定义扫描"可以自由指定扫描哪个分区或文件夹，图 2-4-5 所示为单击"自定义扫描"后的对话框。

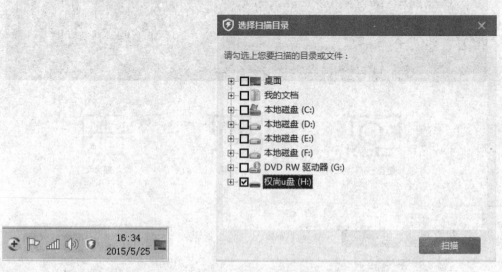

图 2-4-4 360 杀毒图标　　　　　　　　　　图 2-4-5 选择扫描目录

④ 图 2-4-6 所示为扫描过程，可以选择"扫描完成后关闭计算机"复选框。

图 2-4-6　病毒查杀

⑤ 发现病毒，选择病毒，然后单击"立即处理"按钮，如图 2-4-7 所示。

⑥ 单击主界面中的"查看隔离文件"超链接，打开图 2-4-8 所示的窗口，单击"恢复"按钮可以恢复被删除的病毒文件，单击"删除"按钮最终删除病毒文件。

2．360 安全卫士的安装与使用

（1）360 安全卫士的下载与安装

① 到 360 安全中心下载 360 安全卫士安装程序：http://www.360.cn。

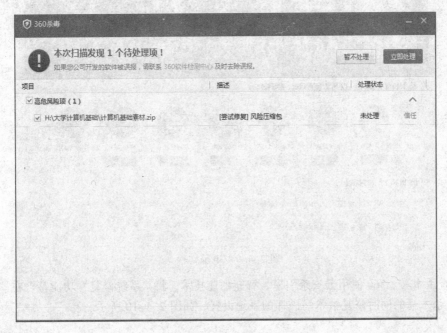

图 2-4-7　病毒处理

图 2-4-8 隔离区

② 单击下载 360 安全卫士正式版，得到安装程序 inst.ext 文件进行安装，其安装过程参照 "360 杀毒" 的安装过程，此处不再赘述。

（2）360 安全卫士的使用

① 电脑体检。360 体检将对计算机系统进行快速一键扫描，对木马病毒、系统漏洞、恶意插件等问题进行修复，并全面解决潜在的安全风险，提高计算机的运行速度，如图 2-4-9 所示。

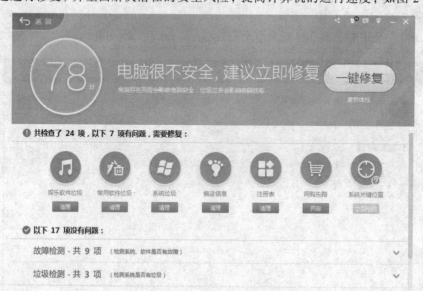

图 2-4-9 电脑体检

② 查杀木马。360 使用云查杀引擎、智能加速技术，将 "系统修复" 功能整合在 "查杀木马" 中，杀木马的同时修复被木马破坏的系统设置，如图 2-4-10 所示。

图 2-4-10　木马查杀

③ 修复漏洞。及时修复漏洞，保证系统安全。单击"重新扫描"按钮，将重新扫描系统，检查漏洞情况，如图 2-4-11 所示。

④ 清理垃圾。360 安全卫士提供了清理系统垃圾的服务，定期清理系统垃圾使系统更流畅。单击"开始扫描"按钮，程序会自动扫描系统存在的垃圾文件，如图 2-4-12 所示。

图 2-4-11　修复漏洞

图 2-4-12　清理垃圾

⑤ 流量监控。360 安全卫士可以实时监控目前系统正在运行程序的上传和下载的数据流

量，可以防止后门的浑水摸鱼，如图 2-4-13 所示。

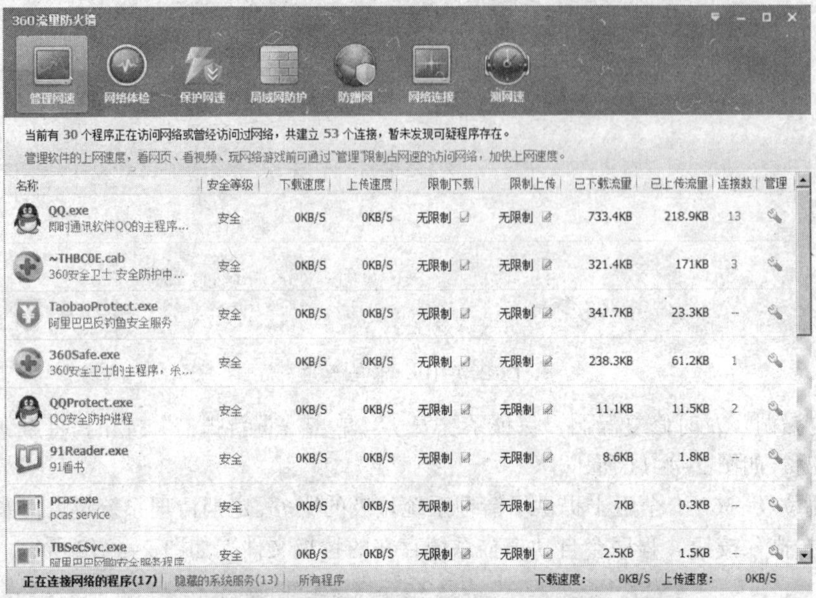

图 2-4-13 流量监控

⑥ 进程管理。对当前系统中运行的进程进行管理，如图 2-4-14 所示。

图 2-4-14 进程管理

实验 **5**

分区软件的使用

PartitionMagic（分区魔法师）是一款优秀的硬盘分区管理软件，该软件可以在不损失硬盘已有数据的前提下对硬盘进行重新分区、复制分区、移动分区、隐藏/重现分区、转换分区等。该软件功能强大，是一个在硬盘分区方面表现非常出色的工具。

DiskGenius 是一款功能强大的硬盘分区和数据维护软件。它操作直观简便，支持 IDE、SCSI、SATA 等各种类型的硬盘；支持 U 盘、USB 硬盘、存储卡（闪存卡）；可以实现基本的分区建立、删除、隐藏等操作；可以快速格式化 FAT12、FAT16、FAT32、NTFS 分区；可浏览包括隐藏分区在内的任意分区内的任意文件，包括通过正常方法不能访问的文件；支持 FAT12、FAT16、FAT32、NTFS 分区的已删除文件恢复、分区误格式化后的文件恢复；增强已丢失分区恢复（重建分区表）功能，在恢复过程中，可即时显示搜索到的分区参数及分区内的文件，搜索完成后，可在不保存分区表的情况下恢复分区内的文件；提供分区表的备份与恢复功能；可将整个分区备份到一个镜像文件中，在必要时（如分区损坏）进行恢复。

一、实验目的

通过本实验，掌握常见的硬盘分区软件 Partition Magic 和 Disk Genius 的使用方法。

二、实验准备

Partition Magic 8.0 中文版分区软件；Disk Genius V 3.2.2010.6 标准版分区软件。

三、实验内容

① 使用 Partition Magic 软件对硬盘分区进行调整。
② 使用 Disk Genius 对硬盘分区进行坏道测试。

四、实验步骤

1. Partition Magic 的使用

（1）调整分区容量

① 启动 PartitionMagic 8.0，进入程序的主界面，在左侧单击"调整一个分区的容量"按钮，准备对其中的一个分区的容量进行调整，如图 2-5-1 所示。

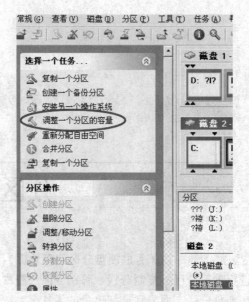

图 2-5-1　单击"调整一个分区的容量"按钮

②　在弹出的对话框中单击"下一步"按钮，在"选择磁盘"对话框中选择将被调整容量的分区的磁盘，然后单击"下一步"按钮，如图 2-5-2 所示。

③　在"选择分区"对话框中选择要调整容量的分区（如 C 区），使其被选中而标注为蓝色，然后单击"下一步"按钮。

④　在"指定新建分区的容量"对话框的"分区的新容量"文本框中输入新容量的数值，如图 2-5-3 所示，单击"下一步"按钮，接着在弹出的对话框中选择提取空间的分区，如图 2-5-4 所示，单击"下一步"按钮。

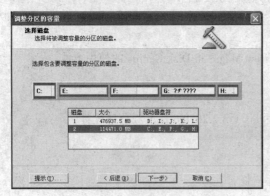

图 2-5-2　提示选择磁盘

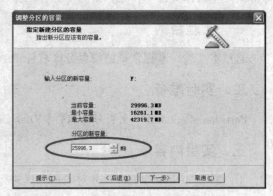

图 2-5-3　输入新容量的数值

⑤　在弹出的对话框中单击"完成"按钮，回到程序主界面。此时可以看到窗口左下角的"撤销"和"应用"两个按钮变为可操作状态，单击"应用"按钮，开始调整分区容量，如图 2-5-5 所示的画面。

⑥　调整完成后打开"计算机"窗口查看是否调整成功。

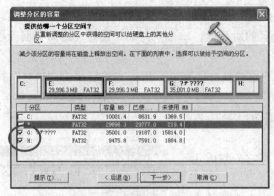

图 2-5-4　从 D 盘中提取空间给 C 盘

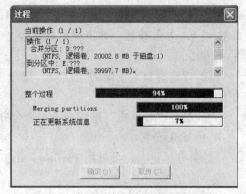

图 2-5-5　程序调整分区容量过程

（2）合并分区

① 在程序主界面左侧单击"合并分区"按钮，单击"下一步"按钮，在"选择第一分区"对话框中提示选择要合并的第一个分区，如图 2-5-6 所示，单击"下一步"按钮。

② 在"选择第二分区"对话框中选择要合并的第二个分区，如图 2-5-7 所示，单击"下一步"按钮。

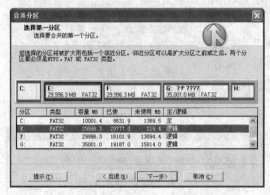

图 2-5-6　选择要合并的第一个分区

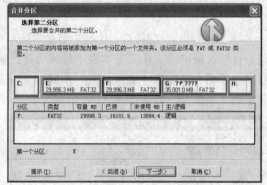

图 2-5-7　选择要合并的第二个分区

③ 在"选择文件夹名称"对话框中输入用于保存第二个分区内容的文件夹的名称，如图 2-5-8 所示，单击"下一步"按钮。

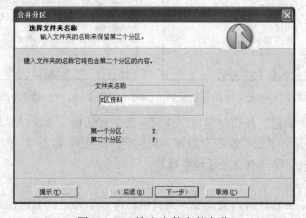

图 2-5-8　输入文件夹的名称

④ 单击"下一步"按钮，此时程序提示合并分区可能导致盘符的改变，不必理会此提示，单击"下一步"按钮。弹出提示确认合并分区的对话框，单击"完成"按钮关闭向导回到程序的主界面。

⑤ 单击窗口左下角的"应用"按钮，开始调整分区容量，执行完成后单击"确定"按钮关闭过程窗口。

⑥ 打开"计算机"窗口查看是否合并成功。

（3）分割分区

如果分区过大，可以用 Partition Magic 将它分割成几个较小的分区。

① 选择要分割的分区并右击，在弹出的快捷菜单中选择"分割"命令，如图 2-5-9 所示。

② 在弹出的"分割分区"对话框中，选择"数据"选项卡，指定好新建分区的卷标、盘符，然后移动要存放到新分区的文件夹或文件（其操作方法：选中左侧的文件夹或文件后单击中间的单箭头即可把它移到新建的分区中，单击双箭头则是全部移动文件夹或文件），如图 2-5-10所示。

③ 设好卷标、盘符后，选择"容量"选项卡，在"新建分区"区域的"大小"文本框中输入分区的容量，或者移动"原始分区"和"新建分区"中间的分隔条，使新建分区的大小改变，如图 2-5-11 所示。

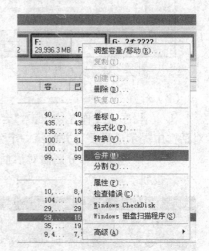

图 2-5-9　选择"分割"命令

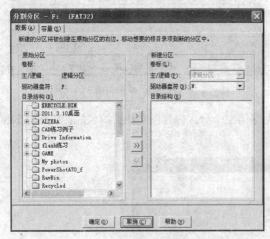

图 2-5-10　移动文件夹或文件到新的分区

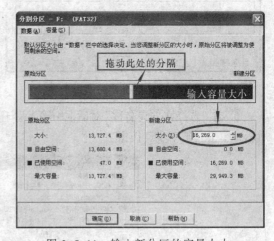

图 2-5-11　输入新分区的容量大小

④ 完成后单击"确定"按钮，弹出"应用更改"对话框，单击"是"按钮后，程序开始执行操作，程序执行完后单击"确定"按钮，回到程序的主界面。

⑤ 打开"计算机"窗口查看是否调整成功。

（4）转换分区格式

使用 Partition Magic 软件可以实现分区格式的转换。如果想把 E 区由原来的 FAT32 格式转换成 NTFS 格式，操作方法如下：

① 右击要转换分区的盘符,在弹出的快捷菜单中选择"转换"命令,弹出"转换分区"对话框,提示转换成什么文件系统格式和分区的类型,如图 2-5-12 所示。

② 在"文件系统"中选择 NTFS 单选按钮,如图 2-5-13 所示。

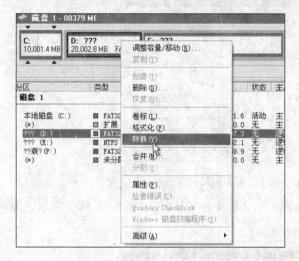

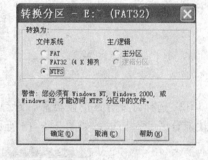

图 2-5-12 选择"转换"命令   图 2-5-13 选择"NTFS"文件系统格式

③ 单击"确定"按钮,弹出警告对话框,直接单击"确定"按钮。

④ 弹出"应用转换到 NTFS"对话框,提示"转换为 NTFS 无法被批处理。立即应用转换到 NTFS 吗?",如图 2-5-14 所示。单击"是"按钮,程序开始转换分区的格式。

⑤ 转换结束后,提示"请按任意键继续…",按任意键后,程序提示操作完成,单击"确定"按钮,程序回到主界面,此时可以看到所要转换的分区格式已经变成了 NTFS 格式,如图 2-5-15 所示。

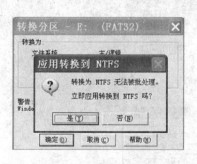

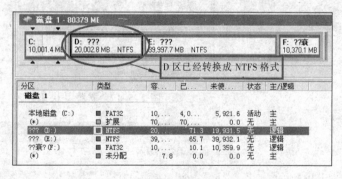

图 2-5-14 "应用转换到 NTFS"对话框   图 2-5-15 转换结束后的程序主界面

⑥ 关闭程序,打开"计算机"窗口查看是否调整成功。

2. DiskGenius 软件的使用

(1) 快速分区

DiskGenius 的快速分区功能,可以一次把需要的分区分好。

① 启动 DiskGenius,进入主界面,如图 2-5-16 所示。

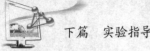

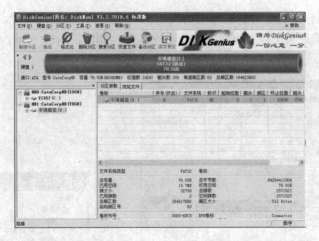

图 2-5-16　DiskGenius 主界面

② 选择好要分区的硬盘后，选择"硬盘"→"快速分区"命令，如图 2-5-17 所示，弹出"快速分区"对话框，如图 2-5-18 所示。

图 2-5-17　选择"快速分区"命令

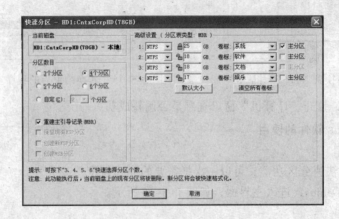

图 2-5-18　"快速分区"对话框

③ 按照图中的标注提示，在左侧选择分区的数量，对于快速分区，一般都选择"重建主引导记录（MBR）"复选框，然后在右侧选择各分区的文件系统类型、输入分区的大小及卷标，单击"确定"按钮，弹出图 2-5-19 所示的对话框，提示是否进行分区，单击"是"按钮，开始格式化各个分区，如图 2-5-20 所示。

图 2-5-19　提示对话框　　　　图 2-5-20　开始格式化分区

格式化完成后，快速分区结束，如图 2-5-21 所示。

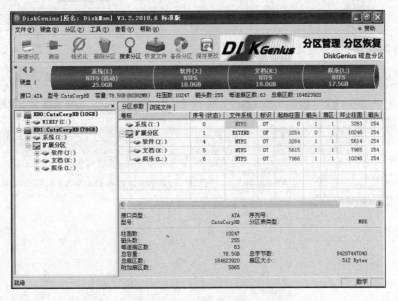

图 2-5-21　快速分区完成

DiskGenius 的快速分区功能对于整盘分区来说方便快捷，一次分区后就可以正常使用，比如安装操作系统或复制保存数据，如果对分区没有特殊要求，推荐使用该功能进行分区。

需注意的是：用 DiskGenius 进行快速分区是适用于空白磁盘或打算全盘分区删除的分区方式，如果硬盘有隐藏分区或保留分区，请使用手动分区功能。快速分区将会删除当前磁盘的全部现有分区，分区前请再次确认是否有数据需要备份。如果本机挂接多个硬盘，请确认当前操作对象是目标硬盘，否则可能会导致数据丢失，请谨慎操作。

（2）手动创建并格式化分区

① 创建主分区。

a. 选择"分区"→"建立新分区"命令，如图 2-5-22 所示，弹出图 2-5-23 所示的对话框。

b. 选择创建主磁盘分区、文件系统类型、输入主分区大小（这样要注意后面的单位是 GB 还是 MB），然后单击"确定"按钮即可完成主分区的创建，如图 2-5-24 所示。

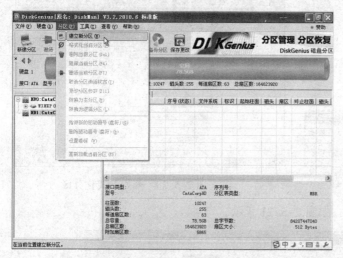

图 2-5-22 选择"建立新分区"命令

图 2-5-23 "建立新分区"对话框

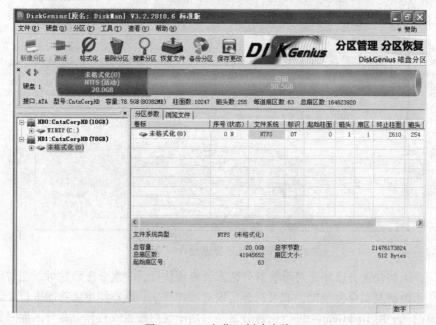

图 2-5-24 主分区创建完毕

② 创建扩展分区和逻辑分区。

a. 选中空闲区域并右击，在弹出的快捷菜单中选择"建立新分区"命令，或选择"分区"→"建立新分区"命令，弹出"建立新分区"对话框，如图 2-5-25 所示。

图 2-5-25　"建立新分区"对话框

b. 选择"扩展磁盘分区"单选按钮，并把剩余的空间都分配给扩展分区，单击"确定"按钮。分配好扩展分区后，如图 2-5-26 所示。

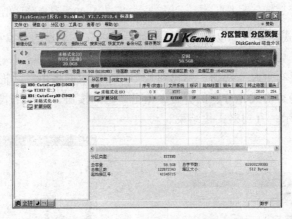

图 2-5-26　扩展分区创建完毕

接着要为扩展分区划分逻辑分区，扩展分区也只是分区的一个管理逻辑，是为了解决分区数量限制问题引入的一种分区管理机制，扩展分区无法直接使用，还需要再次划分为逻辑分区，下面为扩展分区创建两个逻辑分区。

c. 右击扩展分区，在弹出的快捷菜单中选择"建立新分区"命令，如图 2-5-27 所示。

图 2-5-27　选择"建立新分区"命令

d. 在弹出的对话框中选择分区类型为"逻辑分区",并输入逻辑分区的大小,如图 2-5-28 所示,然后单击"确定"按钮,即可创建逻辑分区。采用同样的方法,把剩下的空闲区域全部分成逻辑分区。分配好逻辑分区后,如图 2-5-29 所示。

图 2-5-28　选择逻辑分区大小　　　　图 2-5-29　逻辑分区创建完毕

③ 保存更改并格式化分区。以上分区操作都是在内存中操作的,没有应用到实际硬盘上,可以随时取消或修改,要让这些修改生效,还需要保存所做的修改。

单击程序中的"保存更改"按钮,弹出图 2-5-30 所示的提示对话框,单击"是"按钮确认继续,接着又弹出是否格式化分区的警告,单击"是"按钮,确认格式化分区,开始格式化分区,如图 2-5-31 所示,直到格式化结束。

图 2-5-30　提示对话框　　　　　　图 2-5-31　开始格式化分区过程

格式化完成后,可以看到,整个磁盘已经划分为一个主分区和两个逻辑分区,如图 2-5-32 所示。到这里,磁盘分区已经划分完成,并可以正常地使用这些分区,如安装操作系统或复制文件等。

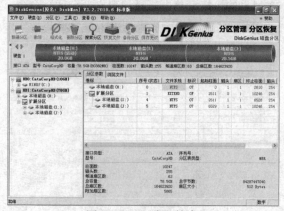

图 2-5-32　分区结束

实验 6
数据恢复软件的使用

FinalData 是一款具有强大的数据恢复功能的软件，当文件被误删除（并从回收站中清除）、FAT 表或者磁盘根区被病毒侵蚀造成文件信息全部丢失、物理故障造成 FAT 表或者磁盘根区不可读，以及磁盘格式化造成的全部文件信息丢失之后，FinalData 软件都能通过直接扫描目标磁盘抽取并恢复文件信息，这些恢复的信息包括文件名、文件类型、原始位置、创建日期、删除日期、文件长度等，用户可以根据这些信息方便地查找和恢复自己需要的文件。甚至在数据文件已经被部分覆盖以后，专业版 FinalData 也可以将剩余部分文件恢复出来。

EasyRecovery 是一款威力非常强大的硬盘数据恢复软件，它能恢复丢失的数据以及重建文件系统而不会向原始驱动器写入任何东西；可以从被病毒破坏或是已经格式化的硬盘中恢复数据而且支持长文件名。

一、实验目的

通过本实验，掌握数据恢复软件 FinalData 和 Easy Recovery 的使用方法。

二、实验准备

FinalData 企业版 v2.01 软件；EasyRecovery Professional V6.21.02 汉化版软件。

三、实验内容

① 使用 FinalData 对硬盘数据进行恢复。
② 使用 EasyRecovery 对硬盘数据进行恢复。

四、实验步骤

1. 使用 FinalData 恢复误删除的数据

① 运行 FinalData 软件，选择 "文件"→"打开"命令，在弹出的"选择驱动器"对话框中选择想要恢复的文件所在的驱动器，然后单击"确定"按钮，如图 2-6-1 所示。

② 选择好驱动器以后 FinalData 开始扫描驱动器上已经存在的文件与目录，扫描完毕以后出现一个"选择要搜索的簇范围"对话框，直接单击"确定"按钮，程序开始扫描要恢复数据的分区，如图 2-6-2 所示。

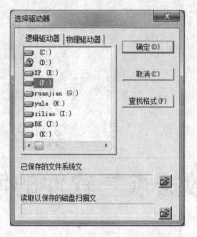

图 2-6-1　选择想要恢复的文件所在的驱动器

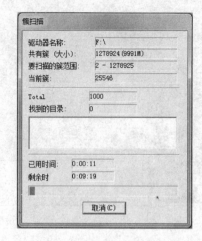

图 2-6-2　程序开始扫描

③ 如果找不到要恢复的文件的位置或者在"删除的文件"中有太多文件以至于很难找到需要恢复的文件，可以使用"查找"功能。选择"文件"→"查找"命令即可。FinalData 提供的查找方式有 3 种，如图 2-6-3 所示，可按文件名查找、按簇查找、按日期查找。这里选择最常用的"按文件名查找"，在文本框中输入所找的文件的关键字或者通配符（？、*），然后单击"查找"按钮，FinalData 将在当前分区查找存在的或者已删除的目标文件。找到的文件将会出现在窗口右侧区域的"找到的文件"项目中，如图 2-6-4 所示。

图 2-6-3　FinalData 提供的 3 种查找方式

图 2-6-4　找到的文件

④ 找到需要恢复的文件以后，右击需要恢复的文件，在弹出的快捷菜单中选择"恢复"命令，弹出"选择要保存的文件夹"对话框，如图 2-6-5 所示。

　提　示

恢复已被删除文件不能移至原目标驱动盘，要存放到另外的驱动盘中。

⑤ 指定希望恢复文件的保存位置，这里选择 D 盘的"恢复"文件夹作为恢复文件的保存路径，然后单击"保存"按钮，如图 2-6-6 所示。

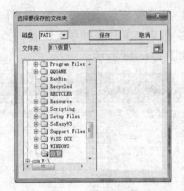

图 2-6-5　"选择要保存的文件夹"对话框　　　　图 2-6-6　选择保存的路径

⑥ 恢复完成后，打开"计算机"窗口来确认数据是否恢复成功。如果看到被恢复的文件，表明恢复成功，如图 2-6-7 所示。

2. 使用 EasyRecovery 软件恢复误删除的数据

① 运行 EasyRecovery 软件，单击窗口左边的"数据恢复"按钮，然后单击窗口右边的 Advanced Recovery 按钮，如图 2-6-8 所示。

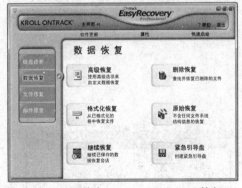

图 2-6-7　查看数据文件是否恢复成功　　　　图 2-6-8　单击 AdvancedRecovery 按钮

② 单击"确定"按钮，接着选择要恢复数据的分区，单击"下一步"按钮，如图 2-6-9 所示。

此时程序开始扫描分区的数据和以前被误删除的文件，扫描完成后出现图 2-6-10 所示的界面。

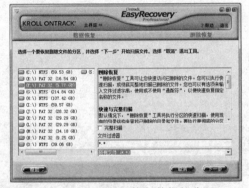

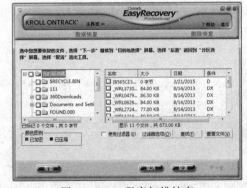

图 2-6-9　选择要恢复数据的分区　　　　图 2-6-10　程序扫描结束

③ 选择要恢复的文件，单击"下一步"按钮，如图 2-6-11 所示。

④ 指定恢复数据的存放位置，如图 2-6-12 所示，单击"下一步"按钮，程序开始恢复数据，如图 2-6-13 所示。

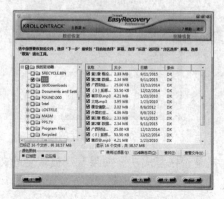

图 2-6-11　选中要恢复的文件

图 2-6-12　选择数据存放的位置

⑤ 恢复结束后，单击"完成"按钮，这时弹出保存恢复状态的对话框，这里单击"否"按钮回到程序的主界面。

⑥ 打开"计算机"窗口，查看恢复出来的数据是否可以使用，如图 2-6-14 所示。

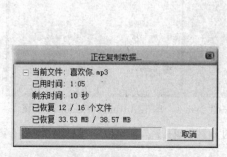

图 2-6-13　程序开始恢复数据

图 2-6-14　查看恢复出来的数据是否可用

实验 7

常用测试软件的使用

CPU-Z 是一款家喻户晓的 CPU 检测软件，除了使用 Intel 或 AMD 自己的检测软件之外，平时使用最多的此类软件就是它了。CPU-Z 支持的 CPU 种类相当全面，软件的启动速度及检测速度都很快。另外，它还能检测主板和内存的相关信息，包括常用的内存双通道和三通道检测功能。

3DMark 是 Futuremark 公司的一款专为测量显卡性能的软件，现已发行 3DMark 99、3DMark 2001、3DMark 2003、3DMark 2005、3DMark 2006 和 3DMark vantage 等多个版本，是一款比较经典的显卡测试软件。

HD Tune 是一款小巧易用的硬盘工具软件；利用它可以检测硬盘传输速率、健康状态、温度及磁盘表面扫描存取时间、CPU 占用率等。另外，它还能检测出硬盘的固件版本、序列号、容量、缓存大小以及当前的 Ultra DMA 模式等。

EVEREST 是一个测试软硬件系统信息的工具，它可以详细地显示出 PC 每一个方面的信息，支持上千种主板、上百种显卡以及 CPU 等设备的侦测。

一、实验目的

通过本实验，掌握计算机常用测试软件 CPU-Z、3DMark、HD Tune 和 EVEREST Ultimate Edition 的使用方法。

二、实验准备

从网上下载最新的 CPU-Z 汉化版、3DMark、HD Tune 专业版 5.0 和 EVEREST Ultimate Edition 绿色版软件。

三、实验内容

① 使用 CPU 测试软件 CPU-Z 对 CPU 进行测试。
② 使用显卡测试软件 3DMark 对显卡进行测试。
③ 使用硬盘测试软件 HD Tune 对硬盘进行测试。
④ 使用 EVEREST Ultimate Edition 软件测试整机的性能。

四、实验步骤

1．CPU 测试软件 CPU-Z 的使用

① 安装并运行 CPU-Z 软件，进入主界面后查看"处理器"选项卡所显示的 CPU 的主要信息，包括 CPU 的名称、代号、插槽、工艺、核心电压、主频、倍频、总线速度等信息，如图 2-7-1 所示。

② 选择"缓存"选项卡，查看 CPU 各级缓存的大小信息，如图 2-7-2 所示。

图 2-7-1　查看 CPU 主频等信息

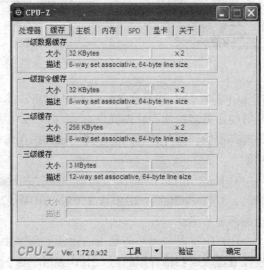
图 2-7-2　查看 CPU 缓存等信息

③ 选择"主板"选项卡，查看主板生产厂家、芯片组型号、BIOS 生产日期等详细信息，如图 2-7-3 所示。

④ 选择"内存"选项卡，查看计算机内存的类型、大小、频率等信息，如图 2-7-4 所示。

图 2-7-3　查看主板的相关信息

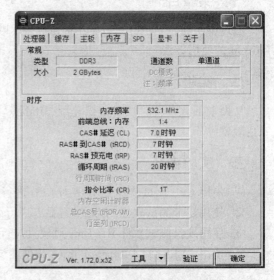
图 2-7-4　查看内存的相关信息

⑤ 选择 SPD 选项卡，查看主板中各内存插槽所使用内存的信息，包括每个内存插槽所插入内存条的容量大小、最大带宽、时序等参数，如图 2-7-5 所示。

⑥ 选择"显卡"选项卡，查看计算机中图形处理器的信息，包括每个工艺、核心频率、显存大小等参数，如图 2-7-6 所示。

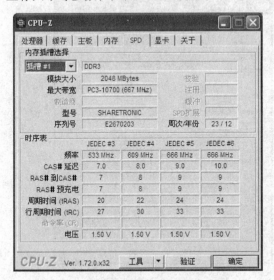

图 2-7-5 查看各内存插槽所使用内存的信息

图 2-7-6 查看显卡的信息

2. 显卡测试软件 3DMark06 的使用

① 安装完成后，如果桌面没有 3DMark06 快捷方式，可选择"开始"→"程序"→Futuremark→3DMark06→3DMark06 命令运行 3DMark06 程序。3DMark06 的主界面如图 2-7-7 所示。

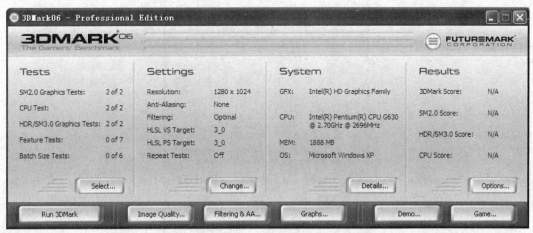

图 2-7-7 3DMark06 主界面

② 在进行测试之前，单击 Test 区域中的 Select 按钮选择测试项目，如图 2-7-8 所示。在默认情况下，所有当前硬件支持的测试项目都被选中，并在不被支持的项目的旁边标识为 Not Supported 并不能选取。在支持的项目中，专业版的用户可以自行选择哪一项进行测试。为了得到全面、正确的 3DMark06 得分，所有被支持的测试项目都必须选择并运行测试。

③ 单击 Settings 区域中的 Change 按钮，弹出测试设定对话框，如图 2-7-9 所示。在这里自行设定各种测试环境，如 Resolution（分辨率）、Pixel Processing（像素处理）、Texture Filtering（纹理过滤）等。

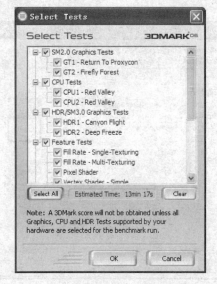

图 2-7-8　选择测试项目　　　　　　　　图 2-7-9　设定测试环境

④ 选择好后，单击 Run 3Dmark 按钮进入测试模式，测试过程中可以看到 3DMark06 的精彩画面。运行完测试后，可以看到一个测试成绩对话框，如图 2-7-10 所示。

图 2-7-10　测试成绩

 提 示

如果计算机的配置较高，可以使用 3DMark11 或者更高的版本来测试显卡。

3. 硬盘测试软件 HD Tune 的使用

① 运行 HD Tune 软件，进入工作主界面。在窗口左上方的下拉列表中，选择要测试的硬盘，此时在选项右边可以看到硬盘的温度，如图 2-7-11 所示。

② 选择"基准"选项卡，选择"读取"单选按钮，单击"开始"按钮，测试硬盘的最小传输速率、最大传输速率、平均传输速率、存取时间、随机传输速率、CPU 使用率等参数，如图 2-7-12 所示。

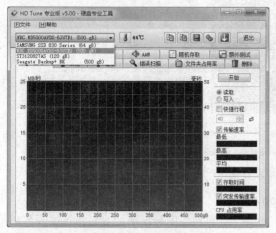

图 2-7-11　选择要测试的硬盘

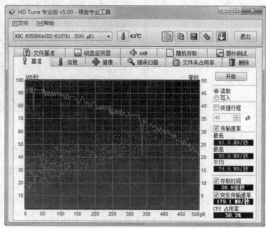

图 2-7-12　测试硬盘的数据传输率等参数

③ 选择"信息"选项卡，查看硬盘各个分区的信息和硬盘支持的特性，如图 2-7-13 所示。

④ 选择"文件基准"选项卡，在窗口的右方选择要测试的分区和文件长度，单击"开始"按钮，测试硬盘的读取和写入速度，如图 2-7-14 所示。

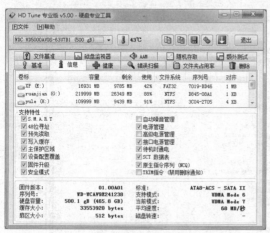

图 2-7-13　查看硬盘分区的信息和支持的特性

图 2-7-14　测试硬盘的读取和写入速度

⑤ 选择"错误扫描"选项卡，选择"快速扫描"复选框后单击"开始"按钮扫描硬盘的错误，如图 2-7-15 所示。

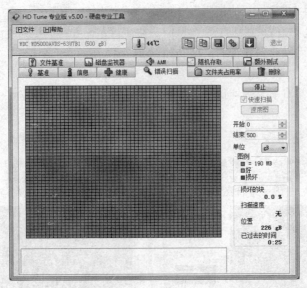

图 2-7-15　对硬盘进行错误扫描

4. 整机测试软件 EVEREST Ultimate Edition 的使用

① 安装并运行 EVEREST Ultimate Edition，单击"计算机"图标前面的三角形，展开各项目后选择"系统摘要"选项。此时，在 EVEREST Ultimate Edition 界面右边显示出计算机的详细情况，如图 2-7-16 所示。

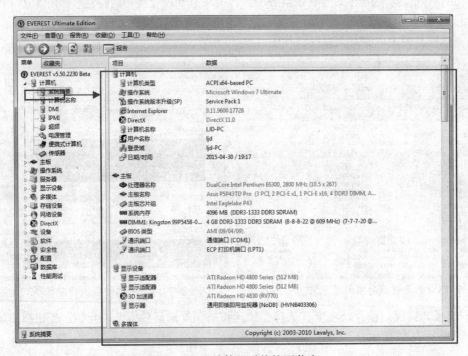

图 2-7-16　计算机系统摘要信息

② 选择右侧"计算机"中的"传感器"选项，可详细显示主板、CPU、硬盘等设备的温度及 CPU 的电压等信息，如图 2-7-17 所示。

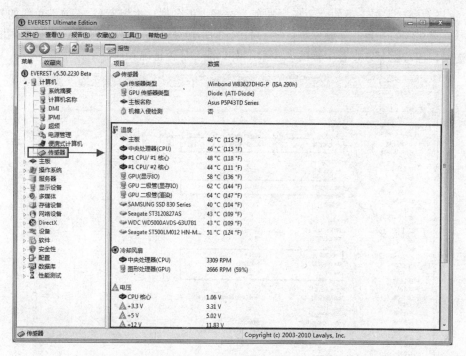

图 2-7-17　主板、CPU、硬盘的温度及 CPU 电压等信息

③ 选择右侧"主板"中的"中央处理器（CPU）"选项，查看 CPU 的详细信息，如图 2-7-18 所示。在此，不但可以核对处理器名称是否与自己的 CPU 名称一样，还可以核对主频、最高倍频、L2 缓存、工艺技术等参数。

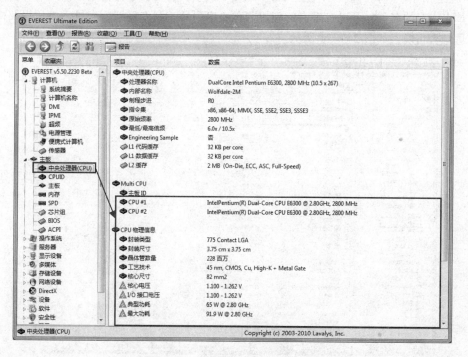

图 2-7-18　查看 CPU 的详细信息

④　选择右侧"主板"中的"主板"选项，查看主板名称（主板型号）、前端总线的外部时钟频率、内存总线的有效时钟频率等信息，如图 2-7-19 所示。此外，还可以选择右侧的"芯片组"选项，在右栏上方查看主板的芯片组（南北桥）是否正确。

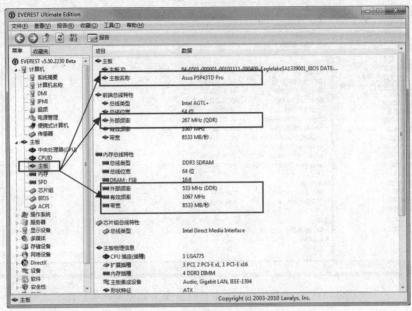

图 2-7-19　查看主板的详细信息

⑤　选择右侧"主板"中的"内存"选项，查看物理内存的总计是否与内存总容量相同，如图 2-7-20 所示。选择右侧"主板"中的"SPD"选项，在右栏上方会显示插入的每根内存的名称，单击内存的名称，可以查看它的模块名称、序列号、制作日期、容量、电压以及内存计时等信息是否正确，如图 2-7-21 所示。

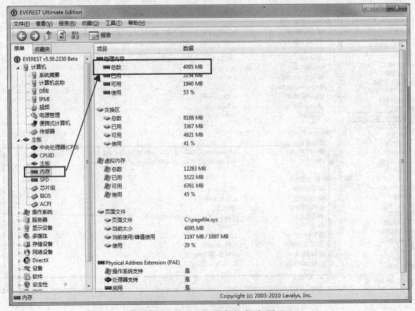

图 2-7-20　查看内存容量

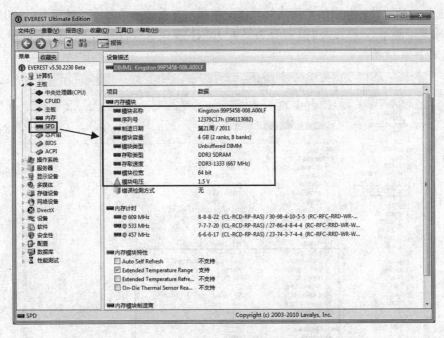

图 2-7-21　查看内存模块的详细信息

⑥ 选择右侧"存储设备"中的"Windows 存储"选项，在右栏上方列出了所有存储设备的名称，最上面的是硬盘，接着是光驱。单击要查看的硬盘后，右栏的下方会显示该硬盘的相关资料，如制造商、尺寸、容量、盘片数、盘片转速、最大内部数据传输率、平均寻道时间、缓存大小等，如图 2-7-22 所示。如果单击光驱型号，则出现品牌、支持盘片、写入速度、读取速度等信息。

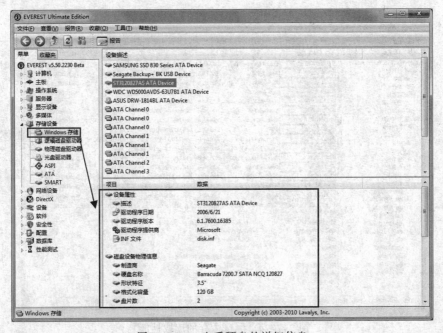

图 2-7-22　查看硬盘的详细信息

⑦ 选择"显示设备"中的"图形处理器"选项，查看显示卡名称、显存大小、GPU 时钟频率（显卡核心频率）、总线类型（显存类型）、总线位宽（显存位宽）、外部时钟频率、带宽等信息，如图 2-7-23 所示。

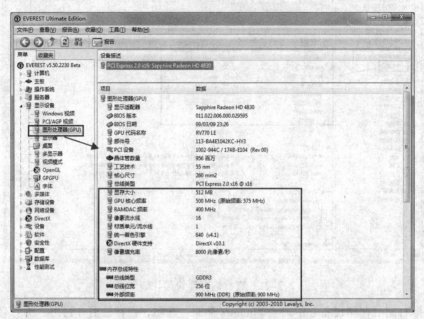

图 2-7-23　查看显卡的详细信息

⑧ 选择"性能测试"中的"内存读取"选项，然后按【F5】键或者单击左上角的"刷新"按钮，不要动键盘和鼠标，过一会后出现与其他平台内存测试比较的结果，如图 2-7-24 所示。采用同样的方法测试内存写入、内存复制、内存潜伏等的性能。

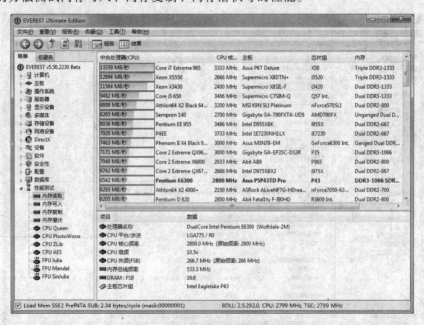

图 2-7-24　测试内存的读取性能

⑨ 选择"性能测试"中的"CPU Queen"选项，按【F5】键，测试 CPU 的性能，结果如图 2-7-25 所示。

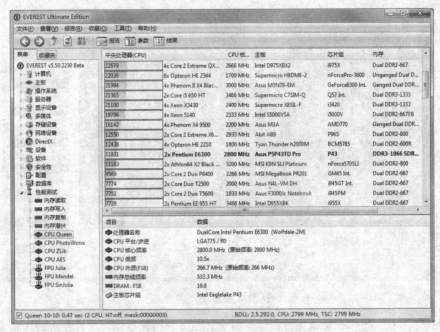

图 2-7-25　测试 CPU 的性能

⑩ 选择"工具"→"磁盘测试"命令，在出现的窗口中，单击左下角的下拉按钮，选择 "Linear Read"选项，并在其右边选择要测试的硬盘，如图 2-7-26 所示，出现图 2-7-27 所示 的测试画面，单击"Start"按钮，开始进行测试。测试窗口的右边是测试数据，这里主要看平 均速度（Average）。

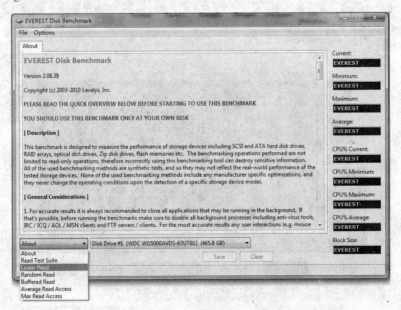

图 2-7-26　选择"Linear Read"选项和测试的硬盘

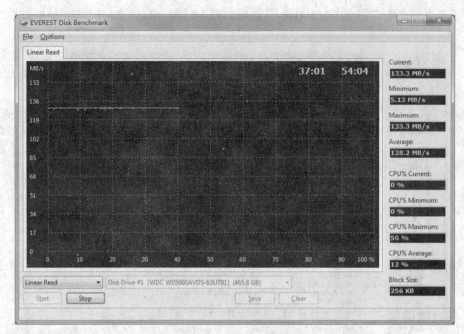

图 2-7-27　测试硬盘的性能

⑪ 选择"工具"→"系统稳定性测试"命令，在出现的窗口中，选择左上角中需要测试的项目，再单击左下角的"Start"按钮，运行半小时以上进行测试，看看各部件的温度、电压等信息，如图 2-7-28 所示。

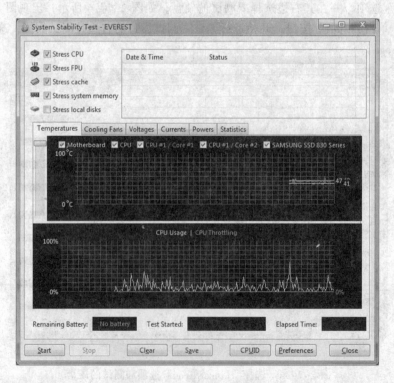

图 2-7-28　测试系统稳定性

实验 8
上网设备的设置

宽带路由器是近几年来新兴的一种网络产品，它伴随着宽带的普及应运而生。宽带路由器集成了路由器、防火墙、带宽控制和管理等功能，具备快速转发能力，宽带路由器灵活的网络管理和丰富的网络状态等特点。多数宽带路由器针对中国宽带应用优化设计，可满足不同的网络流量环境，具备满足良好的电网适应性和网络兼容性。多数宽带路由器采用高度集成设计，已经不仅仅具备路由功能，而是集路由和交换机功能于一身的网络设备，一般集成 10/100 Mbit/s 宽带以太网 WAN 接口、并内置多口 10/100 Mbit/s 自适应交换机，方便多台机器连接内部网络与 Internet。宽带路由器包括有线路由器、无线路由器。

一、实验目的

通过本实验，掌握宽带上网有线路由连接、无线路由连接及局域网的设置方法。

二、实验准备

有线路由器（以 D-Link（DI-504）为例）；上网账号；无线路由器（以 TP-LINK 842N 为例）。

三、实验内容

① 有线路由连接设置。
② 无线路由连接设置。
③ 局域网的设置。

四、实验步骤

目前，宽带上网有 LAN 宽带接入、ADSL 宽带接入两种主要模式。这两种环境下，多台计算机共享宽带上网，路由器是一个最佳选择。如今，宽带路由器已经不仅仅具备路由功能，而是集路由和交换机功能于一身的网络设备。因为有多种网络接入设备，如台式机、笔记本式计算机等，为了让各种网络终端设备能实现资源共享，所以组成局域网为首选。其中笔记本式计算机等产品又有无线功能，所以组网既要考虑有线连接，又要考虑无线连接，如图 2-8-1 所示。

1. 有线路由连接设置

以 D-Link（DI-504）路由器为例，如图 2-8-2 所示。

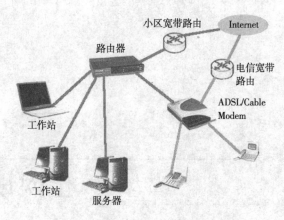

图 2-8-1　宽带组网模式

（1）路由器连接

① 将 DI-504 自带的 9 V 交流电源适配器连接到 DI-504 后面板上；然后将电源适配器插入电源插座。DI-504 前面板的电源 LED 指示灯亮，表明操作正确，如图 2-8-3 所示。

图 2-8-2　DI-504 正面

LAN　　WAN 复位 电源

图 2-8-3　DI-504 背面

② 将一条以太网缆线的一端插入 DI-504 后面板上的 WAN 端口，另一端插入 DSL/Cable Modem 上的以太网端口。DI-504 前面板的 WAN 口的 LED 指示灯亮，表明操作正确，如图 2-8-4 所示。

③ 将另一条以太网缆线的一端插入 DI-504 后面板上的 LAN 端口，另一端插入用于配置 DI-504 的计算机网卡上。DI-504 前面板的 LAN 口的 LED 指示灯亮，表明操作正确，如图 2-8-3 所示。

要复位系统设置为工厂设置，请遵照以下步骤：

a. 不要断开 DI-504 宽带路由器的电源。

b. 用曲别针按下 RESET 按钮并保持 5 s。

c. 放开按钮 DI-504 将自动重启（备注：若按住少于 5s，DI-504 仅会重新激活，而不能恢复设置为工厂设置）。

④ 用其他的以太网缆线，将需要通过 DI-504 宽带路由器上网的具有以太网接口的其他计算机连接到 DI-504 后面板上剩余的 3 个 LAN 端口上。完成以上安装向导后，所连接的网络拓扑图应与图 2-8-4 相似。

（2）设置 DI-504 宽带路由器

① 打开 Web 浏览器，在地址栏中输入 http://192.168.0.1，然后按【Enter】键，如图 2-8-5 所示。

② 在随后打开的登录界面中，输入用户名 admin，保持

DSL或Cable Modem

Internet

DI-504
以太网宽带路由器　连接在LAN端口的
计算机

图 2-8-4　网络拓扑图

密码为空白，然后单击"确定"按钮，如图 2-8-6 所示。

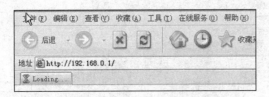

图 2-8-5　设置页面　　　　　　　　　　　图 2-8-6　登录界面

③ 在随后打开的界面中单击"设置向导"按钮，如图 2-8-7 所示。

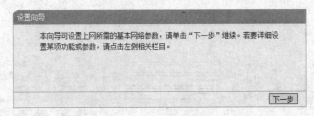

图 2-8-7　设置向导

④ 单击"下一步"按钮后，设置新的密码，如图 2-8-8 所示。

修改登录口令

本页修改系统管理员的口令，长度为6-15位。

原口令：

新口令：

确认新口令：

保存　清空

图 2-8-8　密码设定

⑤ 选择时区，如图 2-8-9 所示。

时间设置

本页设置路由器的系统时间，您可以选择自己设置时间或者从互联网上获取标准的GMT时间。

注意：关闭路由器电源后，时间信息会丢失，当您下次开机连上Internet后，路由器将会自动获取GMT时间。您必须先连上Internet获取GMT时间或到此页设置时间后，其他功能中的时间限定才能生效。

时区：（GMT＋08:00）北京，重庆，乌鲁木齐，香港特别行政区，台北

日期：2015　年　9　月　21　日

时间：20　时　37　分　50　秒

优先使用NTP服务器1：0.0.0.0

优先使用NTP服务器2：0.0.0.0

获取GMT时间　（仅在连上互联网后才能获取GMT时间）

保存　帮助

图 2-8-9　时区选择

⑥ 选择 WAN 型态，如果使用 ADSL Modem 上网，则选择 PPPOE，如图 2-8-10 所示。

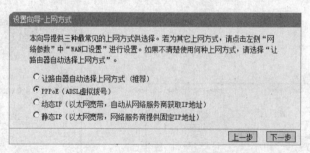

图 2-8-10　WAN 型态选择

⑦ 输入由你的 ISP 提供的用户名和密码，单击"下一步"按钮后，再单击"重新激活"按钮，完成 DI-504 宽带路由器的设置，如图 2-8-11 所示。

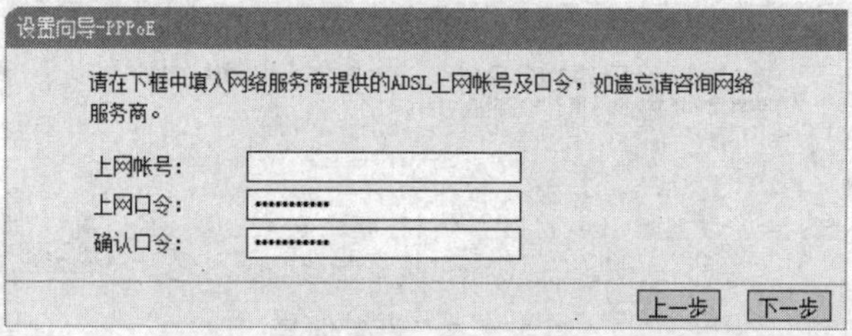

图 2-8-11　PPPoE 设定

⑧ WAN 的设定也可直接单击主界面的 WAN 键进行设置，如图 2-8-12 所示。

图 2-8-12　WAN 的设定

2．无线路由连接设置

（1）无线路由设置

以 TP-LINK 842N 无线路由器为例，如图 2-8-13 和图 2-8-14 所示。

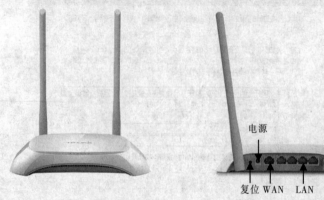

图 2-8-13　TP-LINK 842N 正面　　　　图 2-8-14　TP-LINK 842N 背面

① 设置路由时，先通过有线设置。计算机网卡上的网线接路由的 LAN 口、宽带进线或猫分出来的线接路由的 WAN 口（见图 2-8-14）。打开 Web 浏览器，在地址栏中输入 http://192.168.1.1，然后按【Enter】键。在如图 2-8-15 所示的登录界面中输入密码，单击"确定"按钮。

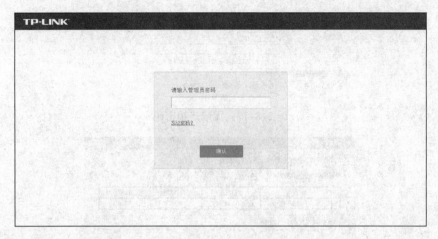

图 2-8-15　路由器登录界面

② 选择"网络参数"选项，再选择"WAN 口设置"，如果使用 PPPoE 连接，选择 WAN 口连接类型为 PPPoE，输入上网账号、上网口令，如图 2-8-16 所示。

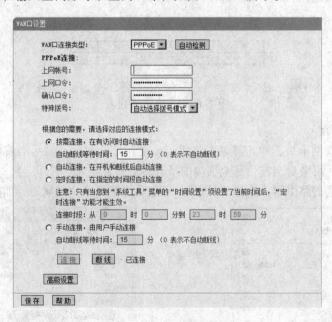

图 2-8-16　PPPoE 设置

③ 选择"无线设置"选项，再选择"无线安全设置"，选择安全类型为 WPA-PKS/WPA2-PKS，输入无线连接密码（PSK 密码），如图 2-8-17 所示。

④ 选择"无线参数"选项，再选择"主机状态"，可查看有多少台主机曾经连接到这台路由器，如图 2-8-18 所示。

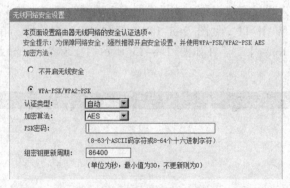

图 2-8-17 无线连接密码

图 2-8-18 主机状态图

⑤ 选择"DHCP 服务"选项，再选择"客户端列表"，可查看当前有多少台客户端主机连接到这台路由器，如图 2-8-19 所示。

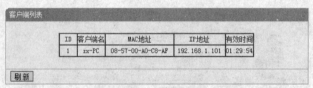

图 2-8-19 客户端列表

（2）客户端设置

① 安装好无线网卡后，单击屏幕右下角"无线连接"图标，显示当前可用的无线连接，如图 2-8-20 所示，可查看当前信号范围内的所有路由器。

③ 右击已连接的路由器，选择"状态"，可查看连接的路由器状态，如图 2-8-21 所示。

图 2-8-20 无线连接

图 2-8-21 无线连接状态

3．局域网设置

① 右击桌面上的"网络"图标，在弹出的快捷菜单中选择"属性"命令，如图 2-8-22 所示。

② 在随后打开的窗口中单击左上角"更改适配器设置"，在弹出的窗口中右击"无线网络连接"图标，选择"属性"命令，如图 2-8-23 所示。

图 2-8-22　选择"属性"命令

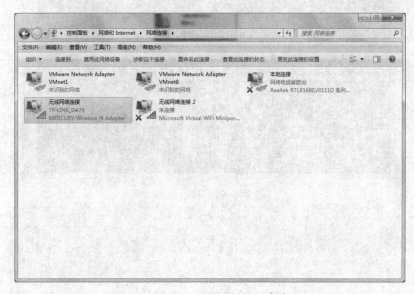

图 2-8-23　选择"属性"命令

③ 在随后弹出的窗口中选择"Internet 协议（TCP/ IPv4）"，单击"属性"命令，如图 2-8-24 所示。

④ 弹出"Internet 协议（TCP/IP）属性"对话框，输入 IP 地址：192.168.1.101；子网掩码：255.255.255.0；默认网关：192.168.1.1；DNS 为当地电信的 IP 地址，以某城市为例，输入 202.103.224.68，如图 2-8-25 所示。

图 2-8-24　选择"Internet 协议（TCP/IPv4）"

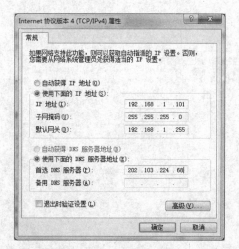

图 2-8-25　IP 地址输入

⑤ 然后选择"开始"→"运行"命令，输入 ping 192.168.1.101 - t，得到图 2-8-26 所示的结果，说明以上的配置正确。

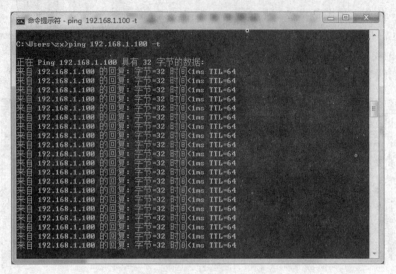

图 2-8-26 ping 地址

实验 **9**

实验总结

一、实验目的

通过回答本实验的一系列问题，对前面所做的每个实验进行归纳、总结，领悟每个实验的核心内容和操作知识，并懂得它们的应用情景和解决问题的基本技能。

二、实验内容

1. 实验 1 复习

（1）识别主板各种部件与接口。观看一块主板的外观，如图 2-9-1 所示，回答下列问题。

① 图中标注 1 指的是＿＿＿＿＿，作用是＿＿＿＿＿；标注 2 指的是＿＿＿＿＿，作用是＿＿＿＿＿。标注 3 指的是＿＿＿＿＿，作用是＿＿＿＿＿。标注 4 指的是＿＿＿＿＿，作用是＿＿＿＿＿。标注 5 指的是＿＿＿＿＿，作用是＿＿＿＿＿。

② 该主板共有＿＿＿＿＿个 PCI-E 接口。

③ 该主板的 CPU 插槽是目前两大阵营的哪一种？

图 2-9-1　主板的外观

（2）给定一个 CPU，如何通过编号识别 CPU 的型号。图 2-9-2 所示是两款 CPU 正面所标注的编号，请根据这些编号回答以下问题。

① 图 2-9-2（a）是什么型号的 CPU？其中的 2.93 GHz/2 MB/1066 是指什么？

② 图 2-9-2（b）是什么型号的 CPU？其中的 2.53 GHz/3 MB/1066 是指什么？

③ 这两款 CPU 中哪款 CPU 的性能更优？为什么？

（a）　　　　　　　　　　　（b）

图 2-9-2　CPU 的编号

（3）了解主流内存的主要编号，图 2-9-3 所示为一根内存条的编号，其中 2 GB 和 PC3-10600 指的是什么？

（4）了解主流硬盘的编号及接口。

① 图 2-9-4 所示为一个硬盘上面的标签，其中的 Seagate、Barracuda 7200.12 和 500 Gbytes 分别指的是什么？

图 2-9-3　内存条上的标签　　　　　　图 2-9-4　硬盘上的标签

② 图 2-9-5 所示为一块硬盘的外观，其中 1、2 所指的分别是什么接口？

图 2-9-5　硬盘的外观

（5）图 2-9-6 所示为一块显卡的接口，其中 1、2、3、4 分别指的是什么接口？它们之间有什么不同？

图 2-9-6　显卡的接口

2．实验 2 复习

（1）现新组装一台计算机，其硬盘容量为 500 GB，如果要求安装 Windows 7 操作系统，请问对硬盘分区时应怎么分才比较合理？

（2）操作系统安装完成后，如果需要安装主板驱动程序、显卡驱动程序、打印机驱动程序，则这些驱动程序的安装顺序如何？

3．实验 3 复习

（1）实验 3 介绍_____软件的操作知识。该软件的功能主要包括_____。通过完成实验 3，你获得的收获是_____，实验中存在的困难是_____。

（2）现有一台 PC 的 C 盘安装了 Windows 系统和其他办公软件，并用 Ghost 软件生成了镜像文件，文件名为 W7.gho，存放在 F:\ghost 目录下。由于系统运行了 1 年多时间，安装了很多软件，删除了很多文件，造成系统启动时间很长。如何快速地解决此问题？

4．实验 4 复习

（1）如果要限制系统中某个程序网络上传数据流量为 50 kbit/s 和下载的数据流量为 150 kbit/s，请问应在 360 安全卫士中如何操作？

（2）系统 IE 浏览器被计算机木马修改后，在 360 安全卫士中应如何操作才能修复 IE？

5．实验 5 复习

（1）PartitionMagic 分区软件与系统中自带的磁盘管理中的分区功能有什么不同之处？

（2）如果想利用 DiskGenius 软件对硬盘进行快速分区与格式化，该如何操作？

6．实验 6 复习

（1）使用 FinalData 软件恢复数据时，如果知道被删除数据的类型，在恢复时应该如何操作才能节省恢复的时间？

（2）用 EasyRecovery 软件对误删除的文件进行恢复时，在存放被恢复出来的数据时，应该注意些什么问题？

7．实验 7 复习

（1）在使用 CPU-Z 测试 CPU 时，为了避免买到假的 CPU，应该重点查看 CPU 的哪些参数？

（2）在计算机支持的情况下，使用 3DMark 软件测试显卡时，是不是版本越高，测试出来的分数越高？

（3）容量相同的硬盘，其速度并不一样，在用 HD Tune 测试硬盘时，应重点测试硬盘的什么项目？

8．实验 8 复习

（1）目前宽带上网的两种主要模式是什么？分别是如何与外网进行连接的？

（2）如果使多台计算机经过无线路由器实识共享宽带上网，无线路由器应如何设置？

参 考 文 献

[1] 刘瑞新. 计算机组装与维护教程 [M]. 5 版. 北京：机械工业出版社，2011.

[2] 王希望，赵艳，刘仲鹏，等. 新编计算机组装与维护[M]. 北京：中国铁道出版社，2009.

[3] 缪亮，谢天年，卢小宝. 计算机组装与维护实用教程[M]. 北京：清华大学出版社，2009.

[4] 昭君工作室，计算机组装与维护教程[M]. 2 版. 北京：机械工业出版社，2008.